高等职业教育土木建筑大类专业系列新形态教材

计算机效果图表现实例教程

刘松麟　杨蕾颖 ◎ 主　编
叶　嵘　吴忠秋 ◎ 副主编

清华大学出版社
北　京

内 容 简 介

本书以效果图制作设计过程中常用的 AutoCAD、3ds Max、Photoshop 软件为操作主体，按照实际设计项目效果图制作的流程，配合介绍各类二次开发脚本、V-Ray、Lumion 其他辅助软件等的应用，结合编者十余年的教学经验和二十余年的设计经验，帮助读者快速掌握计算机效果图设计的技术。

本书内容条理清晰、图文并茂、层次分明，可以作为高等院校、应用型本科、高职高专、成人教育、函授教育、网络教学的环境艺术设计、室内设计、景观园林、建筑装饰等专业的教材，也可以作为行业相关技术人员和自学者的学习和参考用书。

图书在版编目（CIP）数据

计算机效果图表现实例教程 / 刘淞麟，杨蕾颖主编 . —北京：清华大学出版社，2021.9
高等职业教育土木建筑大类专业系列新形态教材
ISBN 978-7-302-58578-7

Ⅰ. ①计…　Ⅱ. ①刘… ②杨…　Ⅲ. ①三维动画软件 – 高等职业教育 – 教材　Ⅳ. ① TP391.41

中国版本图书馆 CIP 数据核字（2021）第 132860 号

责任编辑：杜　晓
封面设计：曹　来
责任校对：赵琳爽
责任印制：沈　露

出版发行：清华大学出版社
网　　址：http://www.tup.com.cn, http://www.wqbook.com
地　　址：北京清华大学学研大厦 A 座　　**邮　　编：**100084
社 总 机：010-62770175　　**邮　　购：**010-62786544
投稿与读者服务：010-62776969, c-service@tup.tsinghua.edu.cn
质量反馈：010-62772015, zhiliang@tup.tsinghua.edu.cn
课件下载：http://www.tup.com.cn, 010-83470410
印 装 者：三河市龙大印装有限公司
经　　销：全国新华书店
开　　本：185mm × 260mm　　**印　　张：**11.75　　**字　　数：**248 千字
版　　次：2021 年 10 月第 1 版　　**印　　次：**2021 年 10 月第 1 次印刷
定　　价：59.00 元

产品编号：092076-01

前　言

设计行业的繁荣和数字技术的发展使计算机效果图制作技术不断提高。三维效果图表现技术可以完整呈现设计方案的外观和质感，并且能够在短时间内完成不同视角的模拟，在方案表现环节已经广泛使用。

效果图制作是一项细致的工作，不仅需要熟练掌握相关软件的操作，还需要大量专业理论知识的支撑。高校和企业由于专业的差异性会出现单一使用、学习理论和设计软件的过程，使人觉得效果图的制作枯燥和烦琐。本书从专业设计的角度出发，运用代表性的设计项目进行案例讲解，将基础知识、软件应用和实际工作相结合，力求将艰辛的学习过程变得轻松有趣，以提高学习的热情和效率。

本书摈弃枯燥、烦琐的软件基本操作，以效果图制作设计过程中主要的 AutoCAD、3ds Max、Photoshop 等软件的实际运用为主线，搭配各类脚本、其他辅助软件等，融合理论于实践，将效果图整体的制作过程和多元化的软件进行结合，让效果图的表现过程以更丰富、更多样的方式来完成。本书为全实例教程，拥有以下突出的特点。

（1）内容针对性强。读者主要是针对具备一定的设计理论知识，但实际操作经验相对匮乏的相关专业学生，以及相关软件操作水平在初级、中级的设计人员。

（2）内容丰富。书中内容囊括室内外场景制作的多个方面，读者学完后能够轻松应对环艺效果图的设计处理工作，提高设计表现水平。书中内容满足学习者对不同空间的学习要求，使读者进一步熟悉效果图制作的多种软件操作，丰富不同专业知识点。

（3）立体化配套资源。内容涵盖教学 PPT、操作视频、设计图纸、模型贴图、光域网、最终效果素材文件等，方便“教”与“学”。不仅能够帮助更好地学习课程内容，还可以用于实际工作项目，提高效率。

（4）后台支持有力。编者实战经验丰富，结合多年的设计经验和教学心得，让学习者能够真正贴合行业实际的岗位工作内容，帮助读者掌握实际的操作方法和操作技巧。本书内容直观，是教师教学、学生自学、初级设计师灵活使用的工具型教材。

（5）版本选择稳定。计算机软件的版本更新速度较快，本书结合行业实际情况，选择使用 3ds Max 2016 中文版、V-Ray 3.00.08、AutoCAD 2014、Photoshop CS6、Lumion 8.5，抛弃单一软件应用，学会综合使用多种软件，提升工作效率。

本书由昆明冶金高等专科学校刘凇麟、昆明冶金高等专科学校杨蕾颖担任主编，昆明冶金高等专科学校叶嵘、昆明冶金高等专科学校吴忠秋担任副主编。具体编写分工：刘凇麟、叶嵘编写模块 1，刘凇麟、吴忠秋编写模块 2，刘凇麟编写模块 3、模块 4，刘凇麟、杨蕾颖编写模块 5，全书由杨蕾颖统稿。本书的编写团队均有丰富的教学经验和实际设计、施工经验，以分享、实用、成长为理念，打造快乐学习的平台，衷心希望能得到广大使用者的认可和支持。

由于编者水平有限，书中不足之处在所难免，恳请使用本书的教师和读者批评指正。

刘凇麟

2021 年 4 月

本书配套资源

目　录

模块1 计算机效果图基础

模块导读

效果图作为将设计师设计创意和客户要求完美融合的作品，在制作过程中需要掌握的知识和方法很多。

本模块对效果图的基础知识进行简明的介绍，对效果图的行业情况及制作人员应有的基本素质进行普及，并对计算机效果图制作的常用软件和脚本展开说明，以备后续课程的详细介绍。

任务1.1 初识计算机效果图

【学习内容】

教学视频：计算机效果图介绍

1. 了解计算机效果图的基础知识。
2. 了解行业效果图的使用情况。
3. 掌握提高设计人员的素质的方法。

【学习方法】

本任务内容主要是基础知识，重在理解，需要读者在后续的学习中不断体会。

随着计算机的普及和数字技术的不断深化，计算机辅助设计以其方便、快捷、精准、炫目的特效处理等优势，日渐深入人心，计算机效果图逐步取代了传统的手工设计图纸。各种专业、强大的设计软件和图像处理软件的出现，使得设计成果更加真实，或者效果更加绚丽、复杂，也使得制作过程充满乐趣。

1.1.1 计算机效果图基本知识

1. 效果图的概念

随着现代技术的不断进步发展，设计行业出现许多的表现形式及制作手法，通常运用到手绘效果图表现及计算机效果图表现两类。

效果图是指通过图片、动图、视频等来表达行业需求或者创作者概念思维的作品表达形式，以满足实施过程中达到预期的效果。

效果图使用的范围非常广泛，在建筑行业、城市规划、环境景观、室内设计、机械加工、产品设计等领域。效果图都是一个既能表达设计师思路，又能为客户提供直观感受的表达方式，深受客户的喜爱。

2. 效果图的基本分类

在设计行业，通常将效果图分为手绘效果图和计算机效果图两类。

1）手绘效果图

手绘效果图是指设计师通过铅笔、钢笔、马克笔、水彩、水粉等工具来表现设计理念和思路的表达形式。但是手绘效果图往往需要比较扎实的绘画功底，才能够让设计意图表达得清楚和生动。如果要求设计效果与施工完成后的效果匹配程度很高，那手绘需要一个较为漫长的等待过程，这就很难满足现代社会追求速度和效率的要求，因此现在手绘效果图越来越多地用于概念设计，或者作为一种艺术作品来呈现。

2）计算机效果图

计算机效果图则是设计师通过设计软件，例如 3ds Max、SketchUp、Photoshop 等，配合丰富的效果图设计插件，例如 V-Ray、Enscape 等来表现设计师对项目的理解和对项目完成后的理想的效果表现。传统的手绘表现技法已经不能满足实际实施过程中的细化模拟要求标准。通过计算机仿真软件技术来模拟真实环境的虚拟图像的计算机效果图，在建筑、装饰、景观等行业来看作用也越来越大，它可以更直观地检查、对比设计方案和实际实施过程中的瑕疵或推敲项目方案。

3. 计算机效果图的特点及分类

随着计算机虚拟技术的发展，不断涌现出越来越多的表现形式和制作软件，这些表现形式也各有特点，各有针对性，现在已经不满足停留在只使用一种设计软件制图的过程。随着三维软件的成熟，告别了单纯的三维几何体，迎来更美观、更真实的三维世界。

1）计算机效果图的特点

计算机效果图的特点在于表现某个场景角度、某个空间环境的形态，而对于计算机效果图来说，最重要的是能够清晰明了地让人感受一个空间环境，配合上各种设计元素，让人体会空间的体感、材料、光源、搭配的设备元素等内容。

2）计算机效果图的基本要求

计算机效果图不是单纯地为吸引客户眼球的艺术作品，而是能够真实地表现设计项目理想状态下的效果表现产品。因此，效果图的设计应该符合项目实际的尺寸和准备使用的材料等情况，而不能只考虑美学效果而随意地改动相关模型的尺寸。这是计算机效果图制作最基本的要求，符合实际的前提下以最好的角度和效果表现项目。

随着项目实施对设计表达要求的提高，计算机效果图也变成了项目实施前必须的一种形式。在很多项目审批、合同签署前都要求提供效果图，如图 1-1 所示，因此做出一个能吸引人的作品也成为行业内众多从业者的目标。

3）计算机效果图的分类

目前并没有严格的效果图分类标准，可以按照不同的标准对效果进行分类。

按照效果图表现的行业领域划分，可以分为建筑效果图、产品效果图、机械效果图等；按照效果图表现的主体划分，可以分为建筑效果图、景观效果图、道路桥梁效果图、基础设施效果图等；按照效果图表现的场景划分，可以分为室内效果图和室外效果图；按照效果图客户主体划分，可以分为家装效果图和公装效果图；按照效果图表现的设计风格划分，又可以分为欧式风格效果图、中式风格效果图、简约风格效果图、美式风格效果图等。

图 1-1 计算机效果图

1.1.2 计算机效果图在行业中的表现

1. 计算机效果图行业分析

1）行业现状分析

设计在社会上用途很广泛，从社会、单位企业、家庭个人都需要用到设计，随着技术的进步、经济的发展，人们对于美的追求也在日益增长，室内、装饰、景观设计行业已经成为人们对美追求的反射行业，体现美的追求最直观的产品就是效果图。

可以说几乎用计算机技术模拟出来的图像都可以被称为效果图，目前效果图不仅在装饰领域、建筑领域、机电领域、航空航天领域都已经成为项目获取必不可少的重要支撑，在项目的招投标中，对设计方案的说明单纯靠文字讲解的时代已经一去不复返，通过图形图像直观展现设计方案已经很普遍。目前在我国的设计行业，效果图已经成为行业内的【通行证】。

2）从业人员分析

随着我国基础设施建设和房地产建设的发展，室内设计装修行业对专业人士的需求量也在呈几何倍数的增长，市场对人才的需求量大大增加。

目前行业人员主要分为四层：一是基层的设计人员，遍布于施工队、小公司、小工作室；二是中层的设计人员，专门的设计公司、装饰公司、大型企业的设计部等，此类设计具有一定的规模要求，员工需要经过专门的培训，有自己艺术创作的能力；三是高层的设计人员，具有专业设计资质和团队，或有其独到的设计理念，创作的作品通过足够的社会调研、分析和评估，作品有广泛的认知度；四是专业评审机构或知名设计师具有一定的权威性和决策权，属于行业领军人物。

行业的发展带来了对从业人员的大量需求，目前在国内，效果图制作和表现不仅是高校设计专业的核心课程，也是社会培训机构纷纷开设的重点课程。但是也普遍存在问题，学习设计的人群很多，高校、培训机构、企业甚至工队都在学，竞争较大，水平参差不齐，很多虽然会熟练运用软件，但是缺乏相应的专业支撑，导致制作出的效果图水平不高，很难在竞争中脱颖而出。

本书将通过实例进行详细讲解，介绍效果图制作的全流程，并结合编者经验给出一些实际技巧，以期提高学习者的实际制作水平。

2. 行业内常用效果图的表现形式

1）空间表现

按照环境艺术设计和装饰装修行业的惯例，对空间的表现分为两种表现类型，一种是室内空间表现；另一种是室外环境空间表现。

（1）室内效果图

室内效果图是最常见的类型，时常出现在人们的生活中，它是一种对空间美化追求的表达方式，用图像反映室内空间风格硬装、软装搭配元素的特点。设计师经常会用一种比较直观简洁的手法对这类空间进行设计创作，通过色调、材质、光效、配饰等，做到对实施者、使用者意图的呈现。

一般按照惯例，室内设计又分为家装、公共装修（简称公装）两种，无论它们的空间范围多大，它们都属于室内设计的范畴，只是家装面对的使用者相对单一，而公装面对的使用者更集体化。表现住宅使用空间的效果图即是家装效果图，如图 1-2 所示。同样，表现公共使用空间的效果图就是公装效果图，如图 1-3 所示。

图 1-2　家装效果图

图 1-3　公装效果图

（2）室外效果图

室外效果图也是一种空间环境表达的类型，表达的范围涉及建筑主体、绿植、小品景观、道路环境系统、公共设施等内容，面对的对象更广泛化。更多的作用在于反映室外环境系统的特点、烘托环境氛围、美化环境的同时让受众群体在空间内更舒适，如图 1-4 所示。

图 1-4　室外效果图

2）风格表现

客户的偏好多种多样，因此在进行效果图设计和表现时，一定要符合客户的需求和偏好，掌握不同风格的特征，如图 1-5 ～图 1-7 所示。

图 1-5　欧式风格效果图

图 1-6　中式风格效果图

图 1-7　简约风格效果图

3）表现形式

（1）手绘效果图

手绘效果图表现经常会用在初期谈判交涉中，此类效果图经常要求现场绘制以基础形式表达设计师和使用者的意图，特点是绘图效率高，能快速完成，但是对于材料、空间产品、色彩、空间光环境的表达不够真实清晰，往往沟通上具有局限性，备案和存储也不太方便，如图 1-8 所示。

图 1-8　手绘效果图

（2）计算机效果图

计算机效果图表现一般用于中后期项目的落实及备案，此类效果图通过绘制，设计师以比较接近真实环境实施方案的概念作品形式表达给使用者和实施方，特点是绘图相对较慢，同设计师的软件制图能力、方式有关，但是对于材料、空间产品、色彩、空间光环境的表达真实清晰，沟通交流直观，备案和存储也很方便，如图 1-9 所示。好的计算机效果图要考虑项目实施的可行性，完工后的真实效果还原度相对要高，如图 1-10 所示。

图 1-9　计算机效果图

图 1-10　项目实景照片

不管是室内设计还是室外空间设计，都在为追求更美好的生活而服务，设计是在引领人们的生活方式，更好的表现就是要把想法体现出来，只有表现到位，才能实际实施出一个成功的项目。

3. 提升设计人员素质的方法

任何行业任何岗位要想在竞争中不处于劣势，甚至要脱颖而出，必然需要提升自身的素质和水平。特别是在设计行业，个人的发展完全取决于坚持和努力，如果想在设计行业做好，必须具备相关素质。提高设计人员素质的方法有以下几种。

（1）不断学习、综合地运用新事物，加强个人能力。

（2）无论是理论基础知识，还是软件实操技术，都需要经过系统的学习后结合操作。

（3）坚持不懈、持之以恒地做设计练习，不要怕困难，有问题才会学到更多知识。

（4）具有个人的设计风格定位，个性设计才能得到别人的认可。

（5）不断通过提高艺术表现力和软件使用能力提升艺术修养。

（6）不断学习和追求先进的设计理念，最好能有好的导师或设计师的教导。

（7）经常参加行业内各种活动或论坛，认识更多的优秀设计师，取长补短。

（8）积极参加各类设计赛项，以赛促学。

本任务介绍了一些计算机效果图的基本知识，包括特点、分类，旨在让大家先了解计算机效果图的概念、计算机效果图的主要表现形式，进一步掌握完整的效果图制作。

任务1.2 计算机效果图制作常用软件及脚本

【学习内容】

1. 熟悉计算机效果图制作的常用软件。

2. 熟悉效果图设计软件的脚本基础知识。

3. 了解软件及脚本在效果图制作中的作用。

【学习方法】

本节内容主要介绍软件，但软件版本很多，更新速度也很快，而且并非最新的版本最适合，还要看个人的配置和对软件功能的要求。掌握本书的内容可以说已经掌握效果图制作软件的常规操作，因此本节主要是要学习、了解制作效果图的软件，不要过多地纠结于版本。

完整地制作表现一张效果图，就要学会综合性地运用多个设计软件，一定要避免一个软件做到底。很多初学者都会怕难，而难以接受新软件的学习，其实只有多学习一些软件，将它们综合地运用起来，才能更加有效地制作出不同效果风格、不同场景、既真实又美观的效果图。

现在设计软件的版本更新速度也越来越快，这里介绍的软件版本基本都是相对稳定或可以适合个人计算机配置安装的，初学者有个误区，就是会觉得越新的版本越好用，其实软件在更新时虽然会加入新功能，但是也会失去一些原有的实用功能，各有特点，只要适合自己、稳定可靠、计算机安装便捷即可。对于后续继续升级的软件版本只要掌握基础后再进行了解也不是难题，所以本书重在体现综合运用软件的过程，而不要太拘泥软件的版本。

常用效果图制作软件有 Autodesk 3ds Max、Autodesk AutoCAD、Adobe Photoshop、Lumion 等，再配合 V-Ray 渲染器、常用脚本使用，提高制图效率。

1.2.1 Autodesk 3ds Max

Autodesk 3ds Max 简称 3d Max 或 3ds Max，它是室内、装饰设计行业最主要、用途也最广泛的三维制作软件。

本书使用 Autodesk 3ds Max 2016 中文版本，该软件具有强大的建模、材质、灯光等功能，该版本对上下版本转换的衔接性很好，内置 Mental Ray 渲染器等优秀品质，与它相应版本的 V-Ray 渲染器设置相对简洁明了、材质设置中也有独立的高光光泽度、反射光泽度分离设置等特点，可做出更丰富的材料表现效果。

总体来说，3ds Max 2016 配合其他软件同时使用兼容性相对稳定，对计算机硬件、安装环境等要求也比较适合，对新老版本的承上启下衔接也比较好，如图 1-11 所示。

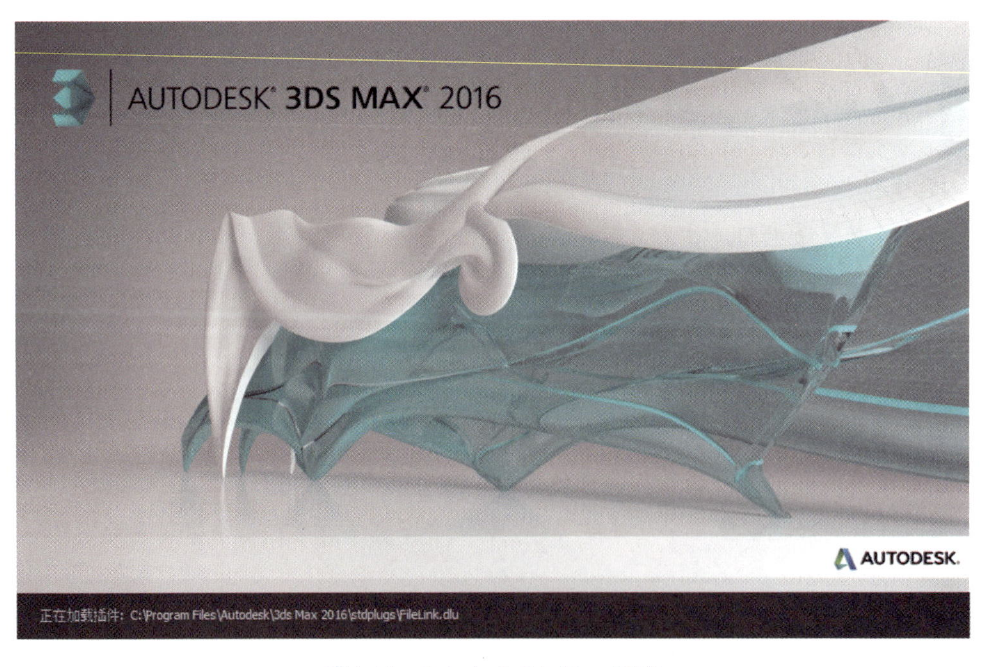

图 1-11 Autodesk 3ds Max 2016

3ds Max 在安装过程中要注意可以更改盘符，但一定不要更改安装路径或安装路径里出现中文，这样才能正确地安装和使用其他插件，或避免配合其他软件使用时发生错误。

1. 操作界面

Autodesk 3ds Max 和基于 Windows 下的其他软件打开的方法一致，通过双击桌面生成的快捷图标即可打开 3ds Max 2016。

3ds Max 2016 软件工作界面主要由文件菜单、标题栏、菜单栏、工具栏、命令面板、视图区、信息提示区与状态栏、动画控制区、视图控制区、视图右键菜单、时间滑块与轨迹栏区域组成，如图 1-12 所示。

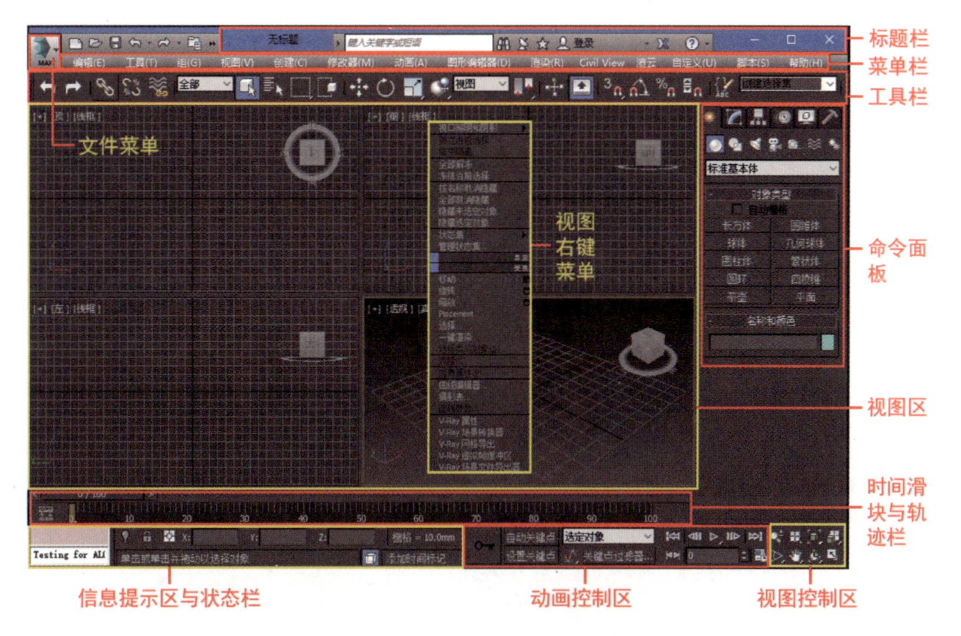

教学视频：
3ds Max
操作界面

图 1-12　Autodesk 3ds Max 2016 界面

（1）文件菜单主要提供文件管理命令，包括【新建】【打开】【保存】等。

（2）标题栏主要包含常用控件，用于管理文件和查找信息。

（3）菜单栏位于标题栏下方，包括 3ds Max 的各种工具和命令，通过单击各个选项卡，在相应的下拉菜单中选择相应的命令。

（4）工具栏主要方便快速调用常用的命令，在默认情况下，软件只打开主工具栏，包括【选择过滤器】【选择对象】【选择并移动】【旋转并移动】【参考坐标系】【捕捉】等，其他浮动工具栏可以根据需要调用。

（5）命令面板可以使用 3ds Max 的大多数建模功能，以及一些动画、显示和其他功能。命令面板位于操作界面的右侧，由 6 个面板组成，分别是【创建】面板、【修改】面板、【层次】面板、【运动】面板、【显示】面板、【实用程序】面板，如图 1-13 所示。

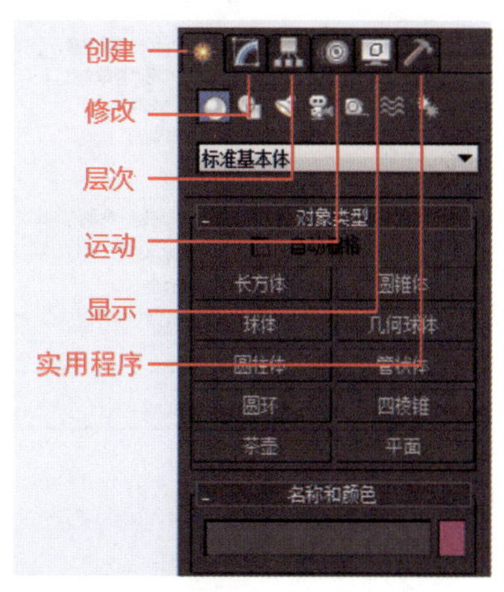

图 1-13　Autodesk 3ds Max 2016 命令面板

在后面的实例操作介绍中，对命令面板的使用频率非常高，每次使用选项卡选择其中某一个面板，再在其中进行编辑操作。具体每个面板中的功能命令和编辑操作使用的方式将在实例介绍中进一步说明，此处主要熟悉命令面板的大体内容即可。

（6）视图区同时以不同的视图角度展示创建的模型。

（7）信息提示区与状态栏位于操作界面的最底部，当进行操作时，状态栏会提示一些技巧，或显示与场景活动相关的信息和消息。这个区域也可以显示运行脚本时的宏记录功能。

（8）视图控制区主要提供视图的【缩放】【平移】等功能，这些功能在操作过程中可以通过鼠标配合键盘实现。

（9）视图右键菜单提供视图内选中对象的操作。

（10）动画控制区用于设置制作和播放动画的工具区域。

（11）时间滑块与轨迹栏可以通过拖动时间滑块来确定动画时间，记录动画关键帧，轨迹栏显示选定对象的每个关键帧的标记。

2. 常用设置

在实际建模工作中，可以根据自己的习惯与偏好进行个人设置，在此只介绍最常用的通用设置。

1）单位设置

在进行效果图制作时，要保证制图的单位和实际项目的单位一致，通常在制图单位里，一般以“毫米”为单位，因此在制图设置时要注意。

执行【自定义】菜单，单击【单位设置】选项，在弹出的【单位设置】对话框中单击【显示单位比例】里的【公制】选项，在下拉菜单中选择单位为【毫米】，单击【系统单位设置】按钮，在弹出的【系统单位设置】对话框中将【系统单位比例】确认单位为【毫米】，如图 1-14 所示。

教学视频：
3ds Max
常用设置

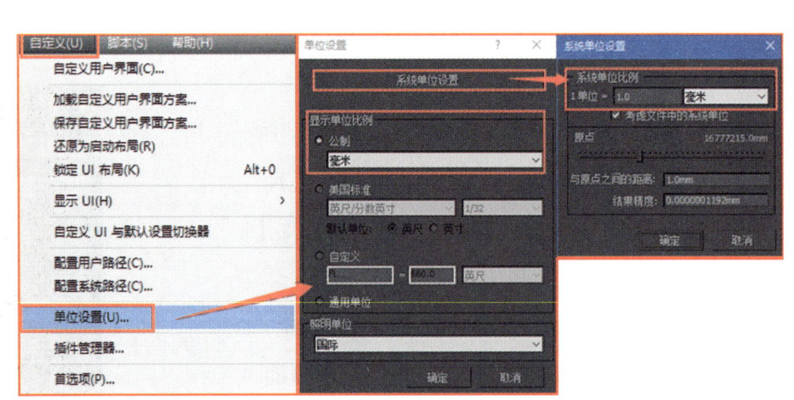

图 1-14　单位设置

2）首选项设置

执行【自定义】菜单，单击【首选项】选项，在弹出的【首选项设置】对话框中选择【文件】选项卡，勾选【启用】自动备份，可以根据需要设置文件备份的间隔时间，如图 1-15 所示。

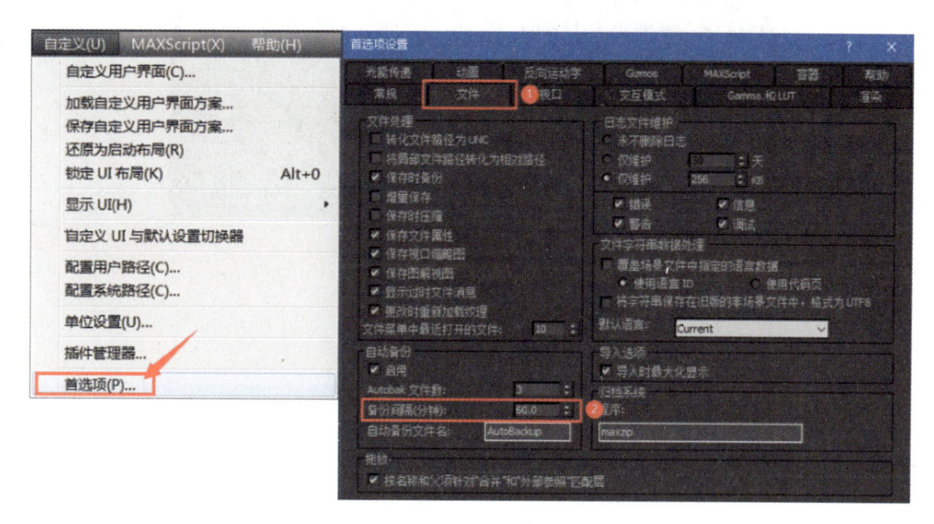

图 1-15 【首选项】文件选项卡设置

3. 文件整理

在制作完场景后记得整理文件并将文件打包归档，这样方便模型文件在任意一台计算机使用，也可提高对文件的使用效率，使其不会受到病毒破坏。

一般使用“文件另存”归档或“资源收集器”归档两种方式，整理出来的文件需要做成压缩文件。

1）“文件另存”归档

该方式是在完成所有的场景制作后，通过【另存为】文件的方式进行自动文件归档压缩，该方式由软件自动完成，相对简单便捷，但是对于归档后的场景资源素材查找调用不太方便，如图 1-16 所示。

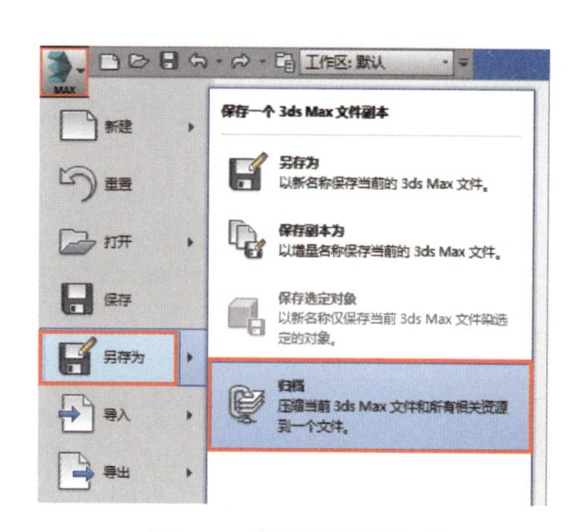

图 1-16 “文件另存”归档

2）“资源收集器”归档

使用【命令】面板内的【实用程序】面板，单击【更多】按钮，在弹出的【实用程序】对话框中选择【资源收集器】选项，单击【确定】按钮，此时在【实用程序】面板下会出现【参数】展卷栏，在其中单击【浏览】按钮，指定文件的收集路径，勾选【收集位图 / 光度学文件】【包括 MAX 文件】选项，用【复制】方式，单击【开始】按钮，这样场景中做好的所有贴图、光域网文件、MAX 模型文件都会自动复制到指定路径文件夹里，如图 1-17 所示，该方法便于查找归档资源。

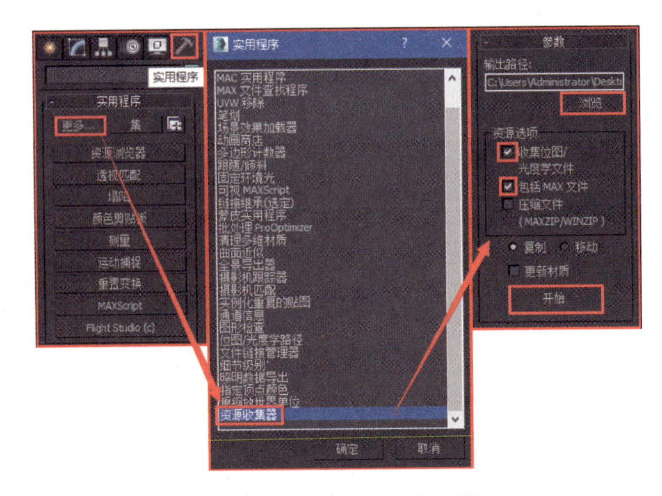

图 1-17 “资源收集器”归档

用资源收集器方法归档的文件，需要自行压缩。最好多复制一个备份，避免因为硬盘损坏或丢失造成不必要的麻烦。

4. 病毒防范

在使用 Autodesk 3ds Max 进行场景建模时，为提高效率，会导入或调用一些外部的场景模型到项目中，但有时有些外部模型带有 Max 病毒，在打开或导入场景使用后会对当前场景造成破坏。例如，在使用【Ctrl+Z】撤销命令时导致软件崩溃、关闭软件时自动覆盖保存等，有时造成的损失是难以衡量的。这种情况一般的杀毒软件是无法清除的，这就需要使用 3ds Max 官方专用的杀毒脚本进行查杀。

Autodesk 3ds Max 常见的病毒有两类，代号分别是 ALC 和 CRP。

将收集的杀毒脚本 ALC_fixup_v2.ms 与 CRP_fixup.ms 复制到 3ds Max 安装位置 scripts 文件夹里的【Startup】文件夹下即可，复制路径如 D:\Program Files\Autodesk\3ds Max 2016\scripts\Startup。

杀毒脚本会在启动 3ds Max 或打开模型文件时扫描是否有病毒，如果存在病毒，将会弹出警告提示，这时只需要单击【是（Y）】按钮即可，如果没有病毒，将不会弹出提示，如图 1-18 所示。

教学视频：
3ds Max
病毒防范

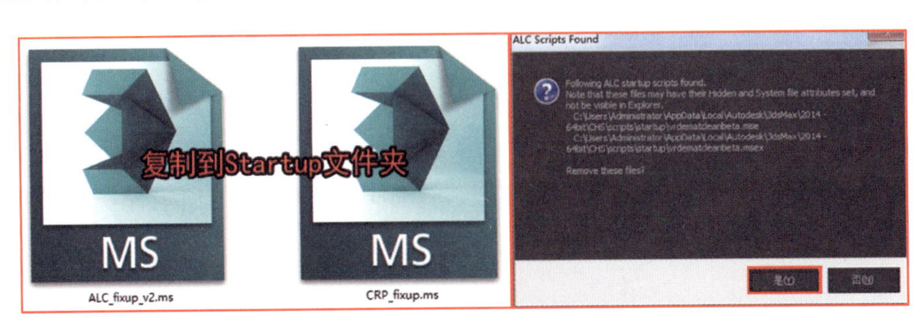

图 1-18 杀毒脚本及病毒提示

5. V-Ray 渲染器

V-Ray 渲染器是由 Chaos Group 公司出品，基于 3ds Max 软件平台使用的一款高质量渲染软件。本书使用 V-Ray 3.00.08 版本，如图 1-19 所示。

教学视频：V-Ray 渲染器

图 1-19　V-Ray 渲染器

V-Ray 渲染器由 7 个功能组成，分别是渲染器、对象、灯光、摄影机、材质、大气特效和置换修改器。在 3ds Max 中主要使用渲染器、灯光、材质。V-Ray 渲染器的最大特点是较好地平衡图像的渲染品质与计算速度。

由于在场景制作过程中需要经常用到 V-Ray 的相关功能，所以安装 3ds Max 之后需要接着安装 V-Ray，记得要关闭 3ds Max 软件再安装 V-Ray。

6. 3ds Max 脚本

3ds Max 脚本又称为 Max Script，它是通过 3ds Max 支持的内置 Max Script 脚本语言功能，针对 3ds Max 操作命令、功能等做二次定制开发的程序，脚本可以使用于 3ds Max 辅助建模、材质、渲染等操作，大幅提高制图效率。

建议初学阶段还是以 3ds Max 常规操作为主，平时可以多收集一些和专业相关的常用脚本，熟练掌握 3ds Max 后再进行脚本使用。

安装 3ds Max 后，脚本文件会以当前安装 3ds Max 软件图标形式显示，常用脚本格式为 .ms 格式，如图 1-20 所示。

图 1-20　3ds Max 脚本

在 3ds Max【脚本】菜单里单击【运行脚本】选项，浏览路径找到需要使用的脚本文件，打开即可，或将文件夹内的脚本文件通过窗口拖放的形式直接拖动到 3ds Max 视图区也可运行脚本，如图 1-21 所示。

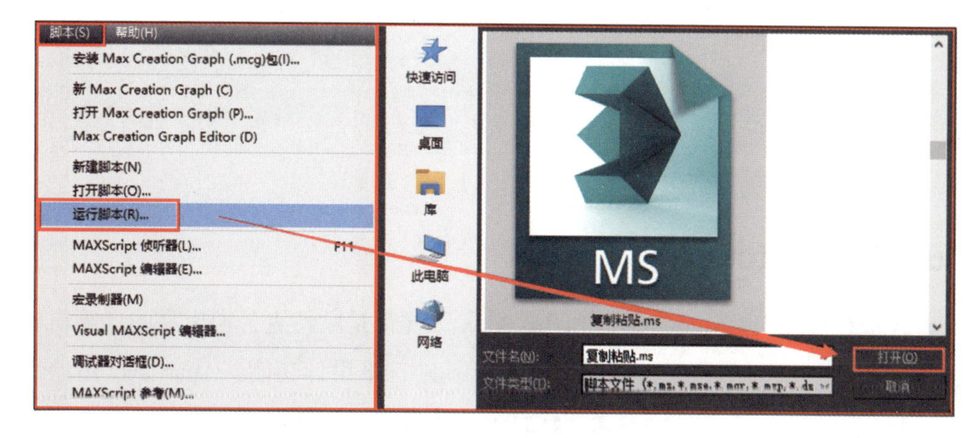

教学视频：3ds Max 脚本

图 1-21　运行脚本

经验

3ds Max 的常用脚本有复制、粘贴、场景清理、通道渲染等，可根据制图习惯及专业使用需要收集。

7. 渲染出图格式

一般为保证出图图像精度使用 TIF 或 TGA 格式，这两种格式效果质量区别不大，都属于没有压缩的原帧图像格式。为方便在任意设备和软件里打开，建议使用 PNG 或 JPEG 图像格式，TIF 和 TGA 格式主要是为了保证图像像素质量。

8. 常用快捷键

在进行效果图设计制作的过程中，或者是使用软件的过程中，如果纯粹地使用鼠标单击选项卡，再在各种各样的面板中寻找需要的工具命令按钮，会减慢制图的效率。因此，为提高使用软件的效率，合格的设计师应该掌握各命令的快捷激活方式，提高设计的效率。Autodesk 3ds Max 常用的快捷键可以参考表 1-1。

表 1-1 Autodesk 3ds Max 常用快捷键查用表

常用快捷键	功　能	常用快捷键	功　能	常用快捷键	功　能
C	摄影机视图	M	材质编辑器	Alt+Q	孤立当前选择
T	顶视图	Z	当前选择最大化显示	Alt+ 鼠标中键	旋转视图
P	透视图	F2	开关高亮显示所选物体的面	Alt+W	最大化显示视图
F	前视图	F3	线框显示	Shift+L	显示灯光
L	左视图	F4	边线模式显示	Shift+F	安全框
W	移动工具	F10	渲染设置	Shift+C	显示摄影机
E	旋转工具	8	环境和效果	Shift+Q	渲染
R	缩放工具	Ctrl+I	反选	Ctrl+Shift+Z	所有视图最大化
S	对象捕捉	Ctrl+Z	恢复上一步		
G	网格切换	Ctrl+A	全选		

1.2.2 Autodesk AutoCAD

Autodesk AutoCAD 简称 AutoCAD，和 3ds Max 一样都是欧特克公司出品的计算机辅助设计软件，主要用于二维图形绘制，现在也加入了基础三维设计功能。AutoCAD 由绘制线来构成图形，在室内设计、装饰装修、景观设计、土木建筑、工程制图、电子工业、服装加工等多行业领域使用广泛，主要用于方案、施工详图的设计制作。

AutoCAD 具有完善的二维图形绘制功能、强大的图形编辑功能，也可以使用圆方、天正建筑等插件，基于 AutoCAD 平台进行二次开发或用户功能定制，提高制图效率。还可以进行多种图形文件格式的导出、导入转换，以支持多种操作平台。它支持多种硬件设备，让手机、平板等便携设备也可查看 AutoCAD 文件。

在效果图表现中经常会用到 AutoCAD 按尺寸绘制的二维图形、截面等内容。

由于 AutoCAD 文件存储可选择较低版本保存，所以它的版本兼容性较好，安装适合版本即可，本书使用 AutoCAD 2014 版本，如图 1-22 所示。

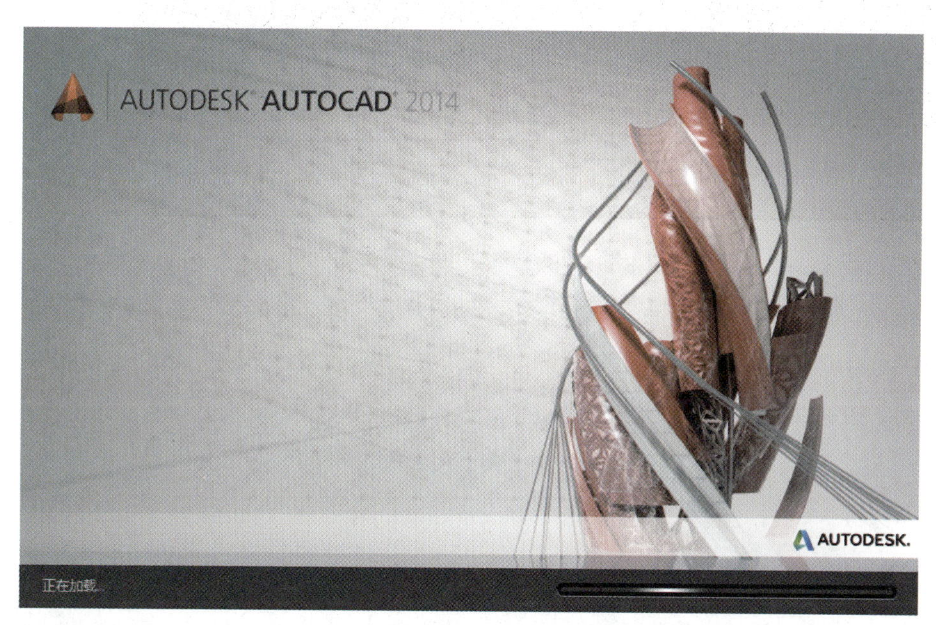

教学视频：Autodesk AutoCAD 简介

图 1-22 AutoCAD

1. 操作界面

AutoCAD 也是基于 Windows 下的操作软件，它的操作界面主要由文件菜单、标题栏、菜单栏、工具栏、绘图区域、命令行与文本窗口、状态栏区域组成，如图 1-23 所示。

AutoCAD 和 3ds Max 都是同一家公司的产品，因此工作界面和快捷键命令上有很多相似之处，它们的文件也可交替使用。

2. 常用设置

AutoCAD 的常用设置主要是通过格式菜单内的【文字】【标注】【单位】等，按个人习惯做好相关设置后再进行绘图。

3. 出图格式

AutoCAD 一般绘制完图纸，存储为软件专用 DWG 格式文件发送出去。但是要考虑到，如果对方没有安装 AutoCAD 软件，会导致无法查看图形，这就需要使用虚拟打印等方式，将文件内容输出成常用的图像格式文件方便查看。常用出图格式为 JPEG、PNG 或 PDF 格式。

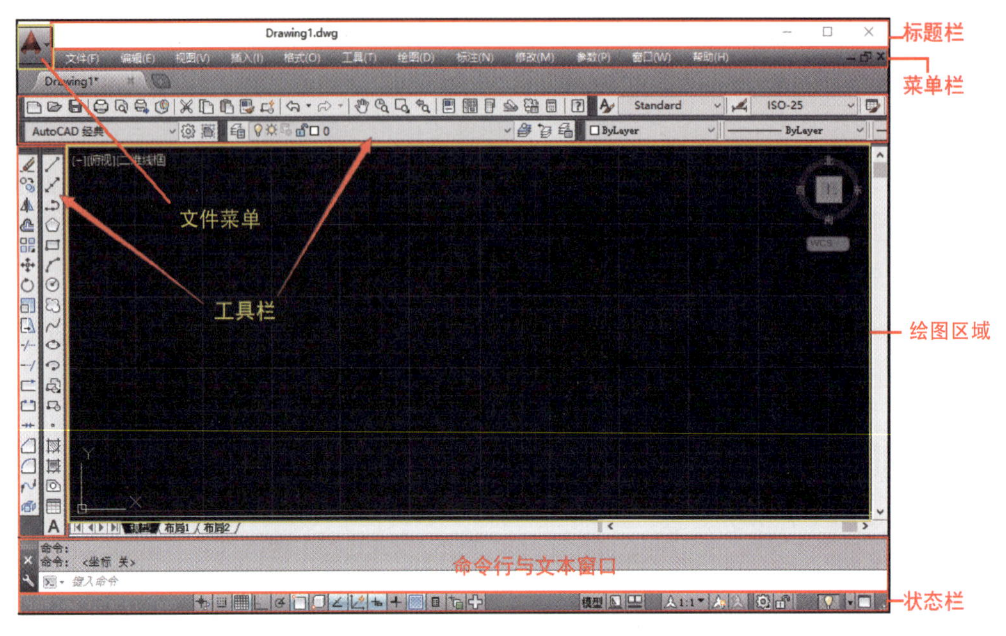

图 1-23　Autodesk AutoCAD 界面

这里以输出为 JPEG 格式文件为例，介绍虚拟打印出图的设置。

（1）在 AutoCAD 软件里打开文件，在【快速访问工具栏】或者【文件菜单】中单击【打印】按钮，或者直接使用快捷键 Ctrl+P 打开【打印设置】面板，弹出【打印 - 模型】对话框，在【打印机 / 绘图仪】栏的【名称】下拉列表中浏览选择 Publish ToWeb JPG.pc3 格式，单击【特性】按钮，弹出【绘图仪配置编辑器】对话框，进入特性设置【自定义图纸尺寸】，单击【添加】按钮新图纸尺寸，如图 1-24 所示。

教学视频：Autodesk AutoCAD 虚拟打印出图

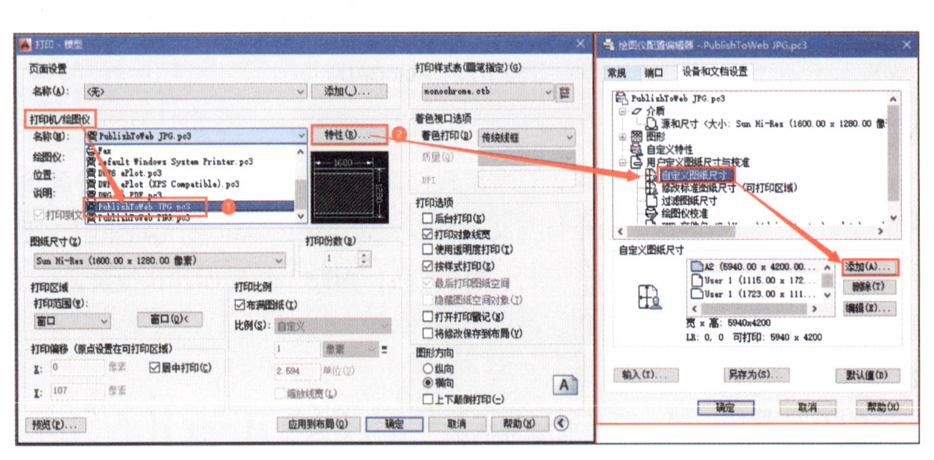

图 1-24　虚拟打印设置

（2）在弹出的【自定义图纸尺寸 - 开始】对话框中勾选【创建新图纸】选项，单击【下一步】按钮，进入【自定义图纸尺寸 - 介质边界】对话框，在【宽度】【高度】中按需要出图的纸张大小进行设置，这里以 A2 纸张大小为例设置【宽度 5940、高度 4200】像素，设置完毕单击【下一步】按钮，如图 1-25 所示。

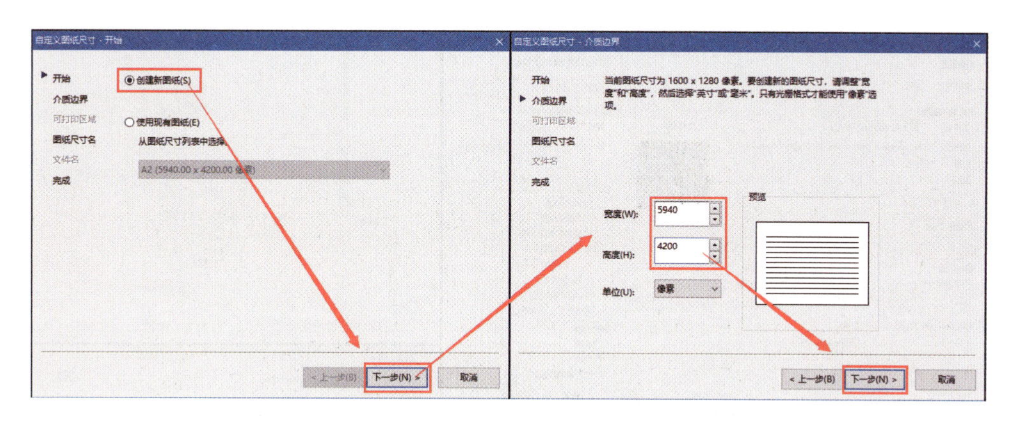

图 1-25　自定义图纸尺寸

（3）切换到【自定义图纸尺寸 - 图纸尺寸名】对话框中，重命名为【A2】，单击【下一步】按钮，进入【自定义图纸尺寸 - 完成】对话框中，单击【完成】按钮，如图 1-26 所示。

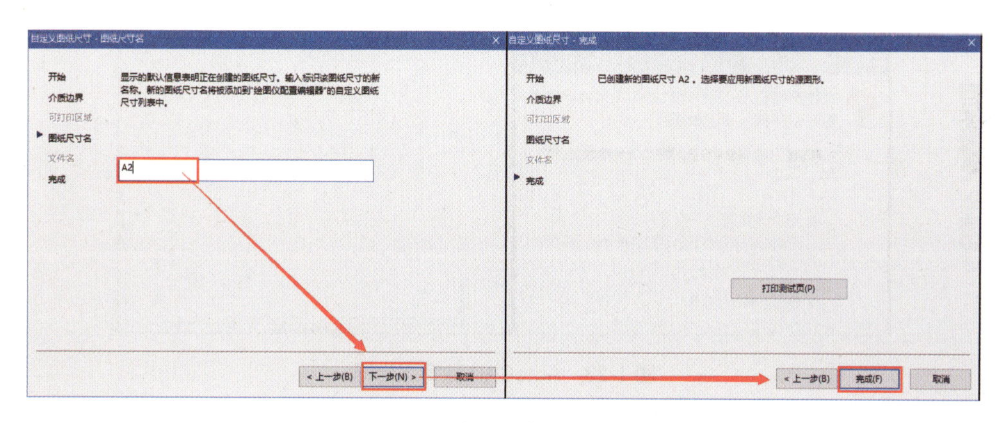

图 1-26　完成自定义图纸尺寸

返回到【绘图仪配置编辑器】，单击【确定】按钮完成后返回【打印设置】面板。

（4）在【打印 - 模型】对话框中的【图纸尺寸】下拉列表中浏览选择【A2】，在【打印样式表】下拉列表中选择【monochrome.ctb】模式，如果是第一次设置，将会弹出【是否将此打印样式表指定给所有布局？】，单击【是】按钮，【打印比例】勾选【布满图纸】选项，【打印偏移】勾选【居中打印】选项，在【打印区域】栏中选择【打印范围】为【窗口】打印方式，单击【窗口】按钮选择需要打印的图形区域，单击【预览】按钮，没有问题单击【打印】按钮保存即可，如图 1-27 所示。

4. 去除标记

AutoCAD 针对不同的用户推出不同功能的产品，为区分版本文件，会在 DWG 文件中生成一个标记。而在打印时常见的版本标记为教育版标记，这是因为该 DWG 文件内包含教育版本 AutoCAD 生成的图形内容，它不是病毒，但是由于所有的 AutoCAD 都会对它进行自动识别，并具有类似病毒的感染性，会使没有该教育标记的 DWG 文件也出现标记，所以也被称为【教育版】病毒。

图 1-27　虚拟打印预览保存

这个教育标记在打开时会有提示，影响到打开的效率。在打印时，出现在图纸四周影响出图美观，如图 1-28 所示。

教学视频：
Autodesk
AutoCAD
去除标记

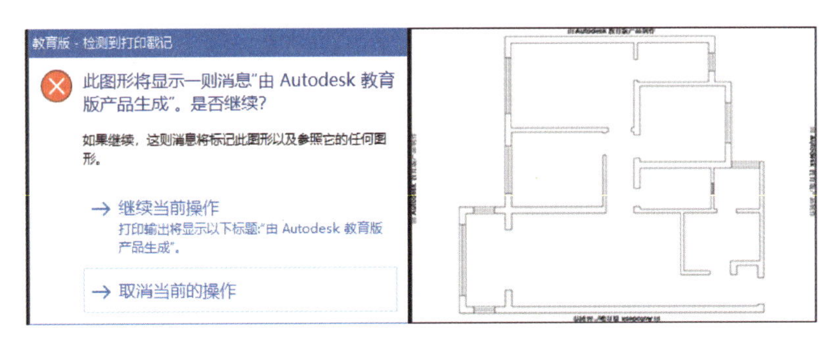

图 1-28　AutoCAD 教育版标记

去除该标记的方法，是将当前文件另存为 DXF 格式文件，关闭 AutoCAD 软件，再次使用 AutoCAD 打开存储的 DXF 文件，另存为 DWG 格式即可，如图 1-29 所示。

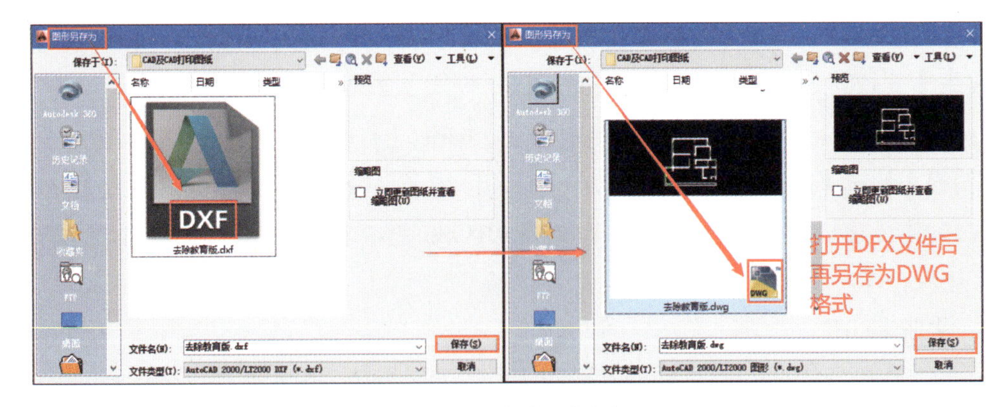

图 1-29　另存去除教育版标记

5. 常用快捷键

AutoCAD 和 Autodesk 3ds Max 同为一家公司的产品，因此快捷键很多都是相同的，AutoCAD 作为二维制图最常用的软件，快捷键非常多，在此主要介绍在制作计算机效果图时会使用到的功能快捷键，表 1-2 所示为 AutoCAD 常用快捷键查用表。

表 1-2　AutoCAD 常用快捷键查用表

常用快捷键	功　　能	常用快捷键	功　　能
Ctrl+A	全选	W	写块（定义块）
Ctrl+C	复制	Ctrl+V	粘贴

1.2.3　Adobe Photoshop

Adobe Photoshop 简称 Photoshop 或 PS，是由 Adobe Systems 开发和发行的图像处理软件。该软件主要处理以像素构成的平面数字图像。使用其修改编辑、绘图工具，可以高效地进行平面图像处理工作。Photoshop 在图像、图形、文字、视频等各方面都有处理功能，主要在平面广告、出版、印刷等行业运用较多。

Photoshop 在室内、装饰、室外景观、建筑等效果图表现制图过程中起到辅助作用。在效果图制作中的作用主要是处理贴图，后期的编辑、校色、图像合成、修整等。

由于 Photoshop 版本兼容性较好，而且存储为常用图像格式，安装适合版本即可，本书使用 Photoshop CS6 版本，如图 1-30 所示。

教学视频：Adobe Photoshop 简介

图 1-30　Adobe Photoshop

1. 操作界面

Adobe Photoshop 同样是 Windows 下的软件，整个软件工作界面主要由文档标题栏、工具属性栏、菜单栏、工具箱、状态栏、浮动面板、工作区图像窗口区域组成，如图 1-31 所示。

2. 出图格式

一般 Photoshop 另存为图像常规格式即可出图。但是可以利用它的【路径】功能导出为 Adobe Illustrator 格式的图形文件，这样就可以在 3ds Max 等软件内打开编辑二维图形，这类操作经常会在 3ds Max 里需要制作 Logo 标识等图案模型时用到。

3. 常用快捷键

Adobe Photoshop 作为效果图制作后期处理最主流常用的软件，对效果图的表现提供了强大的调整工具，主要介绍在制作计算机效果图时会使用到的功能快捷键，表 1-3 所示为 Adobe Photoshop 常用快捷键查用表。

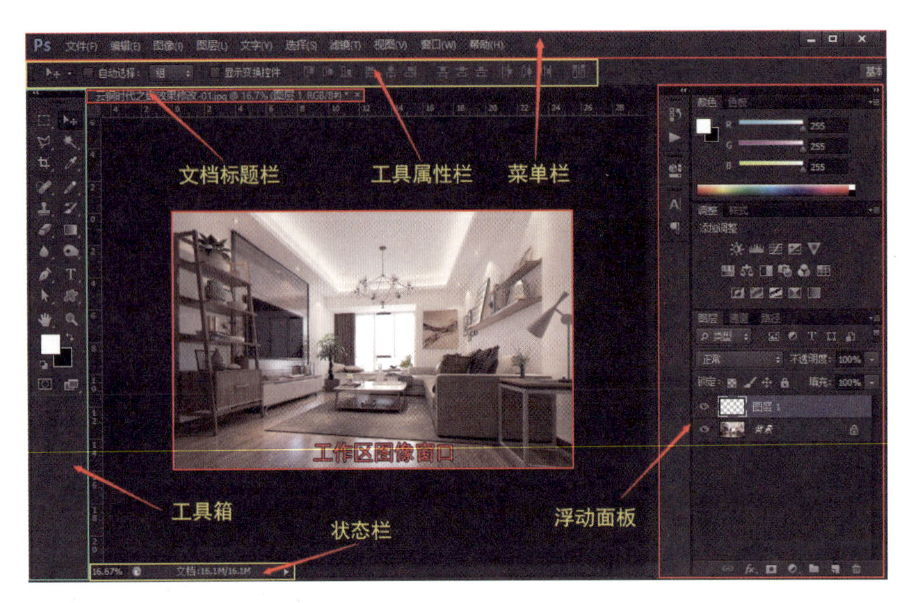

图 1-31 Adobe Photoshop 界面

表 1-3 Adobe Photoshop 常用快捷键查用表

常用快捷键	功　　能	常用快捷键	功　　能
Ctrl+L	色阶	Ctrl+M	曲线
Ctrl+U	色相、饱和度	Ctrl+J	复制图层

1.2.4 Lumion

Lumion 是一款相对简单、快速的实时渲染软件，作用接近 SketchUp 的 Enscape 实时渲染软件。与 V-Ray 等其他主流渲染软件相比，它的优点在于能够实现实时查看三维场景的渲染效果，渲染出图清晰度高，渲染速度快，配景模型效果真实易用，模拟大气环境效果也相当简洁。缺点是不能进行模型的编辑修改，需要配合 3ds Max、SketchUp 等建模软件进行操作。

因为要考虑 Lumion 和 3ds Max、SketchUp 能更好地联动使用，本书使用 8.5 版本，如图 1-32 所示。

Lumion 可以用于三维虚拟现实场景的动态视频演示、室内外效果图制作，在景观、室内、建筑、规划设计行业经常用到。实时操作功能提示，让其更容易上手操作，强大的内置功能提供了高效的制图环境。

图 1-32 Lumion

教学视频：Lumion 简介

1. 操作界面

Lumion 的软件工作界面相对于其他三维软件来说非常简洁。操作界面主要由标题栏、主要工具栏、工具面板、系统指令、实时场景工作区区域组成，如图 1-33 所示。

图 1-33 Lumion 界面

2. 出图格式

Lumion 在出图时，按常规图像格式即可。一定选择最大分辨率出图，即使印刷、排版时不需要用到那么大的出图尺寸，因为它的渲染速度非常快，不用考虑尺寸影响的渲染时间。按最大尺寸出图后再缩放至所需的图像大小也会清晰很多。

3. 常用快捷键

Lumion 作为一个强大的渲染软件，在制作效果图和动画上非常好用。在后期的室外效果图制作中也会对其进行详细的介绍。在这里，主要介绍在制作计算机效果图时会使用到的功能快捷键，表 1-4 所示为 Lumion 常用快捷键查用表。

表 1-4 Lumion 常用快捷键查用表

常用快捷键	功能	常用快捷键	功能	常用快捷键	功能
W	前移场景	Q	垂直上移摄像机视角	Shift	加速场景移动速度
S	后移场景	E	垂直下移摄像机视角	Alt+ 移动	复制当前物体
A	左平移场景	F5	快速存储	Ctrl+1 ～ Ctrl+10	保存摄像机位置
D	右平移场景	右击	旋转场景	Shift+1 ～ Shift+10	还原摄像机位置

本任务介绍了制作计算机效果图的常用软件和脚本，这些工具配合使用好，可以提升效果图的质量。会者不难，难者不会，效果图的制作并不简单，认真地学习和练习，才能越来越熟练，做出客户满意的效果图。

模块2 计算机效果图设计制作思路及流程

模块导读

要想制作一份完美的效果图，动手前需要对工作的内容进行全面了解，并做出分析，统筹安排，从而找到实现目标的最佳实施路径。

本模块对计算机效果图设计制作的整个工作流程进行了介绍，目的是认识设计的准备工作和常规的工作思路，希望读者形成自己的创作思路，以备后续在完成项目时事半功倍。

任务2.1 客户沟通及项目现场勘察

【学习内容】

1. 理解与客户沟通的重要性和要点。
2. 了解设计项目信息。
3. 熟悉现场勘察的要点。

教学视频：计算机效果图设计制作思路及流程

【学习方法】

认真理解流程中的各个环节，在后续的学习中不断体会。

效果图在制作前，需要进行一系列前期准备工作。设计师和设计的使用者要有沟通的过程，这样设计师在创作过程中才有一个清晰的设计思路，才能制作出符合要求的设计。

下面结合项目装饰工程的实际工作情况，对设计的一般过程予以简要介绍。

2.1.1 与客户沟通

优秀的设计师能够通过与客户的沟通，理解甲方业主的要求，并能够将设计创意与客户的需求完美融合，从而成就好的作品。

以专业的水准完成与客户的沟通是进行设计最重要也是最基本的要求，了解项目的信息，第一手的资料来源就是甲方客户，这是保证设计成功与否的重要环节。设计师不但要清楚客户的设计需求，还要能够利用自身的专业知识，帮助客户解决一些设计上的困扰，建立客户对设计师的信心。

了解甲方客户的意图与要求，需要通过与其进行仔细且有效的交流，了解其对于各个空间的具体使用要求及其进行装饰的意图和预期的效果。一般在实际项目中，与客户有合作意向后，就需要通过沟通了解客户的信息和偏好，如客户的年龄、个人爱好、空间功能要求、设计装修风格、装修材料要求、装修预算等。通过对这些信息的了解，为后续完成客户满意的设计效果奠定基础。

在与客户的交谈中，所要获取的不是客户要求我们做什么，而是客户需要我们做什么。设计师要从客户那里得到的不是一些具体的规定，而应该是一些心理方面的要求和限制。

2.1.2 获取设计项目信息

获取项目信息，除通过与客户的有效沟通，对项目有预先的了解，还需要通过现场勘察的方式对设计项目进行空间测量、拍照、空间使用功能分析等。

一个合格的设计师能够以实际的项目测量数据为基础，对空间进行合理的规划，从而保证创作出的效果图有实际意义。对项目的实地勘察是这个过程中的关键，这是实际中任何一项设计任务的开端。

1. 现场测量分析

设计制图要以设计项目的实际数据尺寸为依据，在通常情况下，获取设计项目的尺寸数据会有两种途径，一种是开发商提供的平面户型图，另一种是设计师进行现场测量。

客户提供的平面户型图中的尺寸，很多时候是开发商前期设计尺寸，在项目完工交付后，很多数据会和实际房屋的尺寸存在出入，所以这种图纸尺寸只能作为空间设计的参考依据，而不能直接用作效果图、施工图设计制作的直接依据。因此，在实际工作中，设计师与客户前期沟通完毕，就需要约定登门测量的时间，到设计项目上进行实际的勘察和测绘，保证实地了解设计空间的基本情况，收集设计空间的场地结构和影像资料，在可能的条件下，还应该设法与物业、管理者进行交谈，充分了解原有的设计结构等内容。

1）现场测量

现场测量是对设计空间平面结构的认知，要将设计中需要明确的尺寸信息都进行实际的测量并进行记录，在进行测量时除基本的房间尺寸外，还要注意门窗的位置、墙体的承重情况、梁柱的分部情况、地面的平整情况、房间的高度、排水管及下水口的位置、排烟通道位置、通风管道位置、消防设备位置等已有内容和位置，并将这些内容标注出来，方便后期绘制效果时做软、硬装的方案考虑，不能只考虑空间结构测量。

现场测量通过测量工具，如钢卷尺、激光测距仪等，配合手绘完成量房草图，如图 2-1 所示。

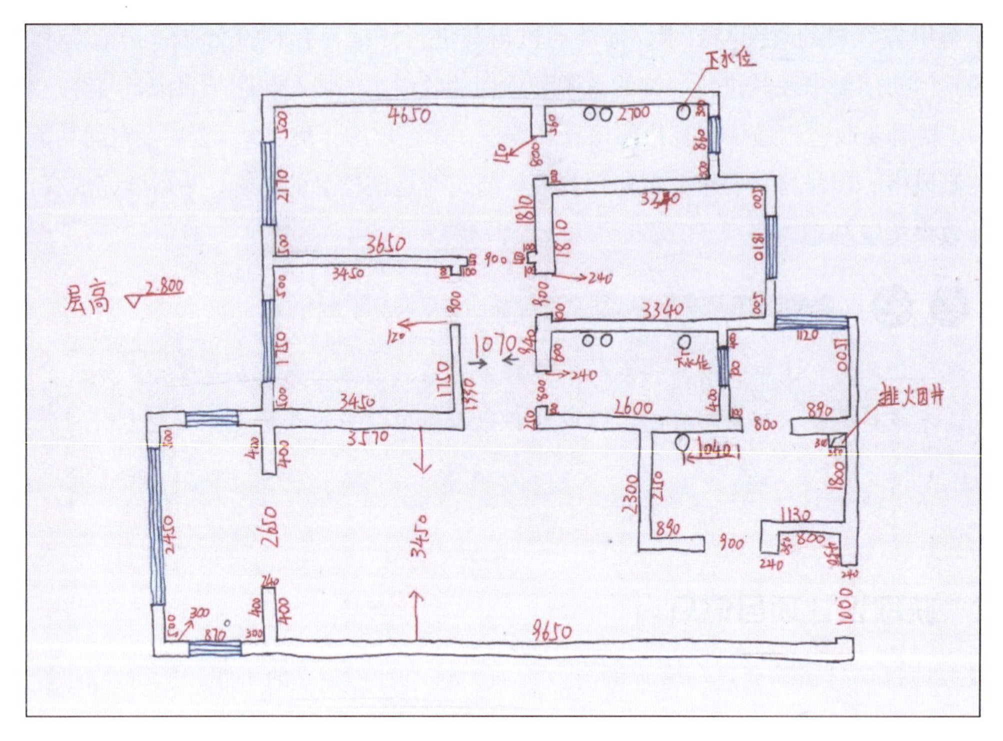

图 2-1 现场手绘测量图

绘制草图的重点是记录设计所需要的数据，只要信息记录完整即可，对草图的美观没有过多要求。量房草图既要包括房间的详细尺寸、窗户的尺寸、窗台的高度、房间内的墙体承重的情况、房间内过梁的位置和尺寸、房间内柱子的位置和尺寸、预留门洞的位置和尺寸，还要包括空间原有的管线位置与走向、下水口位置、烟道位置和尺寸等细节。如果是旧房改造，还要注意原有的插座位置和高度、空调孔洞位置等内容。

鉴于测绘内容有很多细节，在量房时有时候会有跨度较大、操作不方便的尺寸，如复式楼层的高度、较大房间的整体开间和进深，如果条件允许，建议两人共同完成，以保证测绘的准确性和安全性。

在进行测量时，如果发现房屋本身存在质量问题，需要及时与客户进行沟通和说明。

在对设计空间进行现场勘察时，还要注意房屋的位置、朝向以及周围的环境状况，以便设计时考虑是否需要做一些特殊设计，例如隔音设计、遮光设计、加装照明设备等。

2）影像收集

设计空间影像的收集是对空间最直观的认知方式。

通过影像拍摄空间场地，可以记录空间中的一些细节，方便后期在设计制作效果图的过程中构思和回想，也可以作为资料保存，方便完工后作前后对比，如图 2-2 所示。

图 2-2 现场照片

在进行现场拍摄时，要注意现场影像资料，要把测量图纸上不方便标注的细节处拍摄完整，避免后期制图时靠猜测制图或再次到现场采集信息。

3）空间分析

现场勘察后，需要和客户再次沟通，明确设计空间和功能划分，此时设计师应该利用自身的专业知识和设计经验，提出一些建设性意见或者建议，帮助客户解决一些设计上的困扰，保证进行设计时心中有数。

2. 明确设计工作范围及预算额度

收集现场资料后，还需要明确设计任务及客户预算。

设计任务是客户对于设计项目提出的要求，是进行设计的主要依据，一定要明确设计的工作范围。例如，设计内包含软、硬装部分，在设计中是否需要把这些内容进行强调表现，或定制表现，十分重要。明确需要向客户展示的空间效果图，选用设计风格等信息。

工程量的大小、是否有变更项目、准备采用何种材料、投资预算的费用等因素都要考虑到设计中去，进而确定设计工作的范围，否则后期将无法实施。

例如，明确材料供应情况，首先要明确由甲方供应材料还是由实施方供应材料。如由甲方供应材料，设计师就需要根据甲方提供的材料进行效果表现。关于这些方面情况的了解和恰当处理，对设计师是极具意义的。

本任务介绍了计算机效果图设计制作前的准备工作，俗话说“磨刀不费砍柴功”，前期的沟通、测量是保证设计创意与客户要求完美融合的前提。下一步就要考虑如何进行项目初期方案的实施，为后期效果图打好基础。

任务 2.2 方案设计和实施

【学习内容】

1. 了解方案设计流程。
2. 掌握图纸设计要点。
3. 了解方案设计的作用。

【学习方法】

认真理解流程中的各个环节，在后续的学习中不断体会。

现场考察完毕就要进行下一步工作，即确定设计任务，通常这一阶段对于许多采取设计、施工一体化的公司来说，就是明确初期工作任务，包括做现场测量图纸放图、概念方案制作（包含预期效果）、设计方案确认等内容。

这一步是设计师需要总体完成的工作，核心是通过二维图纸和三维效果图提出设计方案，包括从 AutoCAD 制图到效果图出图为止。

2.2.1 方案设计

通过和业主沟通到设计项目现场勘察测量获得设计数据后，要根据客户的需求，绘制平面方案图纸，以确定下一步的具体设计方案。

这一阶段主要是通过 AutoCAD 来进行，绘制布局类、实施类的图纸，包括原始测量空间图纸、设计布局方案图纸、施工方案图纸等制作内容。

由于效果图表现需要体现项目完工后的理想状态，因此所有的三维效果图中都不可能对具体的尺寸数据进行详细标注，以免影响视觉效果。但是又追求效果图的真实性，因此效果图制作必须依托真实数据来完成，这些数据表现需要通过二维图纸进行。所有的三维效果图表现都是基于二维图形的基础来制作的，这样方便验证表现图纸的可行性。

1. 平面方案图纸制作

方案设计阶段的平面图纸主要包括原始平面图、平面布置图。

1）原始平面图

根据现场测量的手绘图纸进行放图，将手绘测量图转为电子图纸，绘制建筑空间的原始平面图，如图 2-3 所示。

原始平面图应包含实际测量空间的平面投影框架、各空间的测量尺寸、层高、面积大小、空间划分、主次入口、现场所包含窗门洞的大小、设计说明等内容。如果有需要，可以对建筑物中的过梁等特殊位置进行虚线绘制并进行标注说明。

如果涉及设计空间需要进行改造，如拆除原有墙体、新增隔墙等，还需加入改造图纸以确定对原有空间方案的对比，如图 2-4 所示。

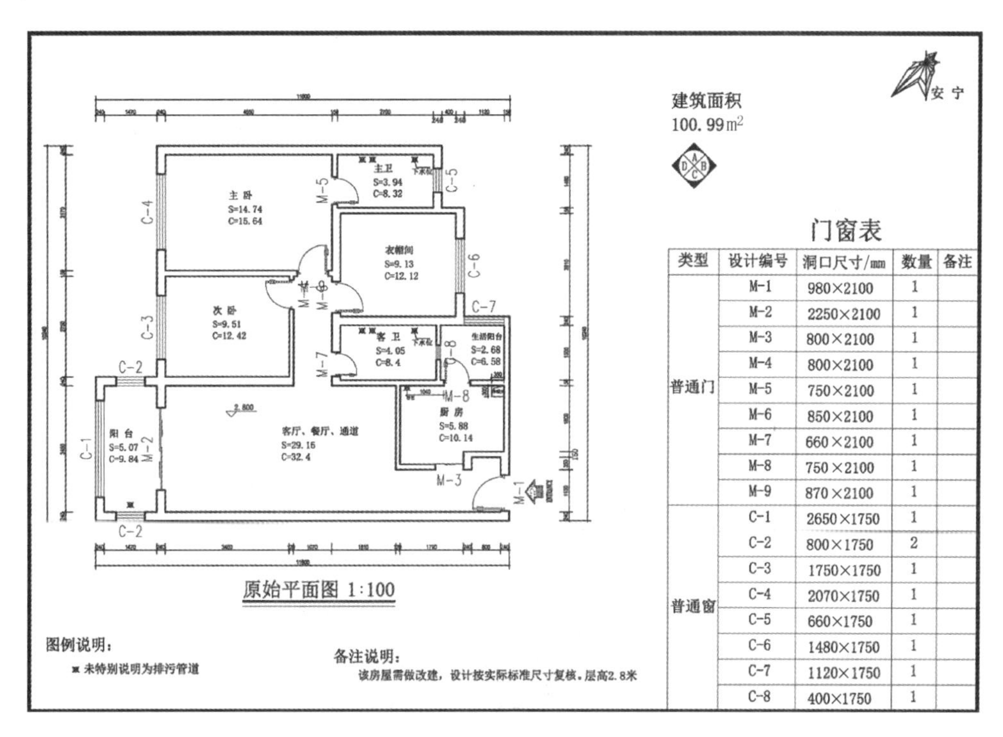

图 2-3 原始平面图

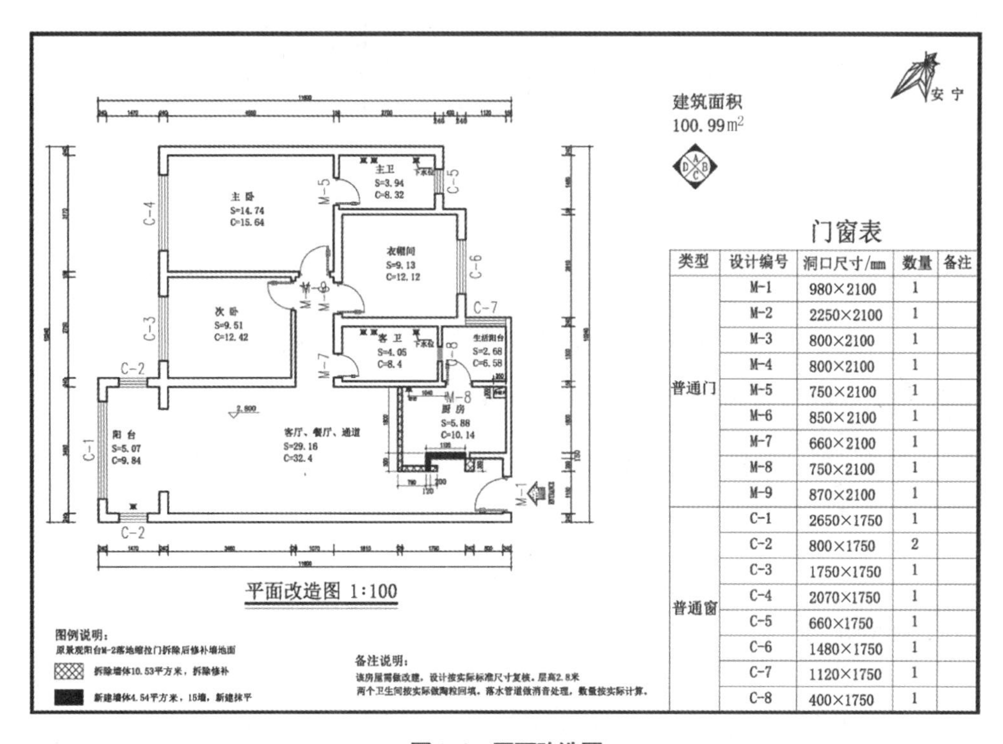

图 2-4 平面改造图

2）平面布置图

通过前期和客户的沟通，以及现场的实地勘察，设计师根据原始平面图纸按照客户的需求进行空间和功能区域的合理划分，做出功能布局布置方案，即平面布置图，如图 2-5 所示。

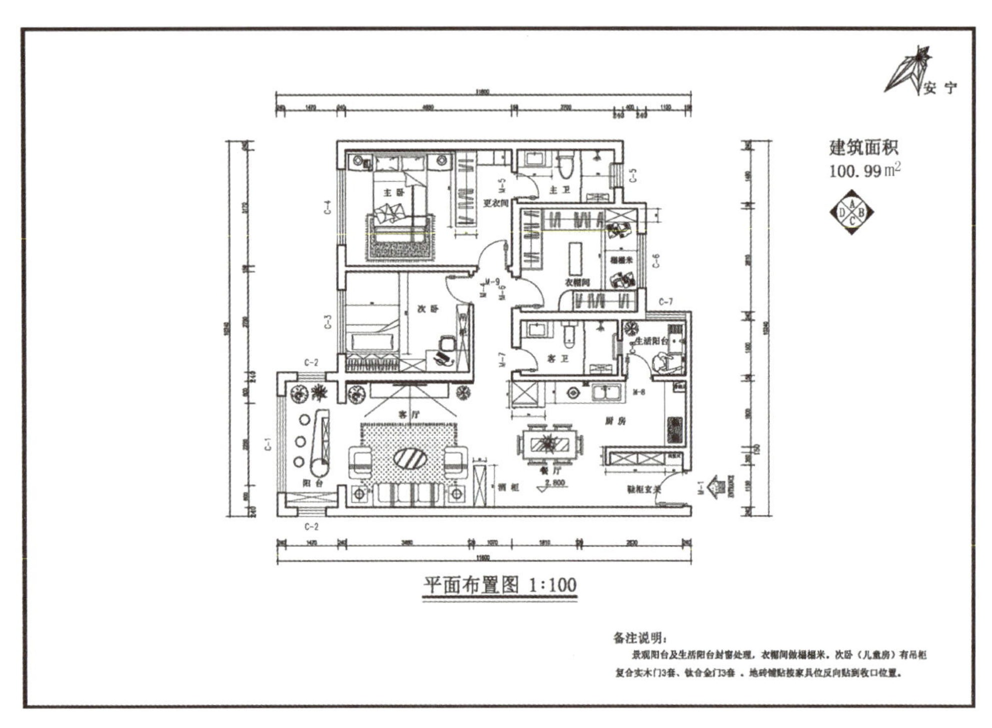

图 2-5　平面布置图

平面布置图是需要根据不同空间的功能来安排的，关系到后期效果图表现的制作内容和实际实施。

如果客户没有定制要求，空间和功能的划分可以按常规布局设计来制作。平面布置图包含划分功能空间的家具、放置内容的尺寸及位置、空间说明等内容。

平面布置方案设计完成后一定要跟甲方进行沟通，这样才方便接下来的设计工作开展，也才知道初期方案沟通中存在的问题，所以这一环节很重要。

2. 实施图纸制作

实施图纸制作阶段主要是通过确认后的平面方案进行风格、材料、硬装造型的考虑，主要用施工图纸来表现。初步设计通过业主确认后，需要进行施工图的绘制，为施工人员提供制作的尺寸依据和施工说明。

需要说明的是，有的设计师会先做效果图，再按照效果来做施工图，但是这样做会出现设计内容的尺寸、施工工艺等难以表达等问题，后期图纸改动较多，而且效果图很难同时表达所有空间的设计范围。

建议采用先做施工图，再做效果表现的方法，这样可以解决一些造型截面、施工尺寸、材料工艺等问题，相当于对效果图的表现做了一次论证，可以更清晰地去做效果图表现的工作。

1）顶平面布置图

顶平面布置图用于表达各空间的顶面造型、尺寸、吊挂高度、材料工艺、灯具等内容，如图 2-6 所示。

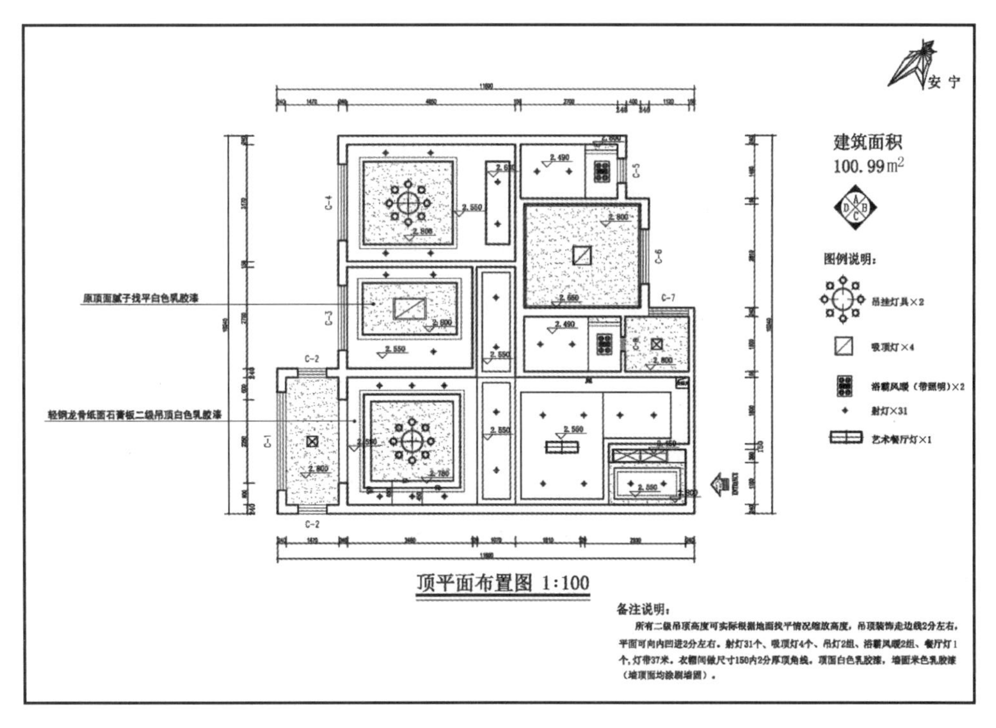

图 2-6 顶平面布置图

有顶面布置图纸，也就有计算机效果图制作中顶面三维造型的截面样式、厚度尺寸等数据，这要比直接在三维软件中去考虑这些问题更容易，也更加方便，从而提高制图的效率，如图 2-7 所示。

2）立面及详图

立面及详图用于表达各空间内立面带有造型设计部分的样式、尺寸、材料工艺等内容，如图 2-8 所示。

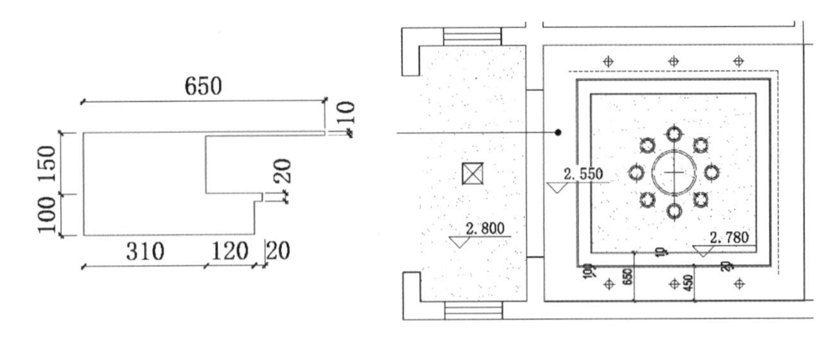

图 2-7 造型截面分析

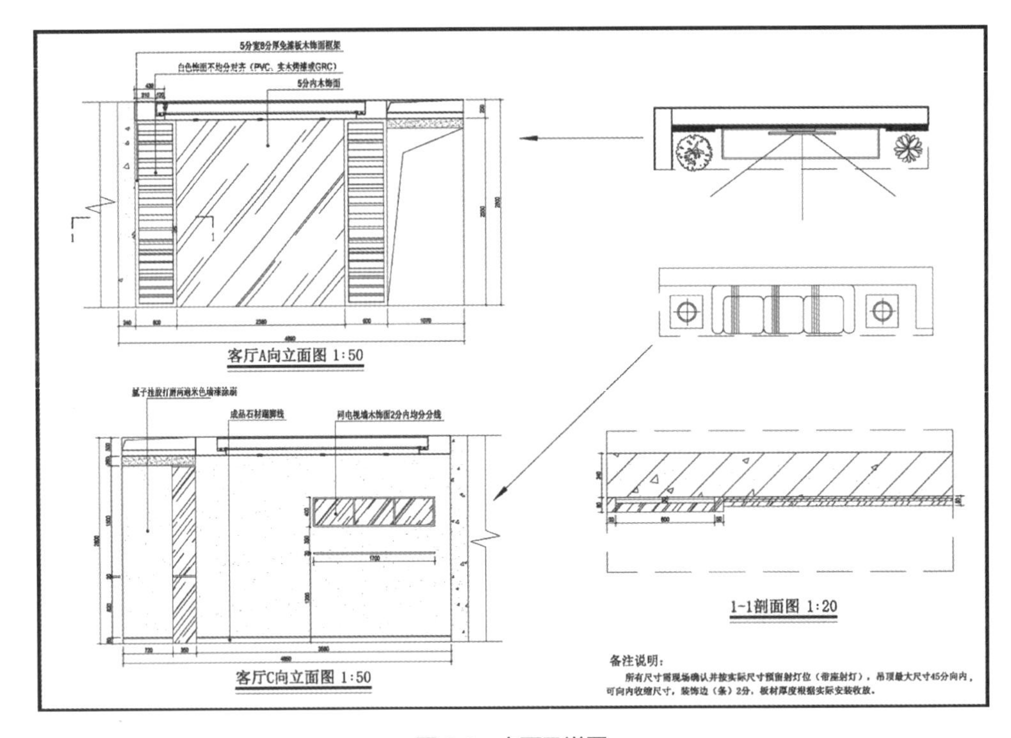

图 2-8 立面及详图

确定空间格局后，对于需要改造或改建的局部位置，都需要绘制立面图，如背景墙、造型墙等，如果客户需要现场定制部分家具，还需要单独绘制家具的立面图，对其结构、材料、造型、尺寸等信息进行说明。

绘制立面图形，往往因各种原因被简化。有时只是简单地绘制一个正投影样式就可完成，如果立面包含厚度等数据，这也是需要表现出来的，这些信息会影响到后期效果图中制作的方式细节和施工实施。

设计师必须要了解，图纸的使用者有时并不具备与设计师相同的设计思维概念，而在这方面的抽象思维能力就会有欠缺，这就必须借助于带有详细数据的图纸。而设计师如果借助详细图纸，也会提升三维制图的效率，因此立面图、详图也是一个十分重要的工作环节。

3. 效果图制作

方案实施图纸设计完毕，就可以借助详细的图纸进行效果图的制作和表现。这一部分是本书的重点，将会在后续课程中详细介绍。

效果图表现过程不是直接进行的，一定要和甲方、施工方再次论证确认施工图方案后才能进行。

建议将制作好的初期方案和甲方、工队面对面沟通，整改不足之处，签字确认后再进行效果图的表现。

2.2.2　编制项目概预算

设计方案最终确定后，进入设计阶段的最后一个环节，也就是具体细节的装饰装修预算的编制。室内设计的工程造价预算是项目的重要组成部分，直接关系到设计项目的资金合理分配的问题。一般来说，项目的工程造价预算是工程后期结算的标准和依据，专业的装饰公司一般会有专业的预算软件，中小型的装饰装修公司通常使用包含施工细节预算的Excel电子表格。

工程造价预算书要依据确定后的设计图纸进行，通过确定设计的材料、数量、造型、单价等，进行分项和合计金额的预算，提供给客户明确清晰的数据信息，要注意后期施工是否符合甲方预算要求，是否真实可行，如图2-9所示。

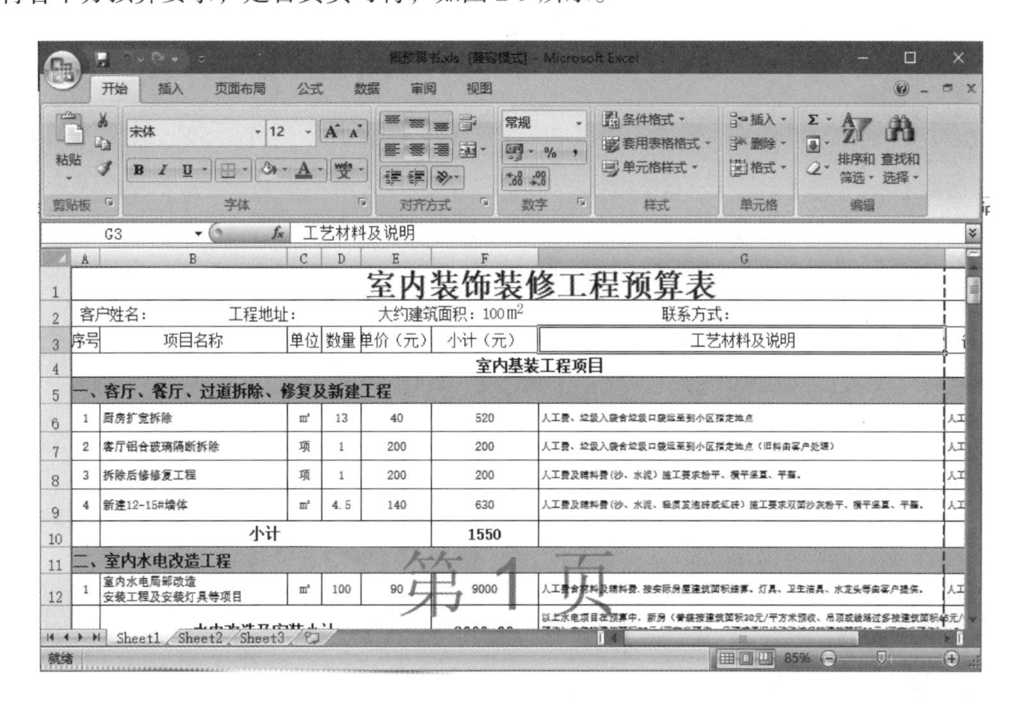

室内装饰装修工程预算表

客户姓名：　工程地址：　大约建筑面积：100 m²　联系方式：

序号	项目名称	单位	数量	单价（元）	小计（元）	工艺材料及说明
室内基装工程项目						
一、客厅、餐厅、过道拆除、修复及新建工程						
1	厨房扩宽拆除	m²	13	40	520	人工费、垃圾入袋合垃圾口袋运至到小区指定地点
2	客厅铝合玻璃隔断拆除	项	1	200	200	人工费、垃圾入袋合垃圾口袋运至到小区指定地点（旧料由客户处理）
3	拆除后修修复工程	项	1	200	200	人工费及辅料费(沙、水泥）施工要求粉平、横平竖直、平整。
4	新建12-15#墙体	m²	4.5	140	630	人工费及辅料费(沙、水泥、轻质发泡砖或红砖）施工要求双面沙灰粉平、横平竖直、平整。
	小计				1550	
二、室内水电改造工程						
1	室内水电局部改造 安装工程及安装灯具等项目	m²	100	90	9000	人工费含材料及辅料费，按实际房屋建筑面积结算。灯具、卫生洁具、水龙头等由客户提供。

图2-9　装饰概预算表

装修预算最终信息核对并与客户确认无误后，需要打印出来作为装修合同的一部分。

2.2.3 签订装修合同

前面环节完成后，就可以签订装修合同。按合同确认开工时间和交付时间，装修材料和工人入场开始动工实施已经设计好的装修方案。

合同签订后，设计师的工作并不是到这一步就完成，还要根据方案要求审核采购的材料、现场交底、实施过程指导等内容，如图 2-10 所示。

图 2-10 按方案现场交底

本任务主要介绍方案设计的基本流程和思路，清楚了解初期方案设计对效果图制作的影响。了解前期的客户沟通和实地勘察、中期的设计方案图纸的绘制调整、后期签订合同入场施工。下一步就要依托实际项目自己动手来进行效果图的表现。

模块3 室内效果表现

模块导读

效果图是展示设计师设计理念和技巧的视觉成果，从图形的导入、3ds Max 模型的创建、设计风格的选择、摄像机的视觉角度、灯光效果的打造、模型材质的选择、色调的调整都是不可忽视的环节。

本模块以项目实例详细介绍了计算机效果图设计制作室内部分的整个工作流程，不仅对常规的制作方法作了说明，也介绍了不同脚本在场景模型中的运用方法，希望注意灵活处理，根据实际选择合适的方法和工具，它们会在工作和学习中发挥巨大的作用。

任务3.1 AutoCAD 图纸准备

【学习内容】

1. 了解导入 AutoCAD 图纸的意义。
2. 掌握 AutoCAD 图形的导出。
3. 掌握 AutoCAD 图形的导入。
4. 熟悉脚本导入的操作。

【学习方法】

建议读者根据教学内容认真观摩学习，重点是跟着教师的思路进行练习。

要完成一幅好的效果图，首先要养成良好的制图习惯，也就是做好前期的准备工作，上一模块中介绍了初期设计方案的内容，要精确完成一幅计算机效果图，尺寸、内容很关键。例如，检查 AutoCAD 图形文件内容、复核尺寸、图形截面、3ds Max 的单位设置等，如图 3-1 所示。

利用直接导入的 AutoCAD 图形，是提高效果图建模速度的关键环节，这样可以提高制作的效率，也可以保证模型的精确性。

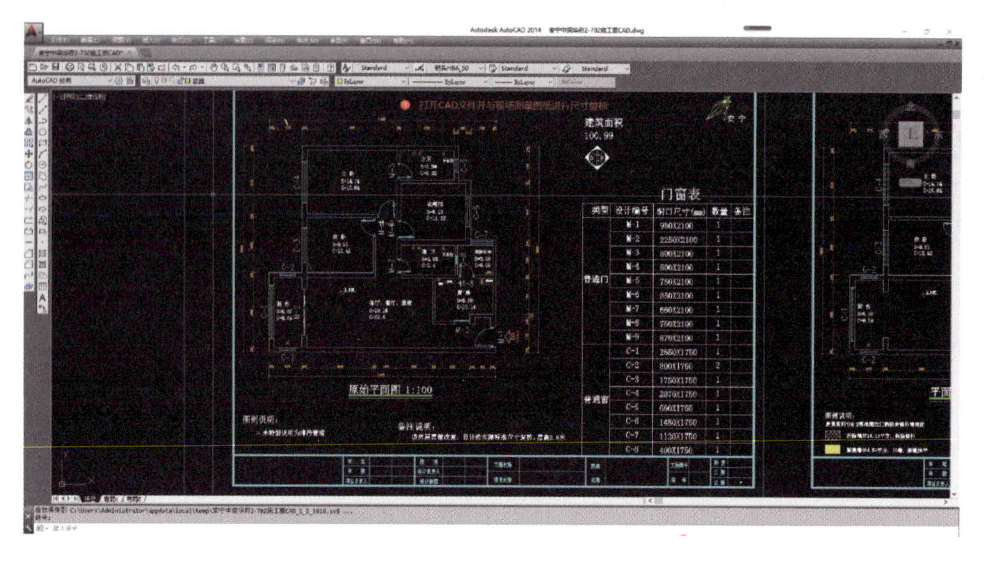

图 3-1　AutoCAD 图形文件

3.1.1　导出、导入 AutoCAD 图形

1. AutoCAD 图形导出

在 AutoCAD 中，打开方案文件，准备图形文件的导出。

（1）AutoCAD 软件中打开本书配套素材【施工图 CAD.dwg】图形文件，复制原始平面框架并删除多余的内容，如门、文字、图框、尺寸、标高等数据，得到一个基本图形框架，如图 3-2 所示，否则导入到 3ds Max 后所看到的图形会稍显凌乱，不利于整个制图过程的流畅性。

教学视频：AutoCAD 图形的导出及导入

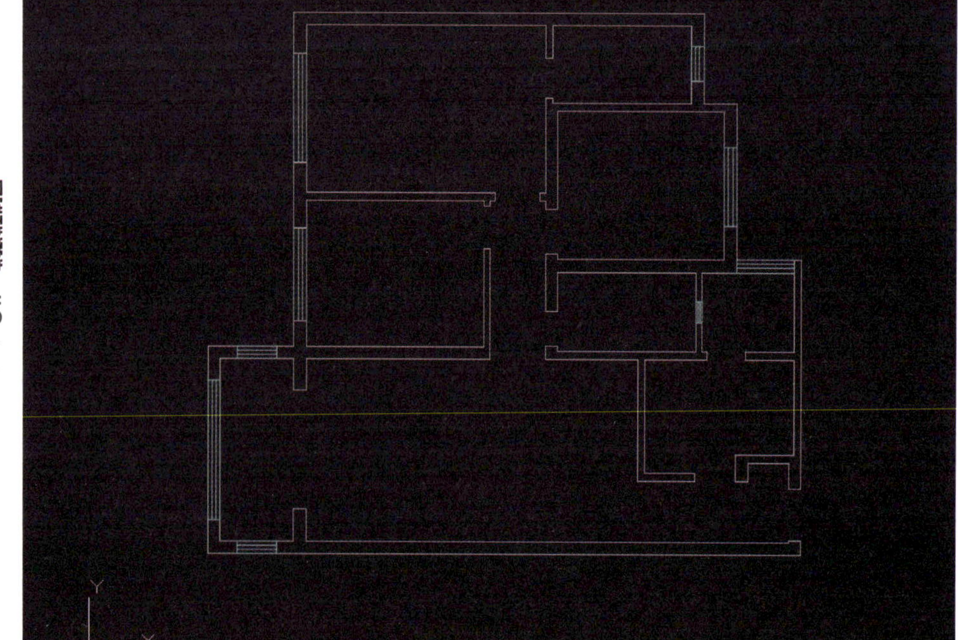

图 3-2　基本图形框架

（2）框选当前图形框架所有内容，利用快捷键 W，按回车键确认使用【写块】命令，如图 3-3 所示。

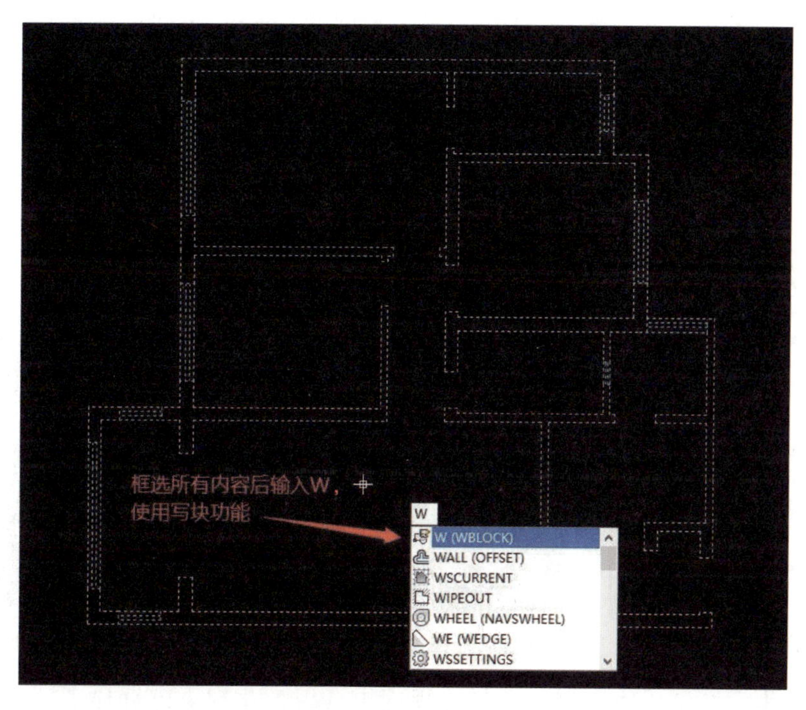

图 3-3 【写块】命令

在弹出的【写块】命令对话框中设置【插入单位】为【毫米】，单击【路径】图标，选择新块图形的存储路径，单击【确定】按钮，如图 3-4 所示。

确定后，在弹出的【浏览图形文件】对话框中选择块图形文件存储位置，【重命名】文件名为【导入图形 .dwg】，在文件类型下拉列表中选择【AutoCAD 2000/LT2000 图形（*.dwg）】低版本格式，这样方便 AutoCAD 图形在导入 3ds Max 时不出错，解决不同软件版本兼容问题，如图 3-5 所示。

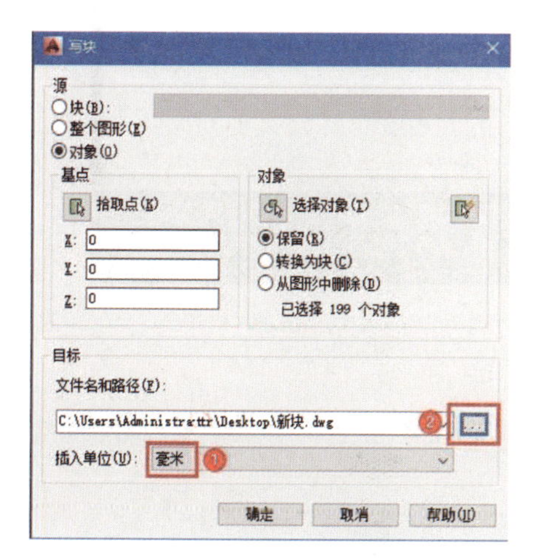

图 3-4 【写块】对话框

图 3-5 【浏览图形文件】对话框

2. AutoCAD 图形导入

（1）打开 3ds Max 软件，单击【自定义】菜单，选择【单位设置】选项，如图 3-6 所示，在【单位设置】对话框中的【显示单位比例】下拉列表中选择【公制 - 毫米】单位，单击【系统单位设置】按钮，如图 3-7 所示，将系统单位改为【毫米】，单击【确定】按钮，如图 3-8 所示，以适配 AutoCAD 图形文件单位及满足设计制图习惯。

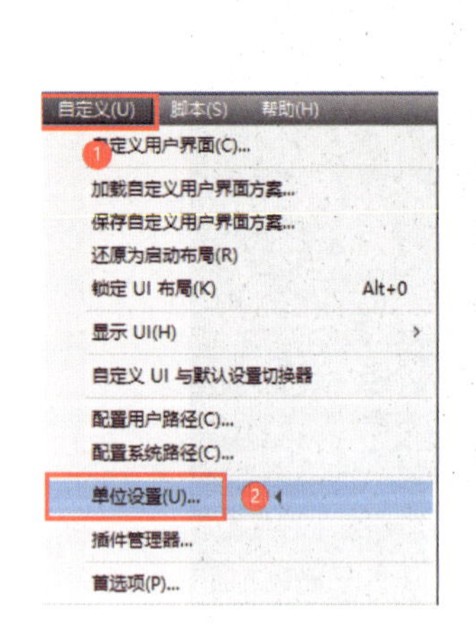

图 3-6　单位设置

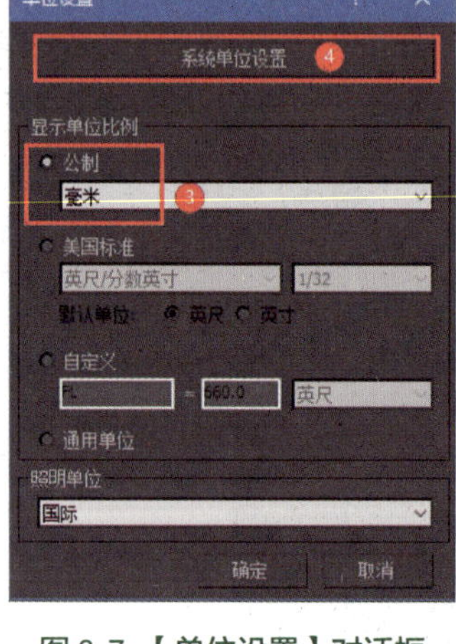

图 3-7　【单位设置】对话框

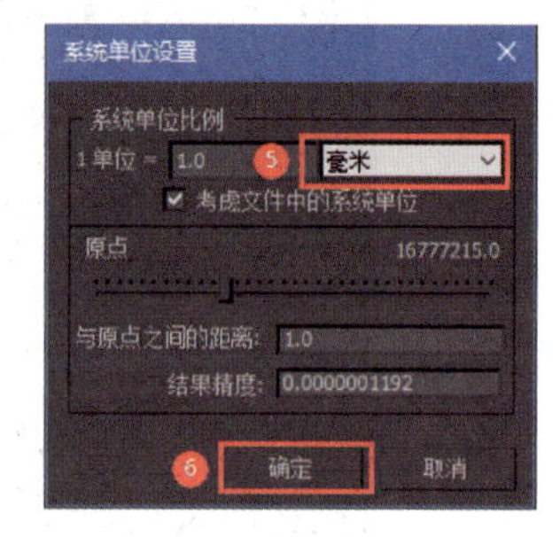

图 3-8　【系统单位设置】对话框

（2）单击【文件菜单】图标，选择【导入】选项，在列表中选择【导入】选项，在弹出的【选择要导入的文件】对话框中选择需要导入的图形文件，单击【打开】按钮，如图 3-9 所示。

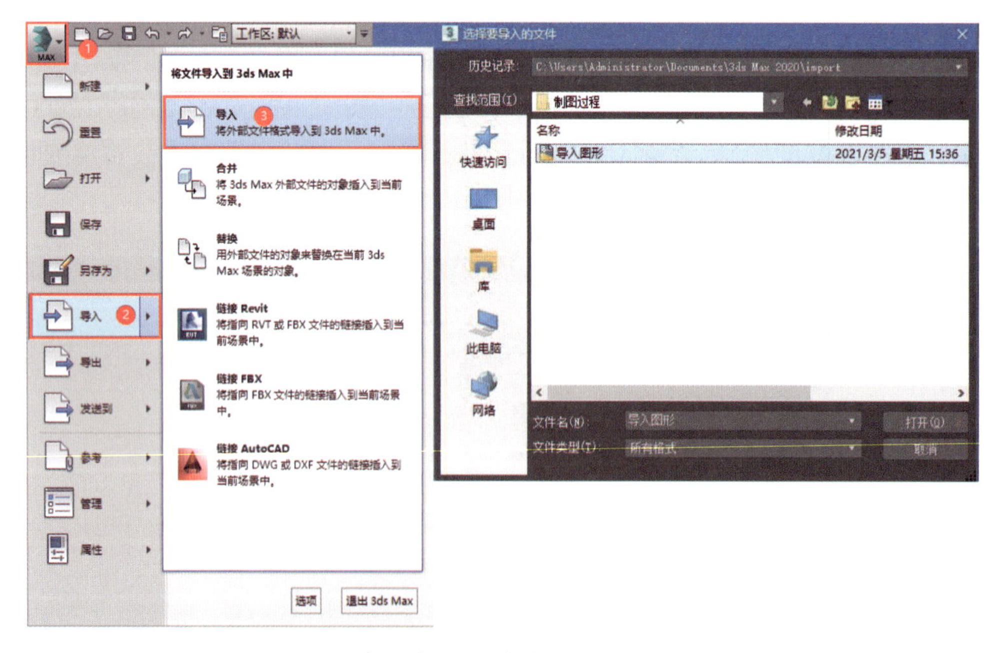

图 3-9　文件导入

打开导入图形后，在弹出的【AutoCAD DWG/DXF 导入选项】面板中选择【几何体】选项卡，在【模型大小】栏中勾选【重缩放】选项，传入的文件单位为【毫米】，使 3ds Max 单位与 AutoCAD 文件单位同步；在【几何体选项】内勾选【焊接附近顶点】选项，使导入图形断点连接，单击【确定】按钮，完成 DWG 图形的导入，如图 3-10 所示。

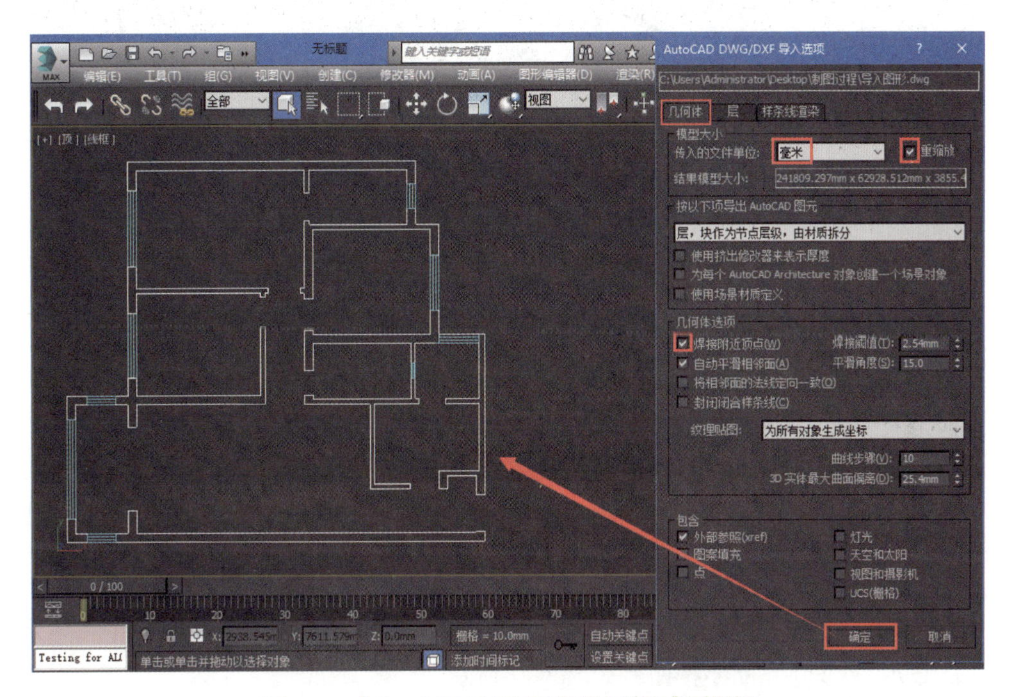

图 3-10 【AutoCAD DWG/DXF 导入选项】对话框

在这里介绍的是按个人习惯所做制图前 AutoCAD 块图形的准备工作，有时写块图形里可根据个人习惯适当保留室内家具模块等内容，方便后期模型位置等校准，如需用到尺寸数据时，建议还是返回 AutoCAD 进行测量复核。

3.1.2 脚本在导入 AutoCAD 图形中的运用

在平时的工作中为提高商业图纸的制图效率，也可以使用脚本方式快速将 AutoCAD 图形导入 3ds Max 进行使用，可以根据需要灵活选择不同的方法。

（1）在 AutoCAD 软件内，打开本书素材【导入图形 . dwg】文件，选择需要导入 3ds Max 的图形，使用【Ctrl+C】组合键进行复制，如图 3-11 所示。

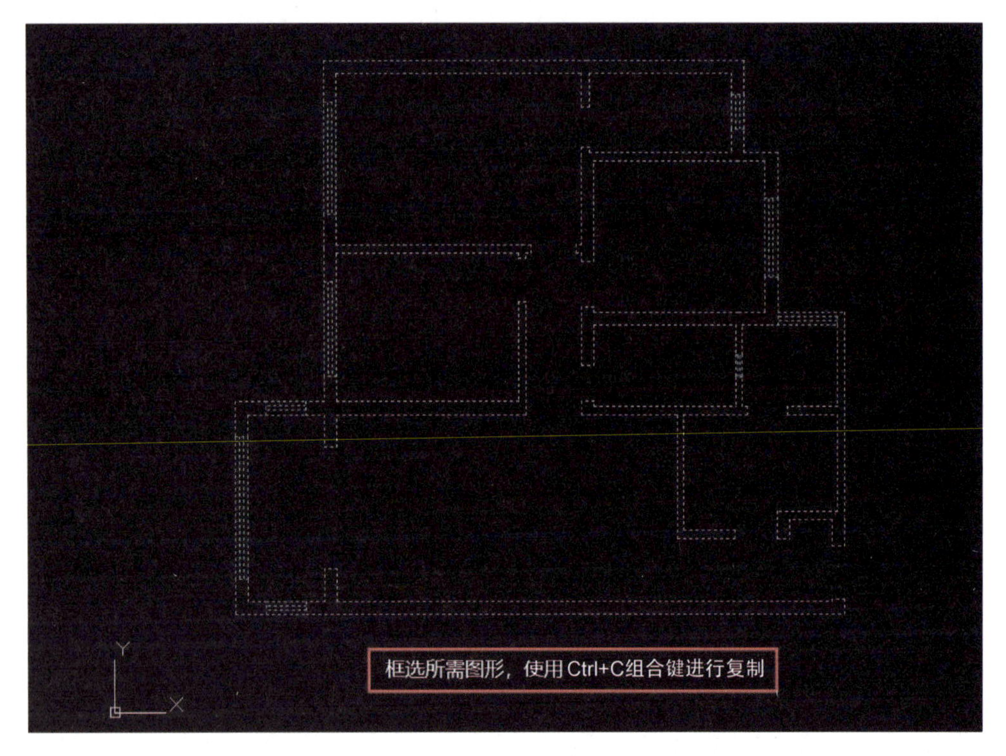

图 3-11　图形选择复制

（2）打开 3ds Max 软件，单击【脚本】菜单，选择【运行脚本】选项，找到【粘贴 DWG】脚本文件并打开，或将脚本文件拖放到 3ds Max 软件窗口，弹出【脚本】面板，勾选【导入选项】选项，单击【粘贴】按钮，如图 3-12 所示。

教学视频：脚本在导入AutoCAD图形中的运用

图 3-12　粘贴 DWG 脚本

弹出【AutoCAD DWG/DXF 导入选项】对话框，完成 DWG 格式图形文件的导入，如图 3-13 所示。

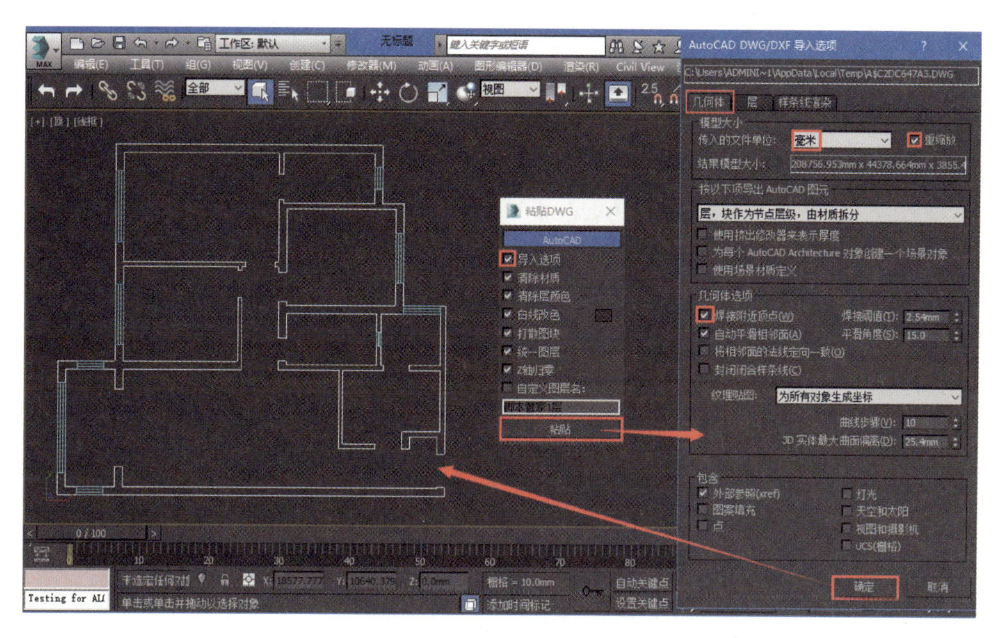

图 3-13　AutoCAD 图形文件导入

建议初学阶段可以将两种方法都进行学习，脚本方式适合设计时间较紧的情况下使用，虽然方便，但要考虑在没有脚本的情况下如何按常规方式完成。

本任务介绍了 AutoCAD 图形文件导出、导入的方法，这是高效精确制作计算机效果图的第一步，对下一步的场景模型的制作奠定了基础。

任务 3.2　3ds Max 室内基本场景搭建

【学习内容】

1. 空间框架模型制作。
2. 脚本的使用。

【学习方法】

建议读者根据教学内容认真观摩学习，重点是跟着教师的思路进行练习。

建立场景的空间框架，就如同实际场景中硬装施工的过程，完成室内基本场景的搭建才能更好地理解空间的范围和后期设计制图工作的开展，如图 3-14 所示。

图 3-14　3ds Max 场景框架

3.2.1　空间框架制作

1. 3ds Max 准备工作

（1）3ds Max 软件内，单击【自定义】菜单，单击【首选项】选项，打开【首选项设置】对话框，在【文件】选项卡中勾选【启用】自动备份，建议把自动保存时间修改得长一点。例如，本项目案例中【备份间隔】时间设置为【60.0】分钟，这样可减少软件自动保存的时间以提高制图效率，而且养成主动使用快捷键 Ctrl+S 存储的良好备份文件习惯，是顺利制作效果图的保证，如图 3-15 所示。

教学视频：3ds Max 室内空间框架制作－准备工作

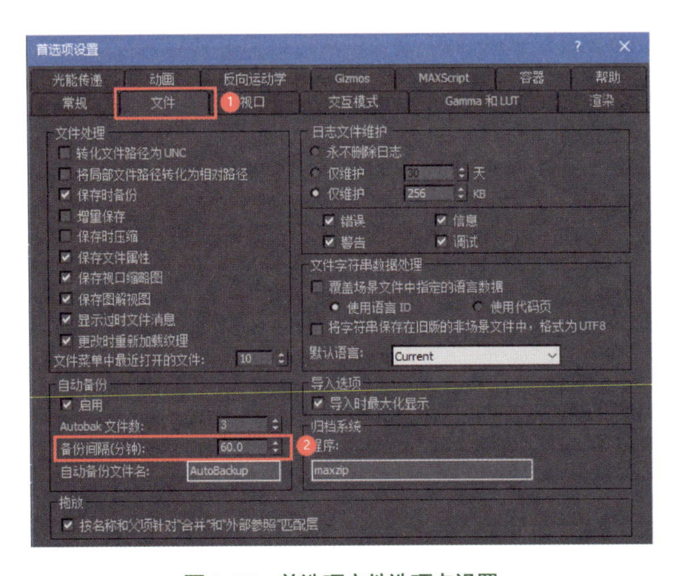

图 3-15　首选项文件选项卡设置

如果不设置好自动保存，间隔时间太短，有时软件会将错误或未完成的操作步骤覆盖原文件保存，造成损失。

这里要注意，在制图前一定要再次检查单位设置是否为【毫米】单位，再次检查导入图形单位比例是否正确，避免出错无法修改。

使用命令后一定要记得关闭命令，避免下一步操作无法进行。

切换不同视图时右击切换，避免鼠标左键切换。

（2）在【对象捕捉图标】上右击，弹出【栅格和捕捉设置】对话框，在【捕捉】选项卡中勾选【顶点】选项，便于对场景二维视图的捕捉操作，如图 3-16 所示。

切换到【选项】选项卡勾选【捕捉到冻结对象】【启用轴约束】【显示橡皮筋】选项，可以根据个人习惯调整角度度数，本项目建议调整角度捕捉数值为【90.0】度，设置完成后关闭对话框，如图 3-17 所示。

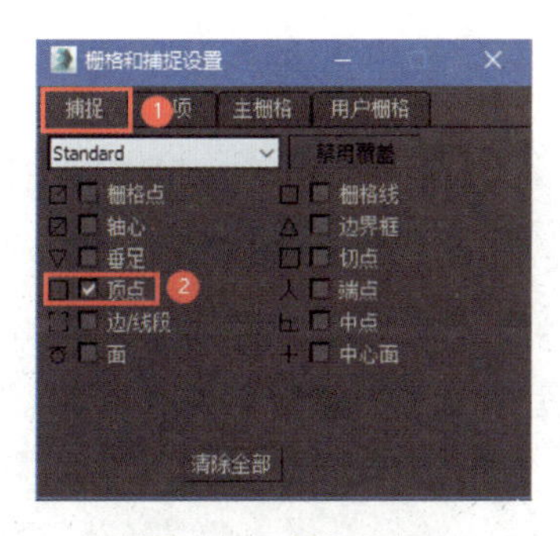

图 3-16　捕捉设置

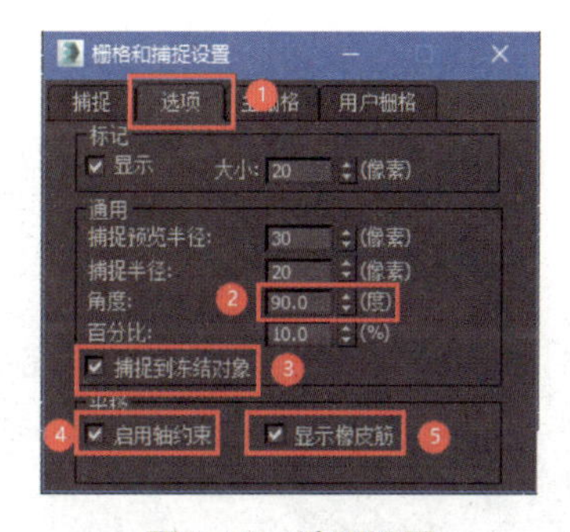

图 3-17　选项设置

（3）框选导入的图形，单击【组】菜单，【成组】当前选择，在弹出的组对话框内【重命名】为【CAD 图形】，选择成组图形后使用【右键菜单】，选择【冻结当前选择】命令，如图 3-18 所示，这样可以更好地区分其他后期绘制的图形，方便后期区分选用。

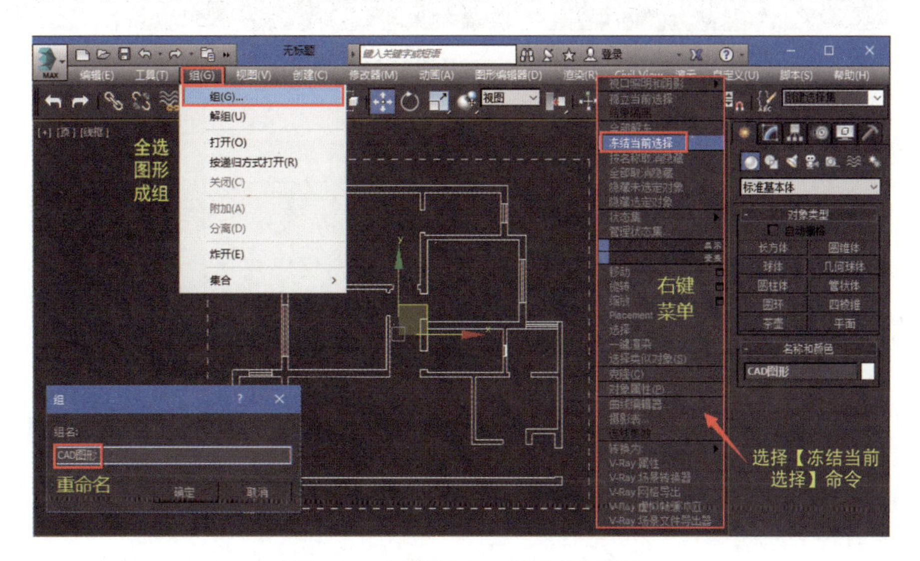

图 3-18　成组重命名、冻结导入图形

2. 3ds Max 场景框架模型建立

图 3-19 图形线工具

（1）单击【命令】面板中的【创建】面板，使用【图形】，在对象类型里激活【线】绘制指令，准备进行二维图形绘制，如图 3-19 所示。

（2）在平面视图内，打开【对象捕捉】功能（打开 / 关闭快捷键 S），使用图形【线】绘制方式，沿客厅墙体室内轮廓以点对点方式捕捉绘制，闭合样条线后，得到表现空间室内相应墙体线段图形，如图 3-20 所示。

在门洞、窗洞区域注意留出线段分隔点，会方便后期区分门、窗位置的刻画，避免一条线画到底。

3ds Max 模型尽量以图形建模为主，方便修改，也避免几何体模型面过多、拼接对不齐等问题。场景尽量单独制作，避免因同一文件内场景模型过多造成卡顿问题。这里用主要空间（客厅）来做实例介绍。

教学视频：3ds Max 室内空间框架制作–墙体

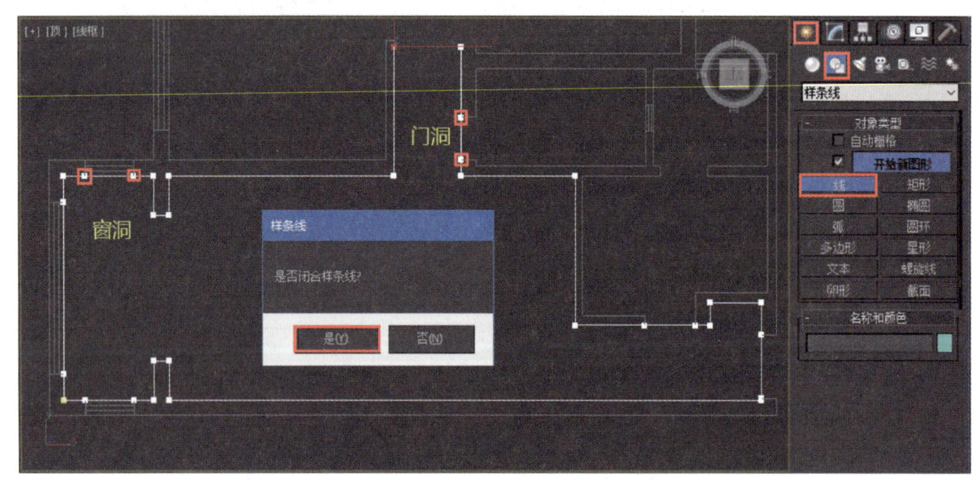

图 3-20 墙体图形绘制

注意捕捉绘制时将对象捕捉更改为 2.5 捕捉方式，方便二维图形的捕捉操作。另外，该部分主要介绍室内空间的制作，按常理只看得到室内空间部分，所以只捕捉绘制室内墙体部分，绘制完毕按快捷键 S 关闭捕捉功能，按快捷键 Ctrl+S 存储为【客厅空间】。

（3）选择绘制的墙体内轮廓线，单击【信息提示区】里的【孤立】图标（快捷键 Alt+Q），将墙体线孤立出来方便观察操作，如图 3-21 所示。孤立功能对于在诸多杂乱重叠的内容中进行观察和操作有很大的帮助。

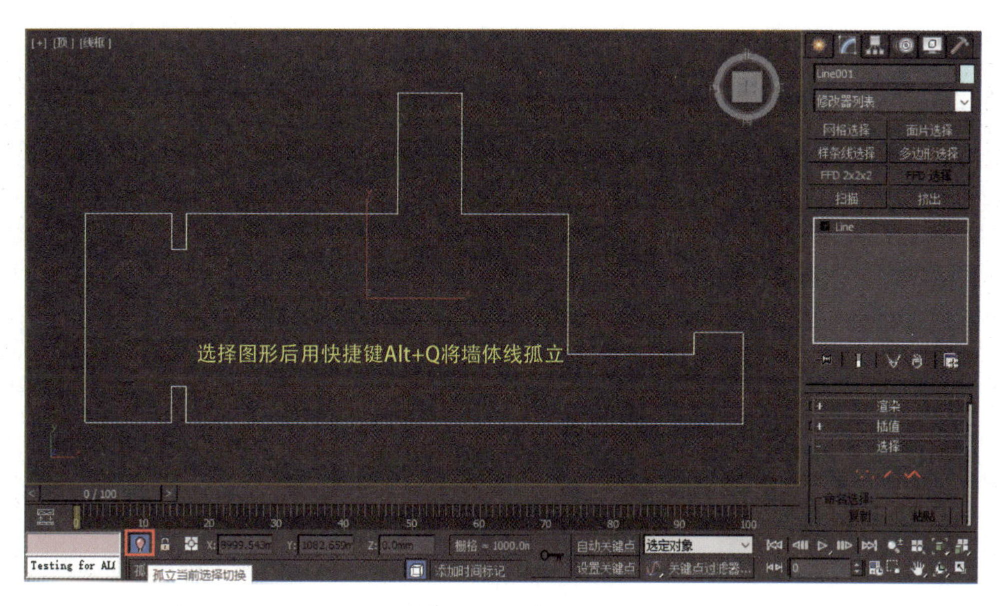

图 3-21 孤立图形

（4）选择墙体图形，进入【修改】面板 （切换快捷键数字 5），【修改器列表】下拉菜单中添加【挤出】命令，在【参数】展卷栏中数量输入【2800.0mm】，如图 3-22 所示，得到实际测量 2.8m 层高的空间框架。

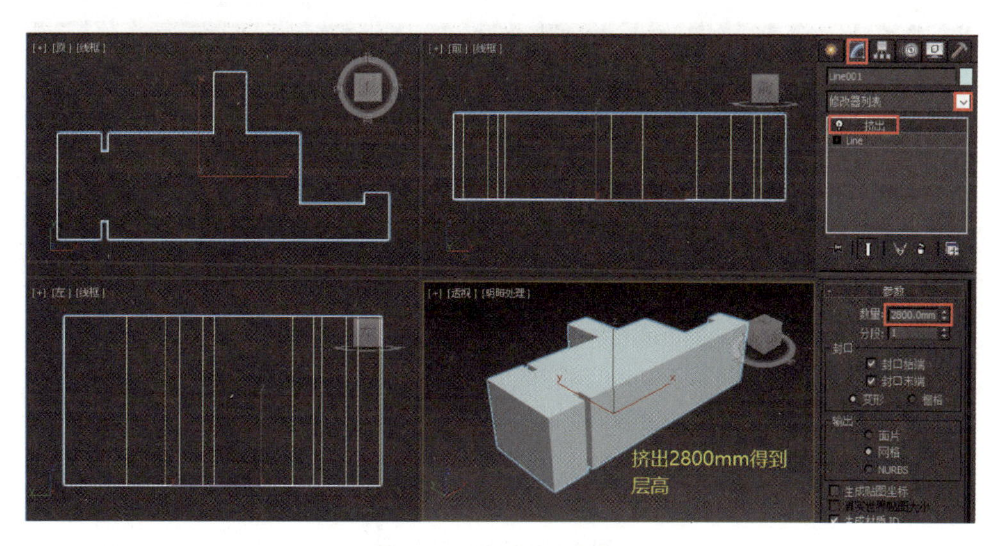

图 3-22 添加【挤出】命令

（5）选择挤出的墙体框架模型，在【修改】面板内的【修改器列表】下拉列表中继续添加【法线】命令，此时模型内、外部观察面将进行反转，如图 3-23 所示。

在视图内的【右键菜单】中选择【对象属性】选项，如图 3-24 所示。

在弹出的【对象属性】对话框中使用【常规】选项卡，在【显示属性】中勾选【背面消隐】选项，如图 3-25 所示，以方便从模型外部视角观察模型内部空间。

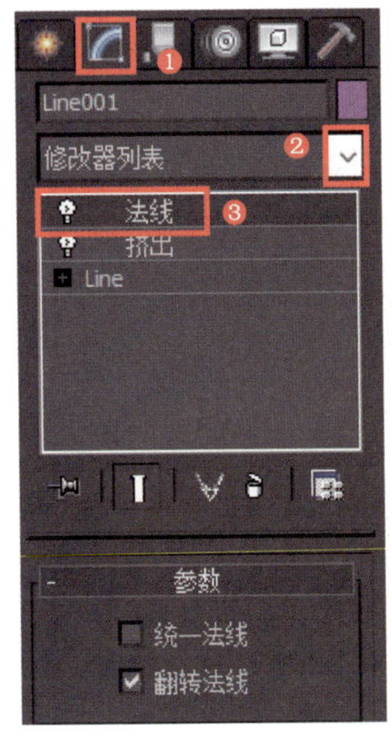

图 3-23　添加【法线】命令

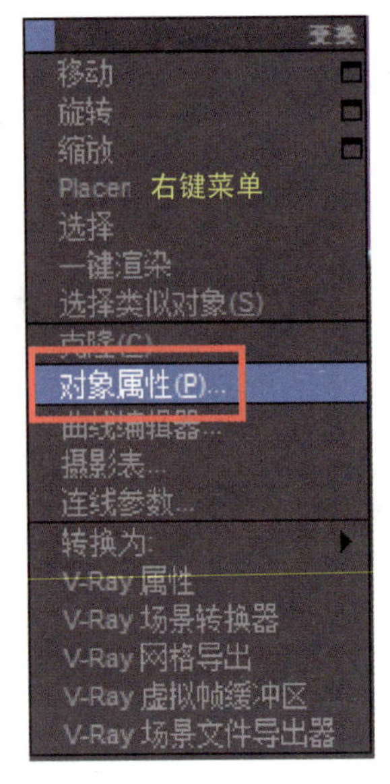

图 3-24　【右键菜单】对象属性

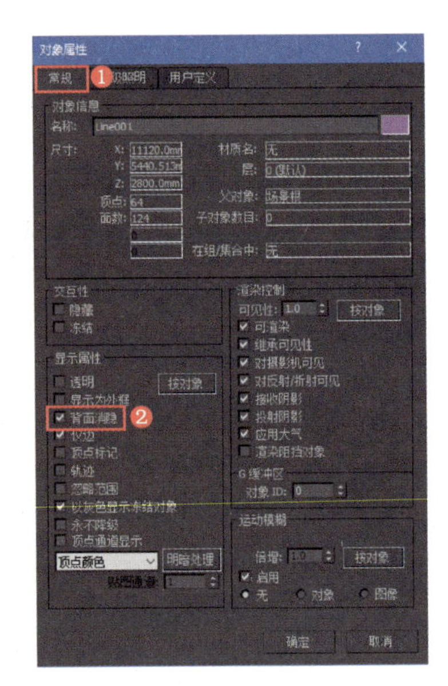

图 3-25　【背面消隐】选项

（6）通过三步命令，已经得到一个可以内外部互不影响观察的空间框架模型，按快捷键 Alt+W 将透视视图最大化，进入内部观察，在修改面板内重命名模型名称为【墙体】，如图 3-26 所示。

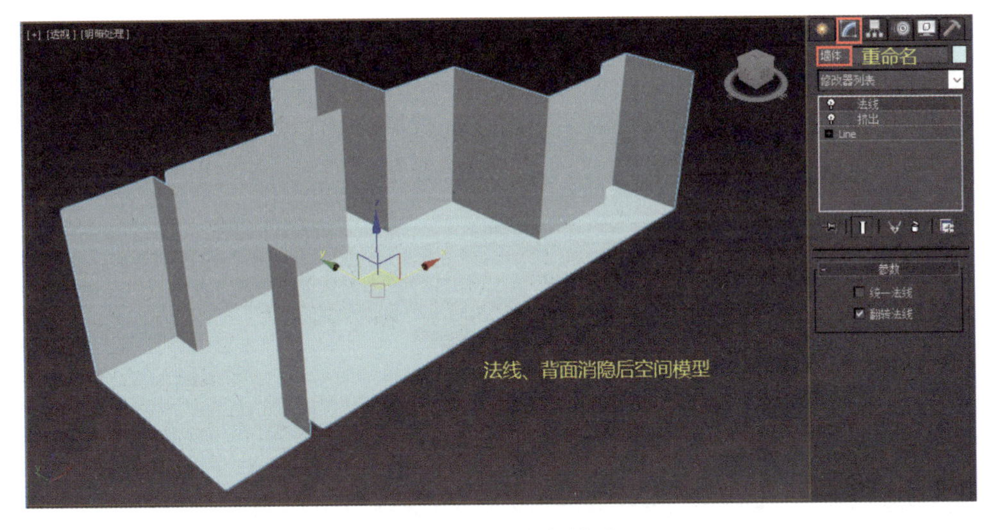

图 3-26　空间框架模型

通过这种二维线图形生成三维模型的制图方式，可以有效减少几何体带来的面太多造成机器卡顿的问题，并且模型生成后要记得重命名，养成良好的制图习惯，避免后期模型太多不好查找。

（7）选择墙体框架模型，使用【右键菜单】命令，选择【转换为】里面的【转换为可编辑多边形】，这一步主要是为了将模型内的门、窗洞口进行编辑。按快捷键 F3，将模型观察模式转为线框模式，以便在点、线间进行观察编辑，如图 3-27 所示。

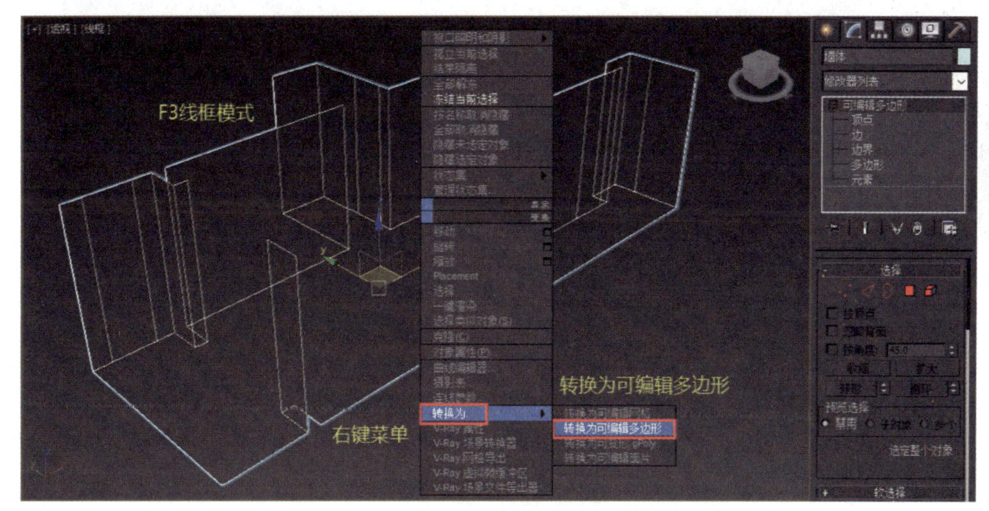

图 3-27　转换为可编辑多边形操作

教学视频：3ds Max 室内空间框架制作–窗洞和门洞

如需修改模型的参数，则在【修改】面板中使用【可编辑多边形】方式，按照实际要求调整即可。

（8）选择模型，进入【修改】面板，在命令堆栈器中展开【可编辑多边形】，选择【边】命令编辑方式，或者直接单击下方选择展卷栏内的【边】图标 ，也可使用快捷键数字 2 激活【边】命令，这样就可以对选中的模型边线进行编辑，如图 3-28 所示。

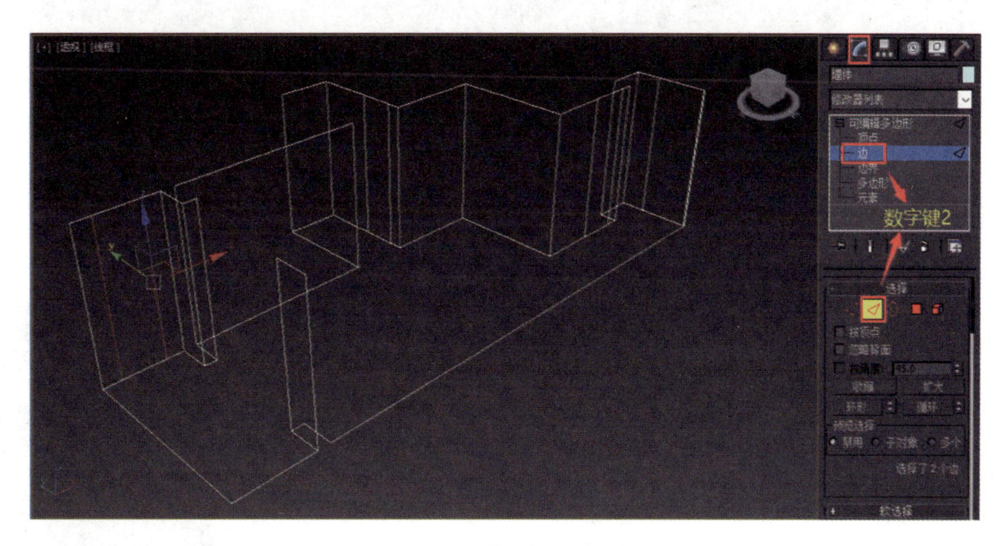

图 3-28　可编辑多边形边选择

（9）通过【透视图】环绕观察（Alt+ 鼠标中键），配合快捷键 Ctrl 加选方式，将窗洞位置的垂直【高度段】边线进行选择（可同时将多个窗进行操作），如图 3-29 所示。

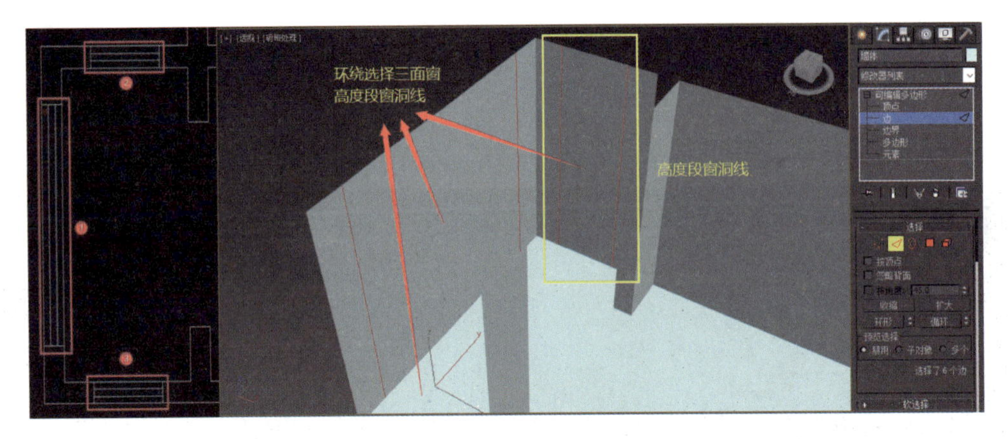

图 3-29 窗高度段边线选择

（10）在激活【边】的状态下，使用【右键菜单】，使用【工具 2】中的【连接】设置，或者直接在【编辑】面板中的【编辑边】展卷栏里单击【连接】设置图标 连接 ，在弹出的设置对话框中将【连接边 - 分段】分为【2】段，单击【确定】按钮完成。要注意因为窗洞一般下方都有窗台，所以宽度段分段为【2】，这时窗洞位置已分好线段，如图 3-30 所示。

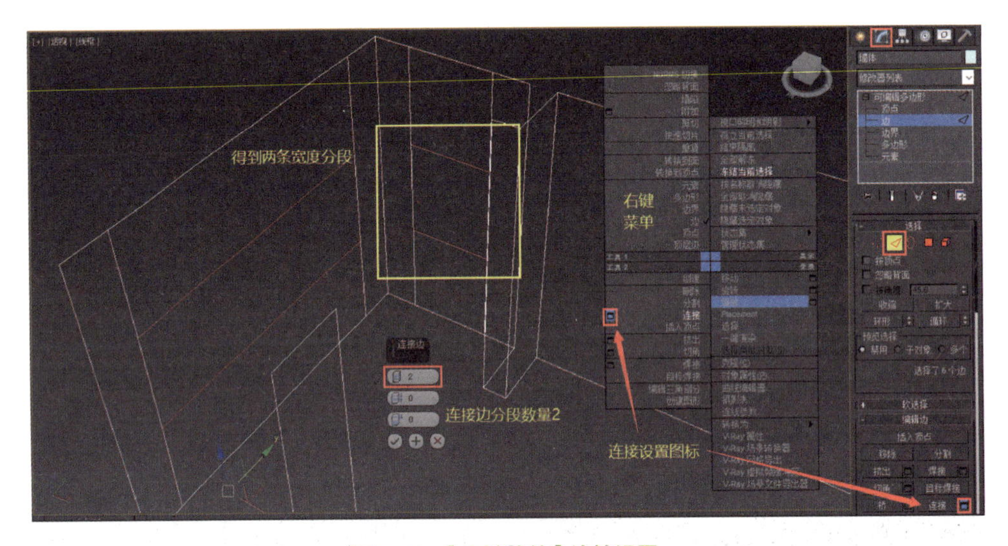

图 3-30 【右键菜单】连接设置

（11）激活【移动】工具（快捷键 W），在【编辑】面板内切换为【顶点】 选择方式，或者按快捷键数字 1 也可激活，选择分段出来的窗台宽度段线条的顶点，如图 3-31 所示，这里要注意有 3 面窗，可用【透视图】环绕观察方式依次选择操作。

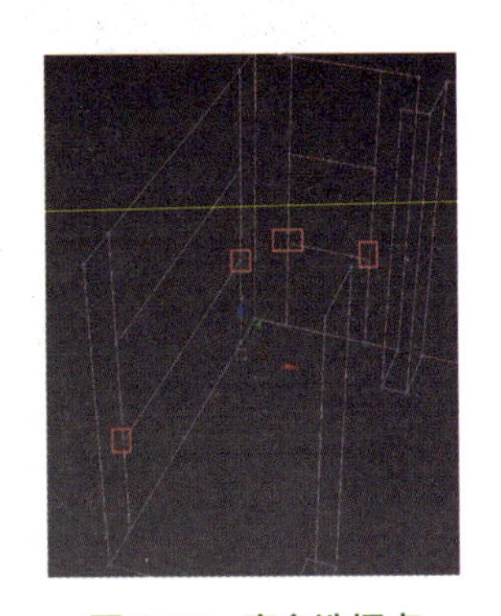

图 3-31 窗台选择点

在信息提示区，调整 Z 轴坐标系统输入窗台高度数值为【450.0mm】，如图 3-32 所示，知道窗台高度的情况下，注意尽量使用精确数值输入方式。

（12）使用上述方法，选择窗洞上部宽度段线条顶点，如图 3-33

所示，在 Z 轴坐标系统输入数值【2450.0mm】，按回车键确定，如图 3-34 所示。

X: 2962.136m Y: 4642.651m Z: 450.0mm

图 3-32　轴坐标系统输入数值

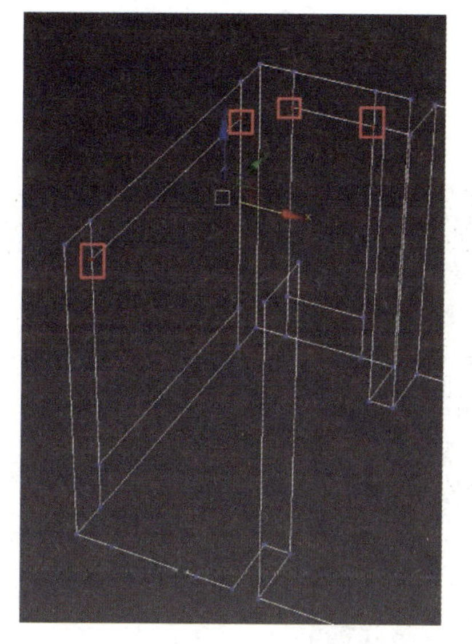

图 3-33　窗洞选择点

X: 3084.635m Y: 3780.151m Z: 2450.0mm

图 3-34　轴坐标系统输入数值

由于窗台高度是【450mm】，落地窗高度是【2000mm】，所以加起来数值为【2450mm】，这时得到三面窗洞的高度外形。

（13）在【编辑】面板中切换到【多边形】选择方式，选中窗洞【面】部分。要注意因为使用了背面消隐观察方式，如果单击选择不了相应面，可以使用双击选择的方式，或在透视图内环绕视图来查看选择面。

在【编辑】面板中找到【编辑多边形】展卷栏，使用【挤出】选项或右键【挤出】，在弹出的【挤出多边形 - 高度】对话框内输入参数值【–240mm】，确定窗洞的厚度。同理，另外侧面两个窗洞按照同样的方法编辑，如图 3-35 所示。

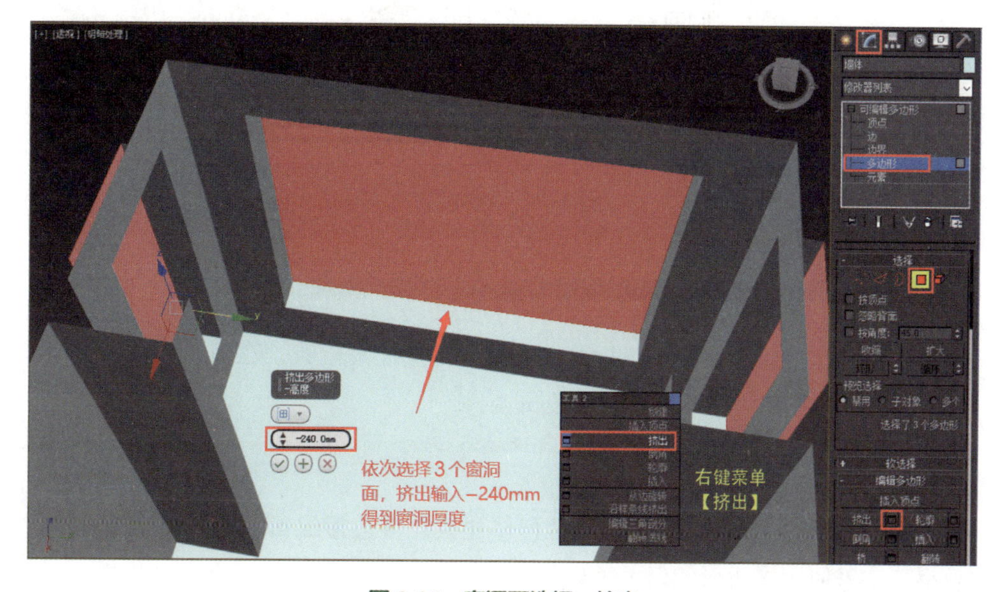

图 3-35　窗洞面选择、挤出

（14）门洞可以参照窗洞生成方法进行编辑操作，不同的是门洞只需要【连接】一条宽度段线段，因为门洞下方为地平面，在 Z 轴坐标系统输入数值【2100mm】，得到门洞高度，如图 3-36 所示。

根据墙体厚度挤出门洞厚度，一般为【-240mm】，门洞高度为【2100mm】，如图 3-37 所示。

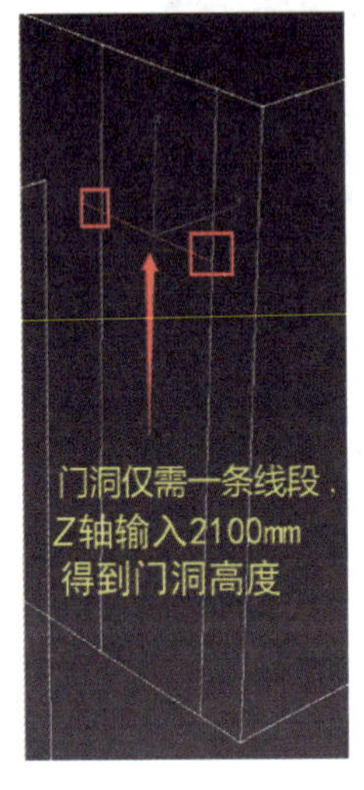

图 3-36 门洞线分段

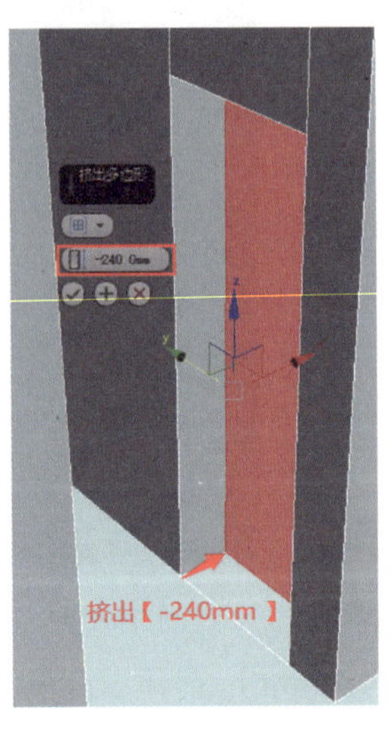

图 3-37 挤出门洞厚度

注意：由于制作的是客厅向阳台方向观察的视角，所以门洞也可不做，如图 3-38 所示。

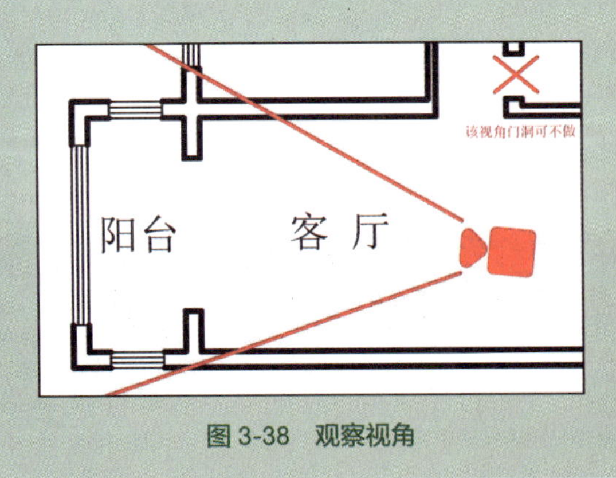

图 3-38 观察视角

拍摄视角内看不到的部分尽量少建立模型，避免造成卡顿。在操作过程中命令操作完要记得关闭，并且要经常手动存储、及时备份。

（15）窗户的制作可以使用常规方式几何体建模、多边形编辑、导入模型等操作，为提高制图效率，这里使用多边形编辑方式做简易窗。

首先在【修改】面板内使用【多边形】,通过【透视视图环绕】观察方式,按住 Ctrl 键,依次加选 3 个窗面，使用【右键菜单】，或者在【编辑多边形】展卷栏内单击【插入设置】选项，参数值为【40mm】，完成后单击【确定】按钮，如图 3-39 所示。

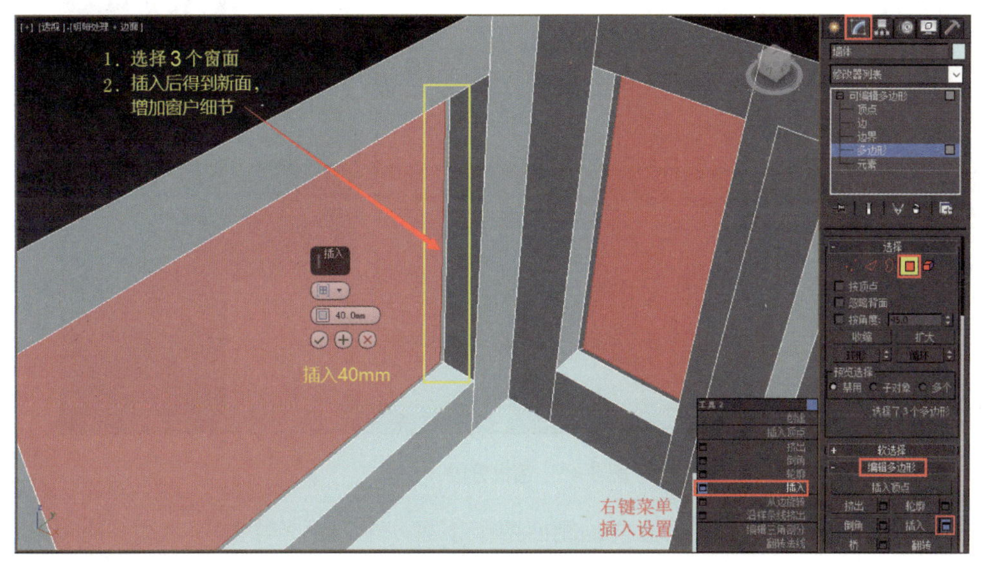

教学视频：3ds Max 室内空间框架制作－窗和门

图 3-39 窗面插入设置

不要关闭激活的面，重新使用【多边形】选择【插入】后的 3 个窗面，右击【挤出】，设置数值为【−50.0mm】后单击【确定】按钮，如图 3-40 所示，内窗面挤出增加窗框细节。

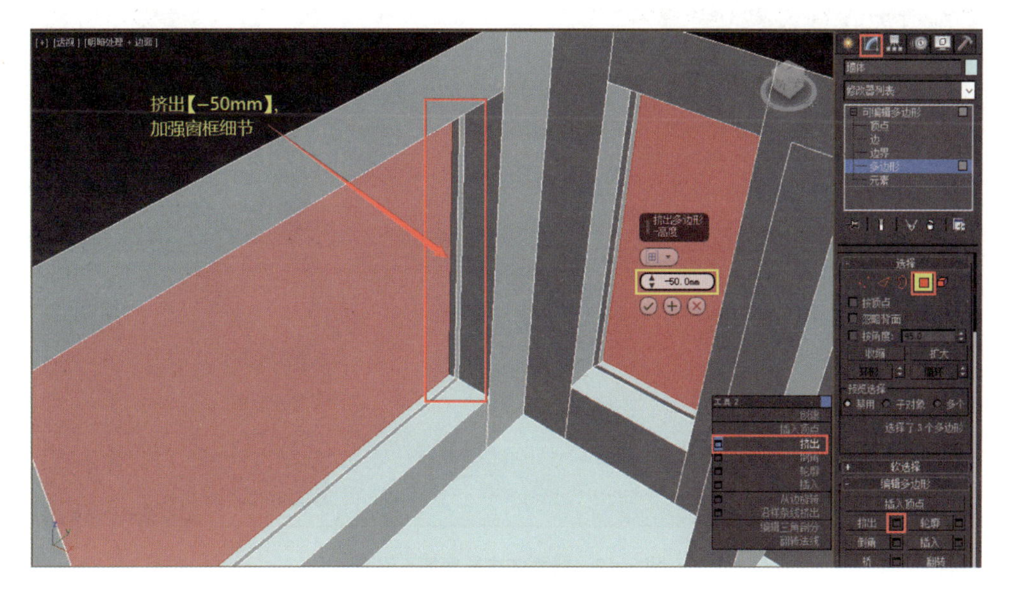

图 3-40 内窗面挤出

使用【边】选择中间的大窗窗面（最后挤出的窗面）上下两条横向的边,使用【右键菜单】

或者【修改】面板上的【连接设置】，分段【2】确定，如图 3-41 所示。

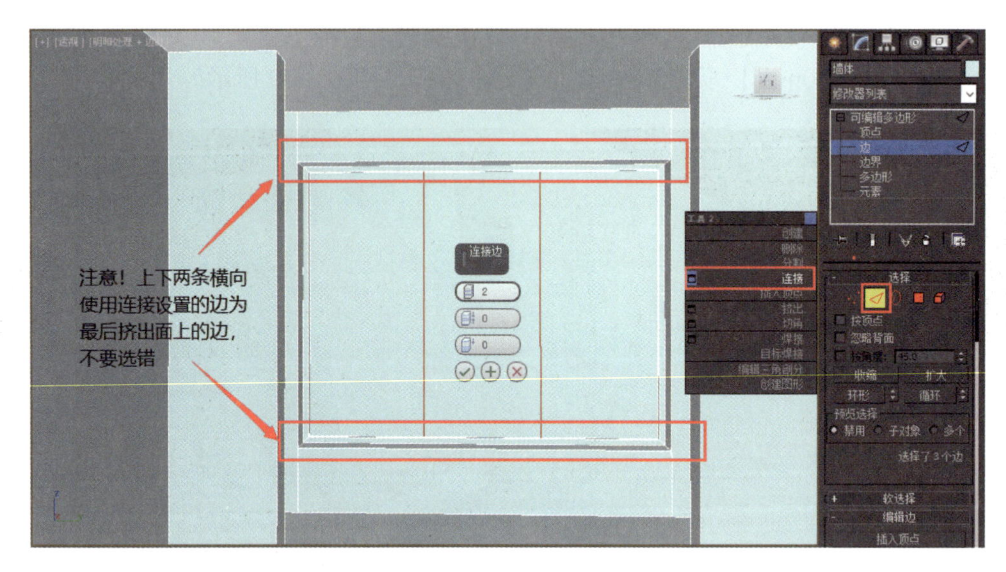

图 3-41　窗框分段

由于中间大窗可以分两个窗框分段，侧面两个小窗一个窗框分段比较合适，所以从这里开始要依次单独编辑每一面墙体上的窗户。

使用【多边形】选择分段出来的面，使用【右键菜单】中的【插入 - 数量】参数值为【40.0mm】，单击【确定】按钮，记得要依次单独重复操作，将大窗的 3 个窗面窗框的细节各自增强，如图 3-42 所示。

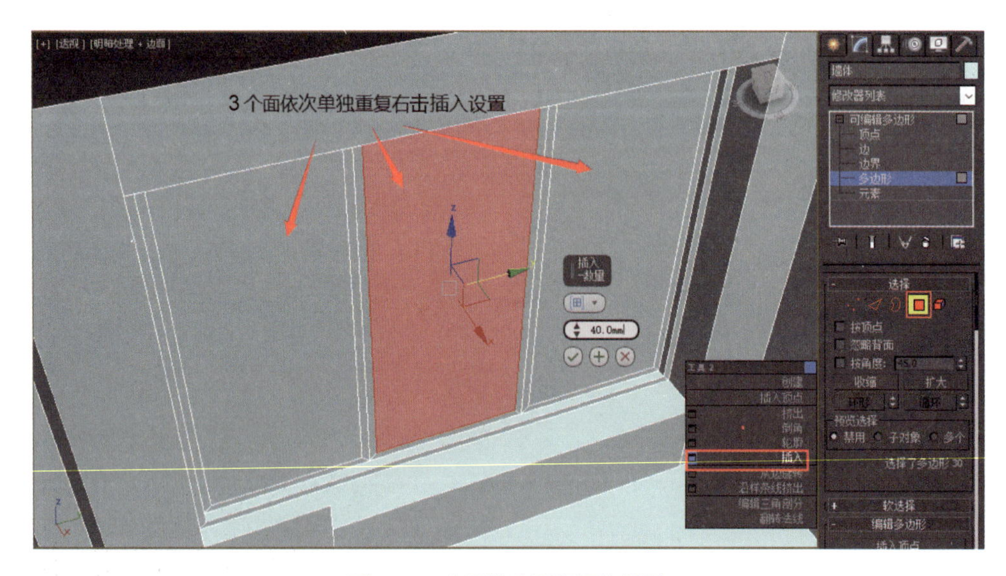

图 3-42　窗面依次重复插入设置

使用【多边形】选择，将再次插入后的 3 个窗面同时选中，使用【右键菜单】中的【挤出多边形 - 高度】参数值为【-50.0mm】，单击【确定】按钮，再次提升窗框细节，如

图 3-43 所示。

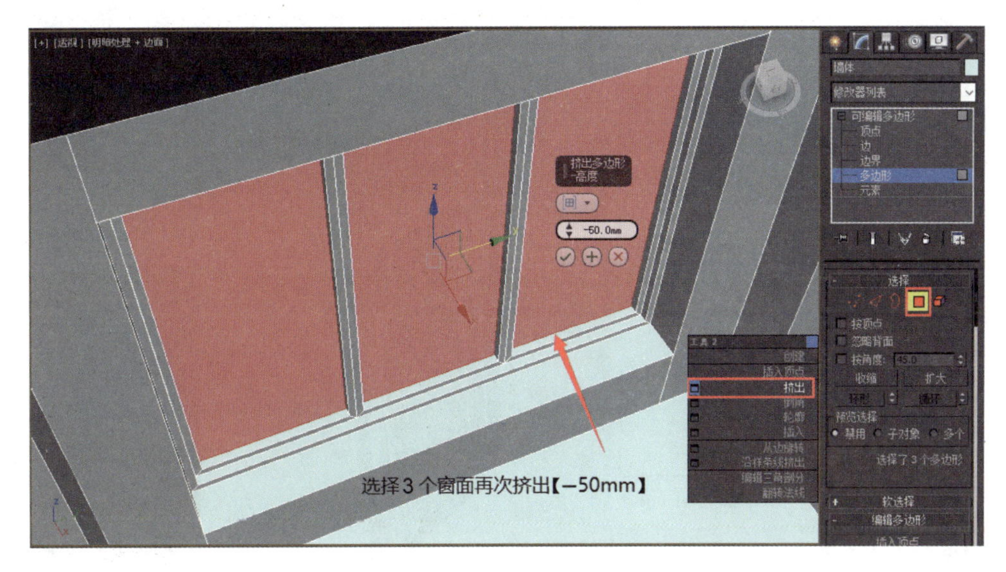

图 3-43　窗面再次挤出

使用大窗制作的方法将侧面两面小窗也制作出来，并使用【多边形】将窗玻璃面选中后按 Delete 键删除，如图 3-44 所示。一般为更好地表现室外风景和室内外光线的交替，没有特殊要求窗玻璃可以不要。

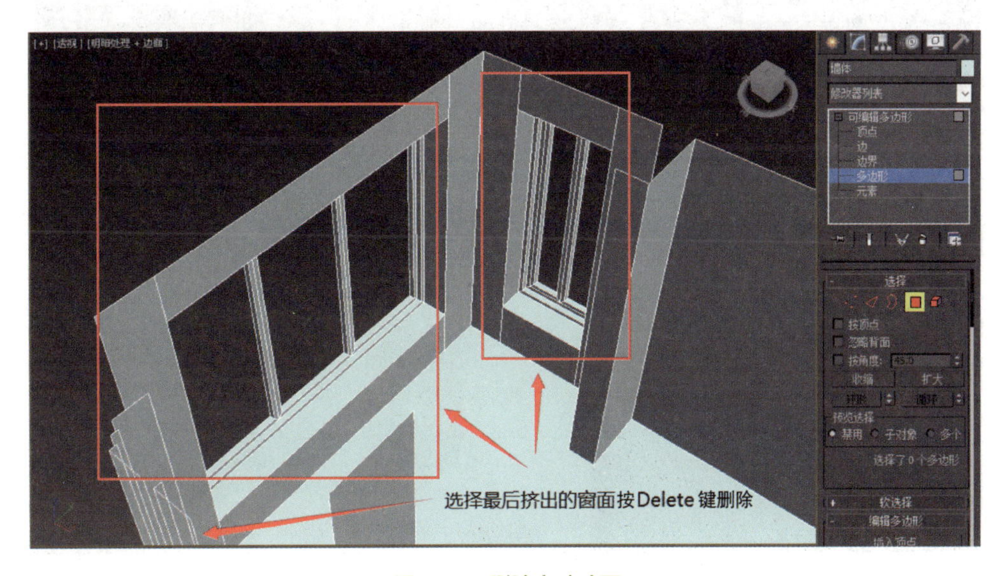

图 3-44　删除窗玻璃面

（16）门的制作。将本书配套素材【门.max】模型或收集的门模型通过【文件】菜单中的【导入】【合并】方式添加到当前场景，【成组】后重命名【门】，移动到相应的位置，并选择门模型在【修改器列表】下添加【FFD2×2×2】命令，如图 3-45 所示。

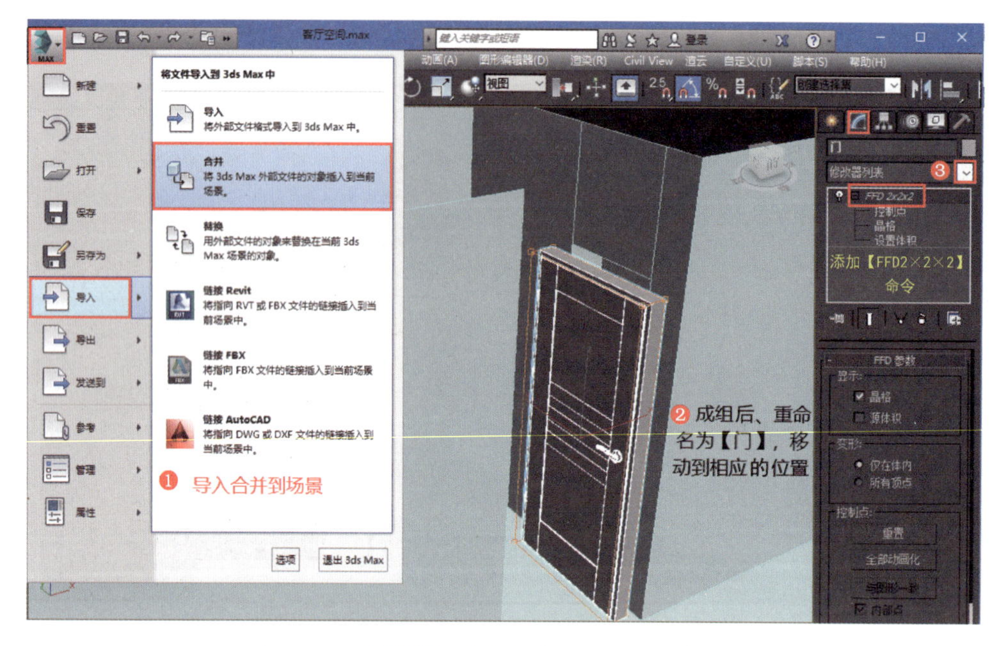

图 3-45　合并门模型并添加【FFD2×2×2】命令

通过激活【FFD2×2×2】命令【控制点】，以【镜像】【对象捕捉】【移动】等方式将门放置到门洞位置对齐，如图 3-46 所示。注意模型门套的内外、左右位置。

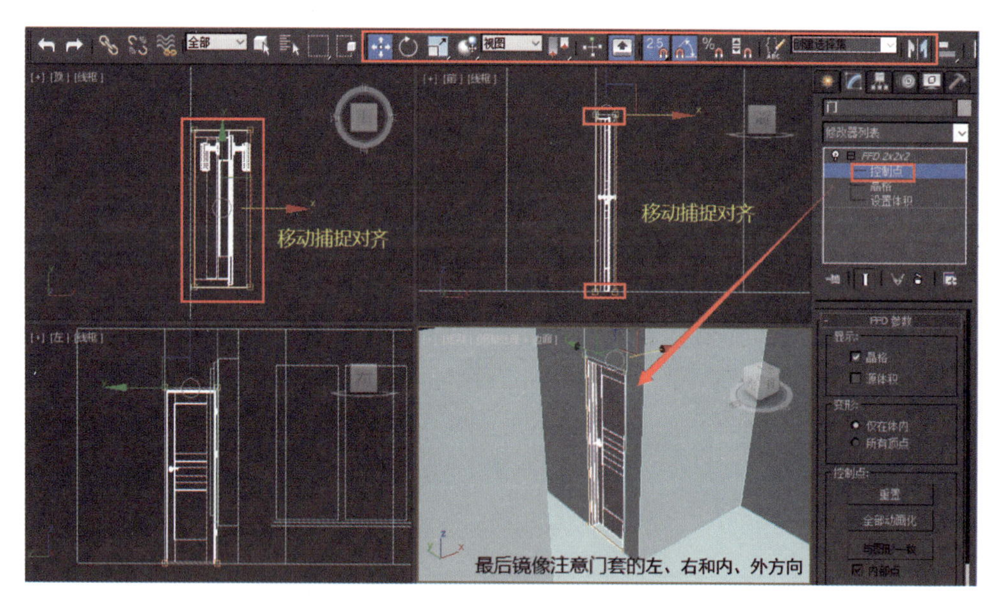

图 3-46　调整门模型位置、方向及长宽高

制作简易窗、合并模型门只是为提高制图效率，针对要求不高或不需要重点表现的情况，一般来说窗框造型不需要重点考虑。

3.2.2　脚本在制作空间框架中的运用

（1）3ds Max 软件内，单击【文件】菜单，选择【导入】选项中的本书素材【导入图形 .dwg】文件，激活【对象捕捉】命令，执行【创建】面板中的【图形】面板，在对象类别里激活【线】绘图工具指令，沿着墙体内轮廓绘制室内墙体图形，如图 3-47 所示。

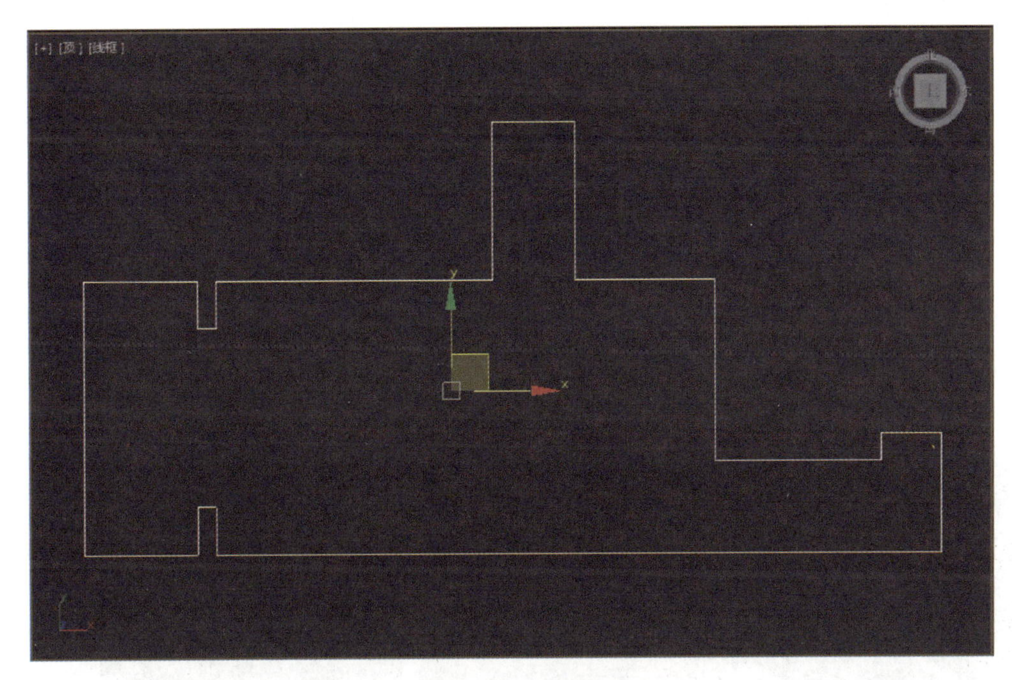

教学视频：脚本在制作空间框架中的运用

图 3-47　墙体图形

选择孤立出该图形，运行【一键墙体】脚本，高度输入数值为【2800.0mm】，单击【墙面】按钮生成墙体模型，如图 3-48 所示。

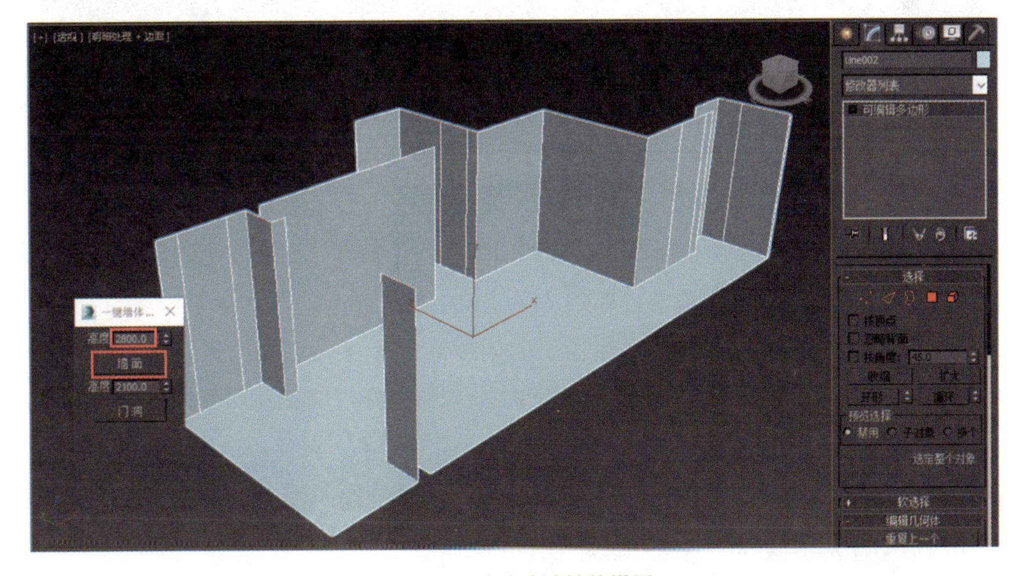

图 3-48　脚本生成墙体模型

注意：脚本生成的墙体模型会自动翻转内外面、自动消隐背面、自动转换为可编辑多边形。

（2）选择墙体模型，在【修改】面板内激活多边形 选择方式，选中窗洞所在面，运行【一键窗户】脚本。

注意：参数里设置【上高】代表窗框上部分墙体高度，【下高】代表窗框下部分墙体（也就是窗台）高度，【飘窗】需要勾选，代表窗洞的厚度，【生成玻璃】可按需要勾选，再选择窗样式双击，即可生成一个带厚度的窗洞、窗台板、窗框、玻璃的窗户。

由于实际测量得出层高为【2800mm】，墙体厚度为【240mm】，落地窗高度为【2000mm】，窗台高度为【450mm】。所以在【参数】栏中，上高输入【350.0mm】，下高输入【450.0mm】，飘窗厚度【240.0mm】，双击选择需要的窗户样式，小窗建议两窗样式，大窗建议 3 窗或 4 窗样式，如图 3-49 所示。以此类推，完成所有窗户的建立。

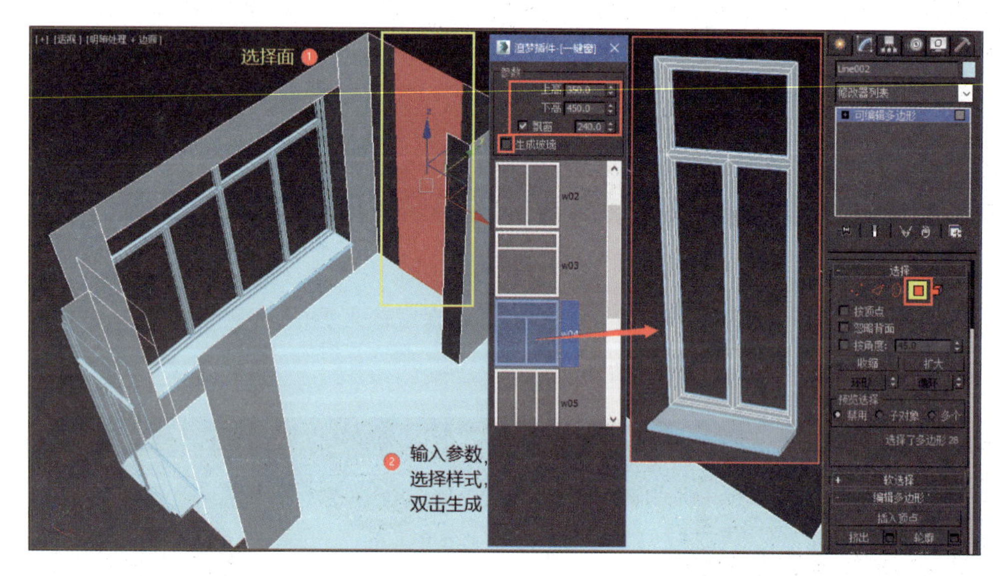

图 3-49　脚本窗户制作

（3）制作门时，选择墙体框架模型【孤立】，进入【修改】面板，使用顶点 选择编辑方式，将门洞的 8 个编辑点选中，如图 3-50 所示。

运行【一键门】脚本，选择自己所需要的门样式双击【确定】按钮，这时一个门模型就嵌入到编辑点所在位置，再单击【左右】【内外】调整开门位置及门套内外方向完成，如图 3-51 所示。

如果对生成的门的材质贴图不满意的情况下，可以选择门模型，在【修改】面板中使用选择【元素】方式选择门体部分，重新赋予材质贴图。

至此，就完成了对空间框架模型的建立，如图 3-52 所示。

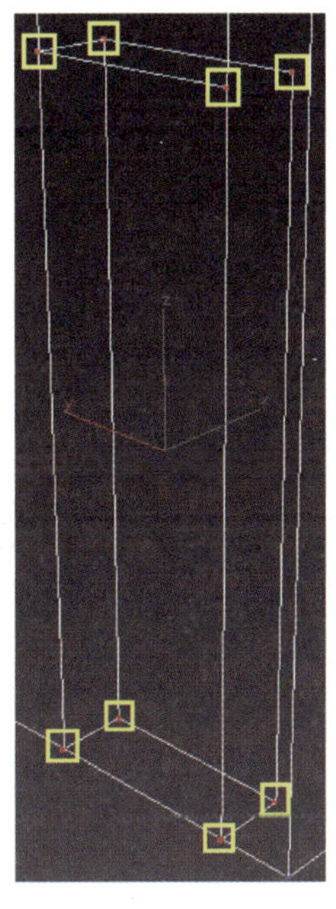

图 3-50　门洞顶点选择

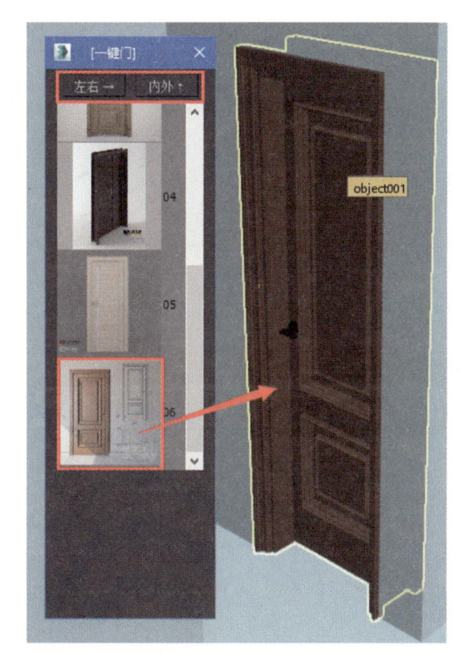

图 3-51　插入门

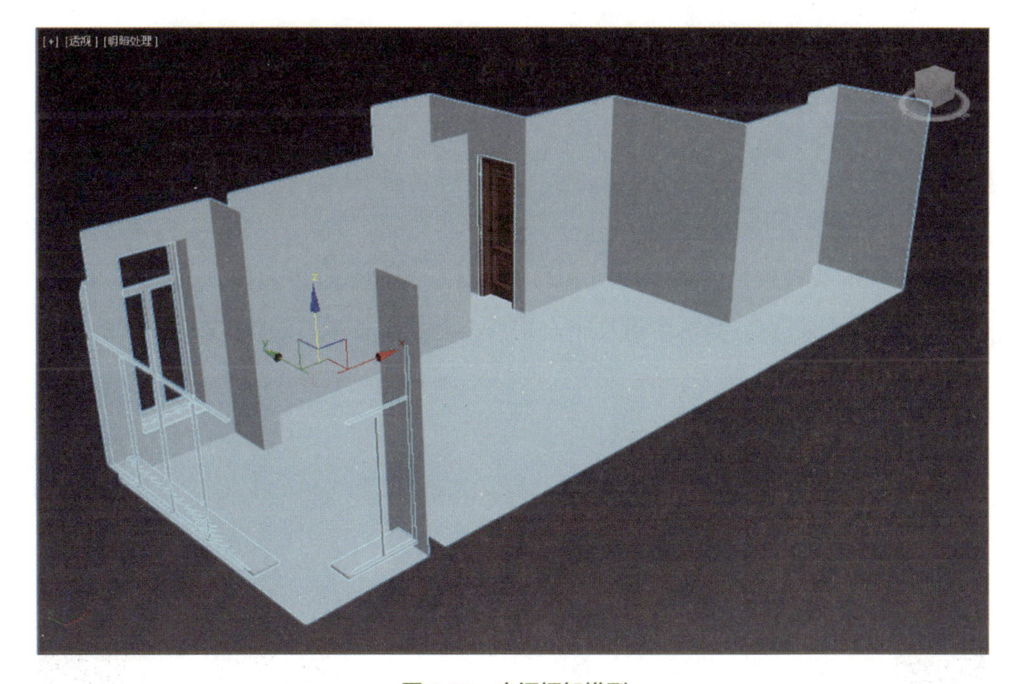

图 3-52　空间框架模型

使用脚本制作模型效率有所提高，但是一些常用的基础操作和常规制作方式还是要熟练掌握，一般基础空间框架就等同于毛坯房状态，不用过多考虑窗框等样式。根据个人制图习惯可对这些脚本生成的构件进行重命名等操作。

本任务介绍了3ds Max室内场景框架搭建的方法和流程，其中不仅介绍了常规的三维建模方法，也介绍了脚本的使用方法，一个精准的模型场景是效果图制作的重要环节，这是后面各个环节的基础。

任务3.3 3ds Max效果图整体场景搭建

【学习内容】

1. 效果图整体场景搭建的准备工作。
2. 墙、地、顶的硬装制作。
3. 脚本的使用。

【学习方法】

建议读者根据教学内容认真观摩学习，重点是跟着教师的思路进行练习，反复尝试练习，方能打牢基础。

搭建框架完毕，需要根据软件参数设置、设计风格、摄影机拍摄角度、初期测试渲染设置、材质、软硬装、光源等完成整体场景的建立，如图3-53所示。这个过程决定了出制图的效率、品质及后期出图的表现效果，可根据所学的3ds Max初期基础内容按个人习惯调整、变换、找到适合自己的操作过程。在这个过程中一定要不断地反复练习尝试，加强记忆。

图3-53 整体空间场景

3.3.1 准备工作

1. 观察摄影机架设

（1）在观察建立的框架模型时，发现通过透视图环绕观察并不能很好地对室内空间进行直观理解，这时需要进入室内空间时也不太方便，因此就需要在空间内架设一架摄影机，使用摄影机视图以便随时对空间场景进行切换观察。

单击【创建】面板，在二级面板中单击【摄影机】图标，选择标准里的【目标摄影机】选项，如图 3-54 所示。

在工具栏的【选择过滤器】中使用【摄影机】类型选择方式，方便对摄影机的操作，如图 3-55 所示。

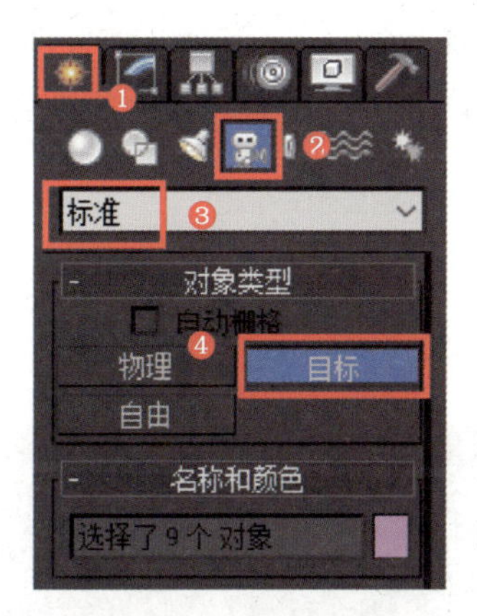

图 3-54 选择摄影机

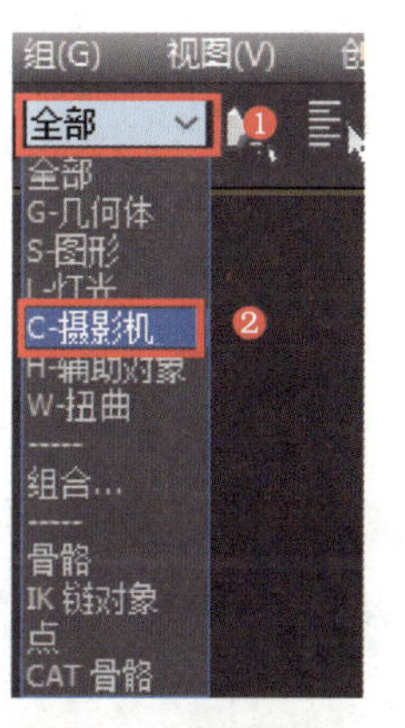

图 3-55 选择过滤器

教学视频：3ds Max 整体场景搭建－摄影机架设

在平面视图内，拖动一个从客厅位置往阳台方向观察的摄影机，如图 3-56 所示。

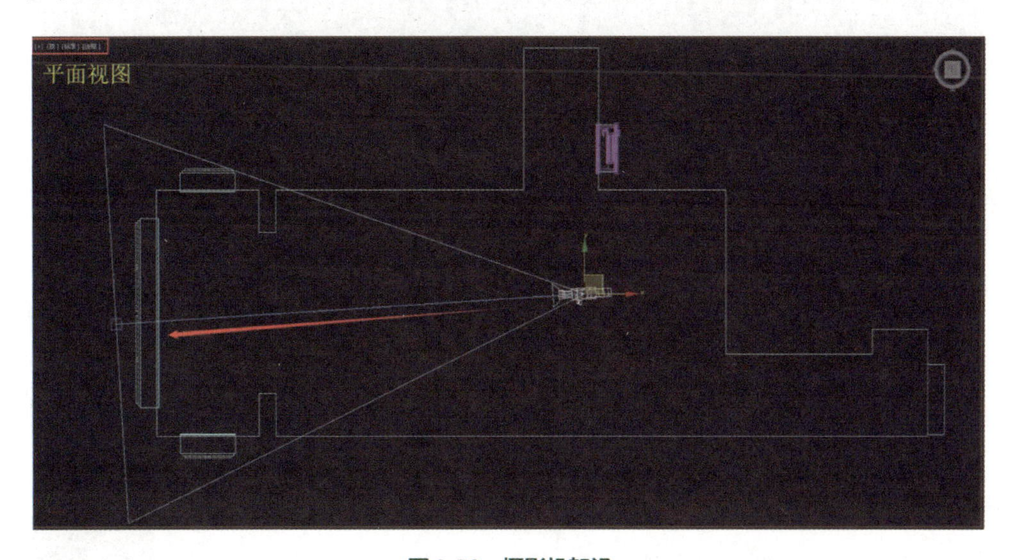

图 3-56 摄影机架设

透视图内按 C 键将视图切换为摄影机视图，按快捷键 Shift+F 打开【显示安全框】，以便更好地理解空间拍摄范围，如图 3-57 所示，黄色高亮线方框就是摄影机安全框的区域。

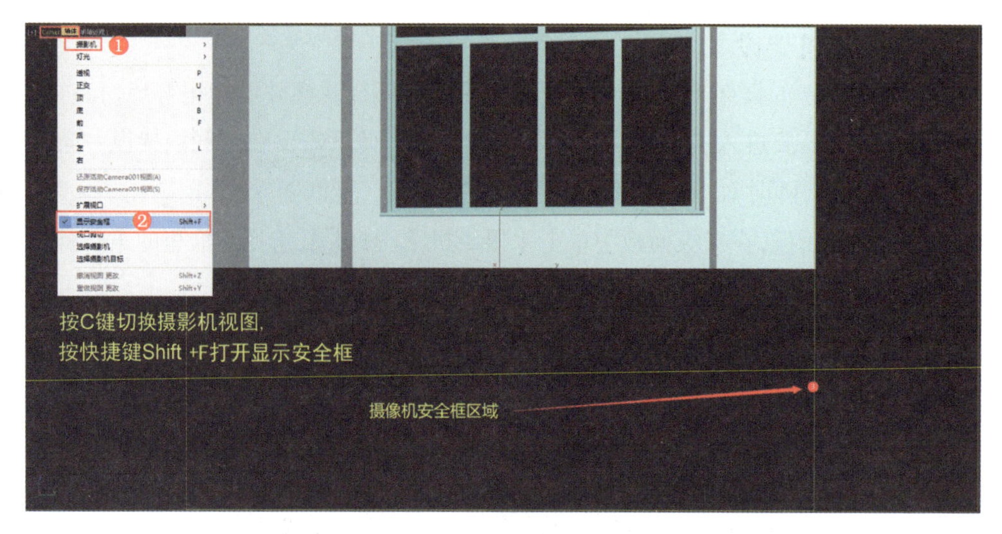

图 3-57　摄影机视图显示安全框

（2）激活【移动】工具，并在【前视图】中同时选择目标摄影机和目标点，沿 *Y* 轴向高度段移动到空间高度 1/3 位置，使观察视角提高，如图 3-58 所示。

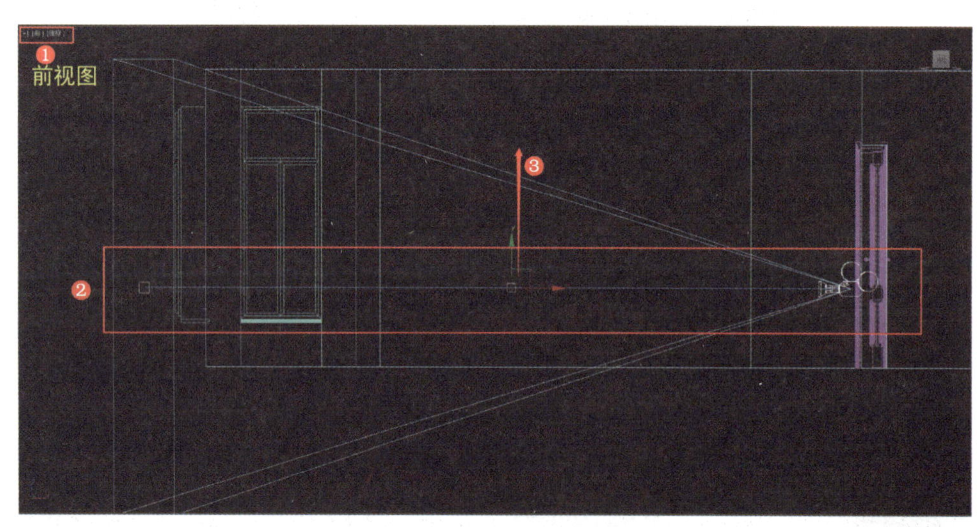

图 3-58　目标摄影机高度位置调整

选择目标摄影机进入【修改】面板，在【参数】展卷栏中镜头参数设置为【21.0mm】左右，可以看到更多空间范围，如图 3-59 所示。

参数的设置可根据场景需要进行，镜头数值越小所能看到的空间视野范围越大，但是不建议设置太小，以免造成模型的变形失真。

（3）切换到平面视图，单独选择摄影机【目标点】，把目标点调整至需要拍摄的角度位置，一般使用两点透视的【三角形】视野范围构图，至少可以看到 3 个空间立面，如图 3-60 所示。

图 3-59　摄影机镜头参数

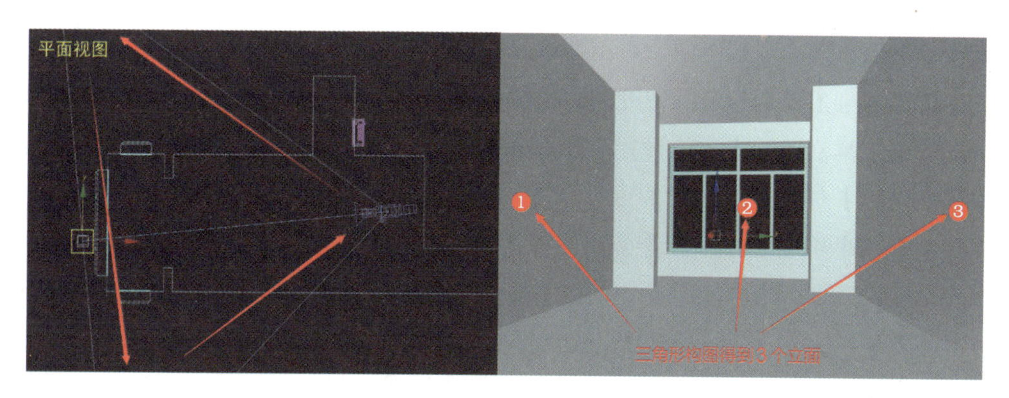

图 3-60　三角形构图

切换到前视图，单独选择摄影机的【目标点】，使用移动工具将其立面高度段提高，使地、顶面所见范围均衡，也使构图艺术化，如图 3-61 所示。

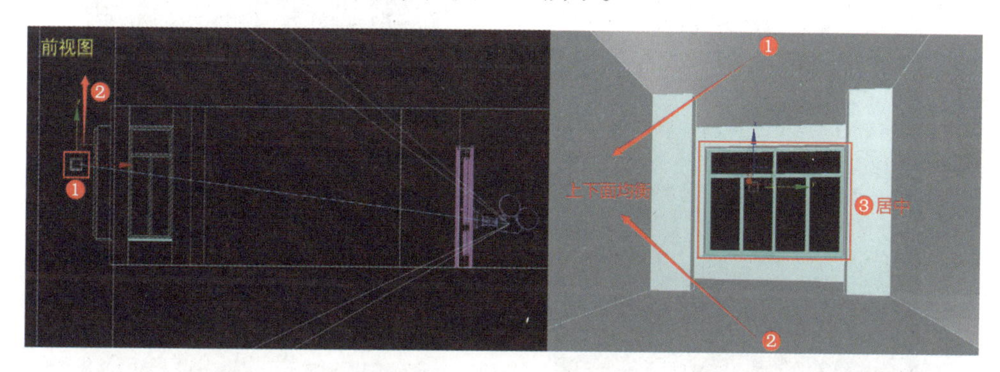

图 3-61　目标点高度移动范围

最后右击摄影机，在【工具 1】里加入【应用摄影机校正修改器】，使摄影机拍摄的两点透视视图修正不变形，如图 3-62 所示。

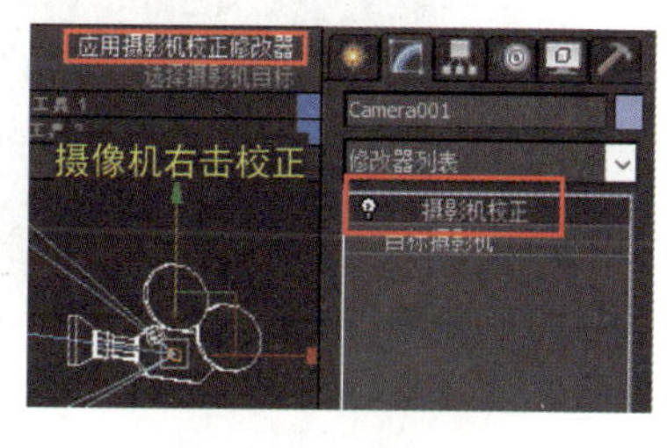

图 3-62　摄影机校正

建议在调整目标摄影机位置时，不管是平面调整还是立面高度段调整，以标准四视图界面布局进行观察，这样能更好地感受空间调整后的变化。

不再做调整的情况下，使用快捷键 Shift+C 将摄影机暂时关闭在视图显示，使视图更简洁清晰，有助于观察。

最后要记得将选择过滤器改回全部 全部 ，以便后期选择其他内容。摄影机有多个使用的种类，一般选择习惯的常用类型即可。

2. 测试渲染设置

由于在制图过程中经常需要对模型赋予的材质或场景灯光进行更直观的观察，以便及时做出调整，需要随时进行图像渲染，而渲染的过程如果设置不适合计算机的性能，会造成出现卡顿、渲染较慢、观察不便，对制图造成影响。

其中测试渲染主要是查看图像的同时也能兼顾速度，最终出图渲染主要是追求品质。

（1）单击工具栏中的【渲染设置】图标，打开【渲染设置】面板，或按快捷键 F10，弹出【渲染设置】对话框，如图 3-63 所示。

先在【公用】选项卡中找到【公用参数】展卷栏，在【输出大小】里选择【720×486】比例尺寸，再到【宽度】【高度】参数里将【高度】参数调整小点，因为一般在小型空间中顶、地面并不需要看得太多，这里修改为【420】，并且锁定图像纵横比，如图 3-64 所示。

这样可以模拟宽屏拍摄效果，让横向空间看起来更宽大，如图 3-65 所示。

教学视频：3ds Max 整体场景搭建－测试渲染设置

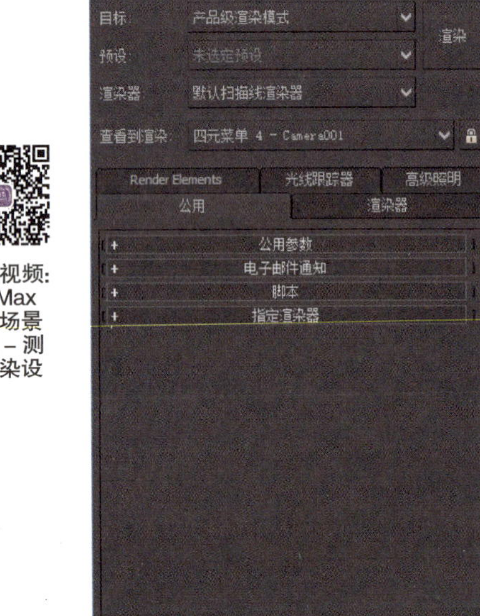

图 3-63 【渲染设置】对话框

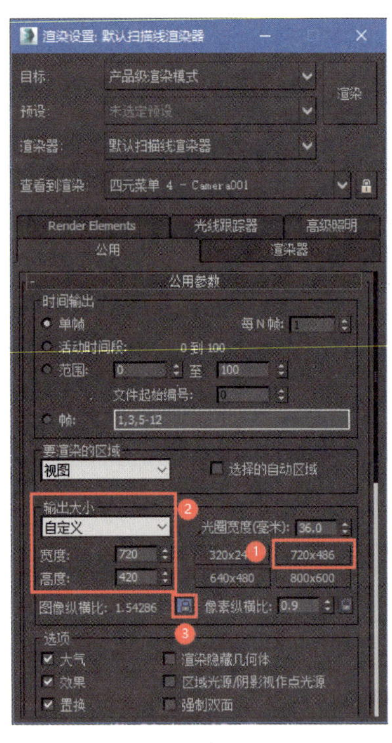

图 3-64 输出大小设置

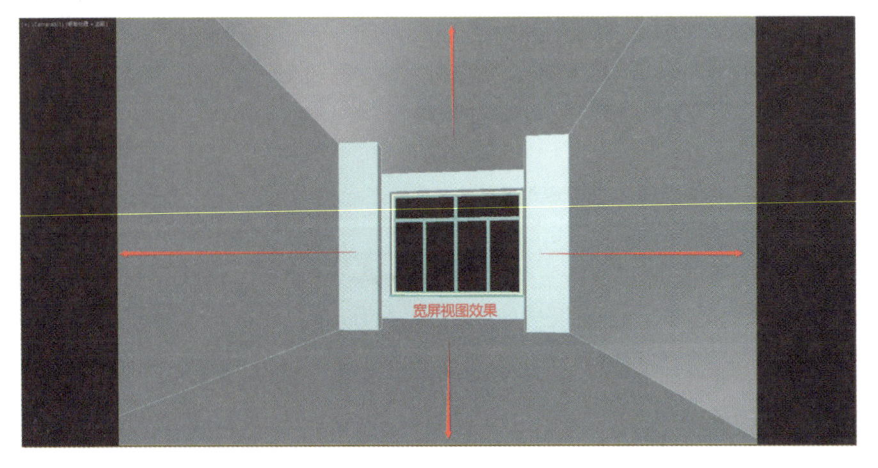

图 3-65 宽屏视图

要注意的是，初期为方便观察，尽量使渲染出的图尺寸小一点，渲染时间也要缩短很多，但是也不能太小，太小看不清图像，会不知道空间内要修改的地方。

（2）现在 3ds Max 室内表现一般使用【V-Ray】渲染器，选用并设置【V-Ray】渲染器的相应参数，方便对【V-Ray】材质、灯光的观察。

在【渲染器】下拉列表中选择【V-Ray】渲染器，如图 3-66 所示。

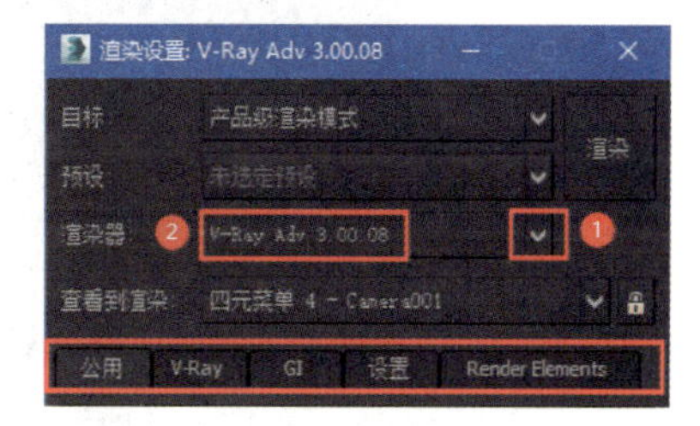

图 3-66　下拉菜单指定渲染器

也可以用另外一种方法，打开【指定渲染器】展卷栏，在【产品级】里使用加载渲染器 图标，在弹出的对话框中指定【V-Ray Adv 3.00.08】渲染器，如图 3-67 所示。

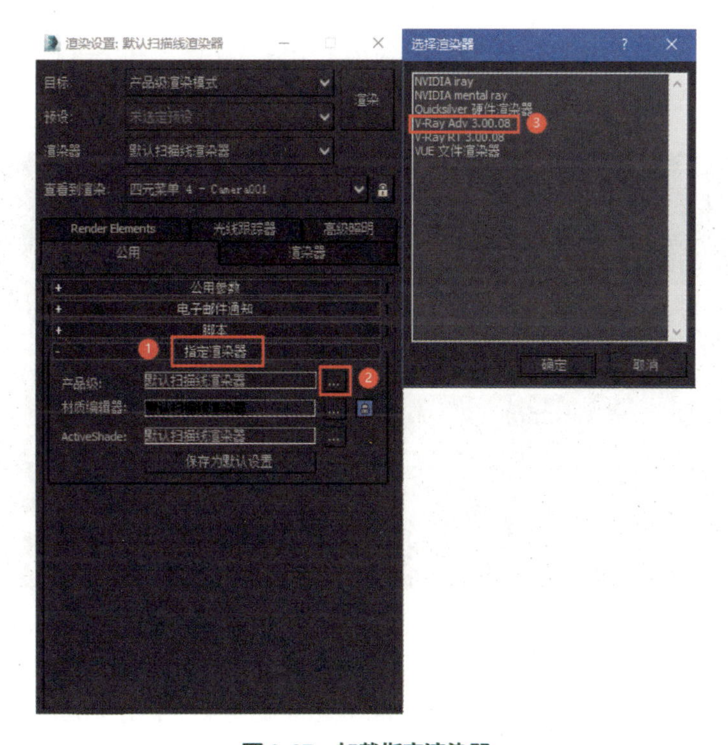

图 3-67　加载指定渲染器

（3）【V-Ray】内置【帧缓冲区】，可以根据个人习惯考虑是否勾选【启用内置帧缓冲区】选项，这里选择不勾选，也就是使用 3ds Max 默认的渲染帧窗口，如图 3-68 所示。

【全局开关】中不勾选【概率灯光】选项，其他参数保持默认不变，如图 3-69 所示。

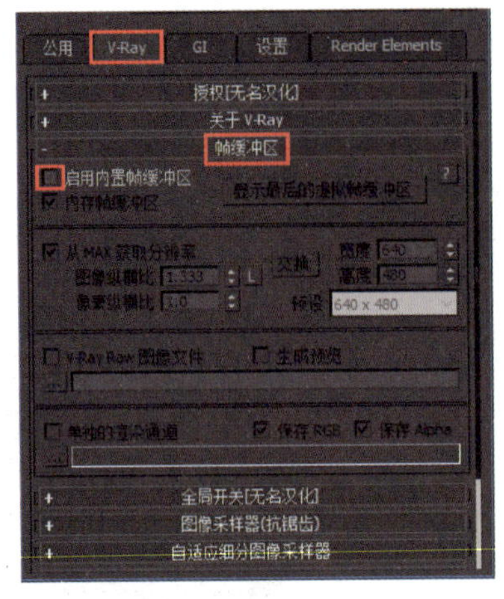

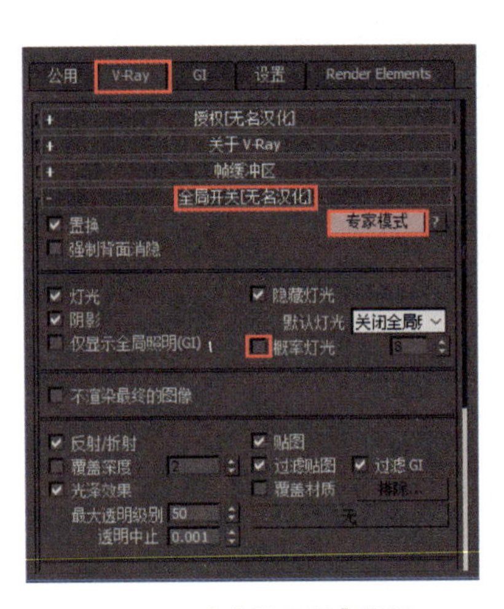

图 3-68 【帧缓冲区】设置

图 3-69 【全局开关】设置

(4)【图像采样器(抗锯齿)】里将【类型】设置为【固定】，不勾选【图像过滤器】选项，如图 3-70 所示。

(5)【全局确定性蒙特卡洛】里将【噪波阈值】设置为【0.01】,【最小采样】设置为【8】,在【颜色贴图】中【类型】选择【指数】，勾选【子像素贴图】和【钳制输出】选项，模式选择【颜色贴图和伽玛】选项，如图 3-71 所示。

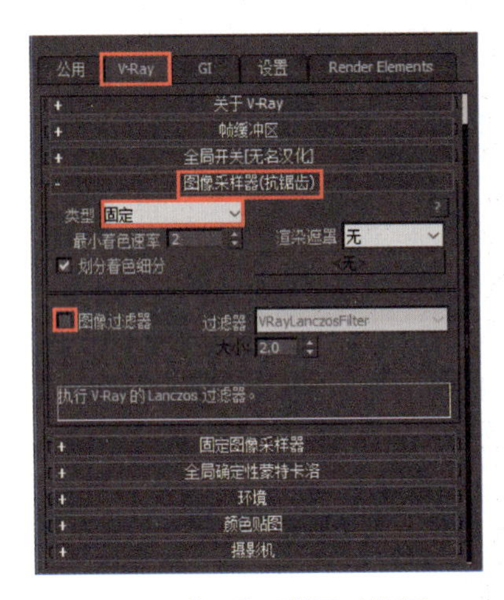

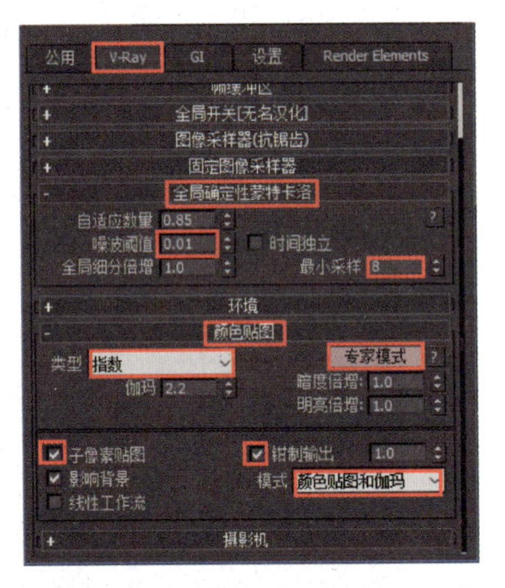

图 3-70 【图像采样器(抗锯齿)】设置

图 3-71 【全局确定性蒙特卡洛】【颜色贴图】设置

颜色贴图类型也有莱茵哈德、线性倍增等，可以根据习惯选择，建议选择【指数】,【指数】方式能更好地控制灯光的曝光范围，而且测试渲染选择指数，最终出图一定也要选择【指数】。

(6)【GI】选项卡中选择【全局照明】，勾选【启用全局光照明(GI)】选项,【首次引擎】选择【发光贴图】选项,【二次引擎】选择【灯光缓存】选项。不勾选【环境阻光(AO)】选项，在【发光图】中【当前预设】选择【自定义】，将【最大速率】【最小速率】均设置为【-4】,【细分】设置为【20～30】，如图 3-72 所示。

【灯光缓存】中选择【细分】可以根据计算机配置的高低设置为【200～400】，其他参数可以保持默认，如图 3-73 所示。

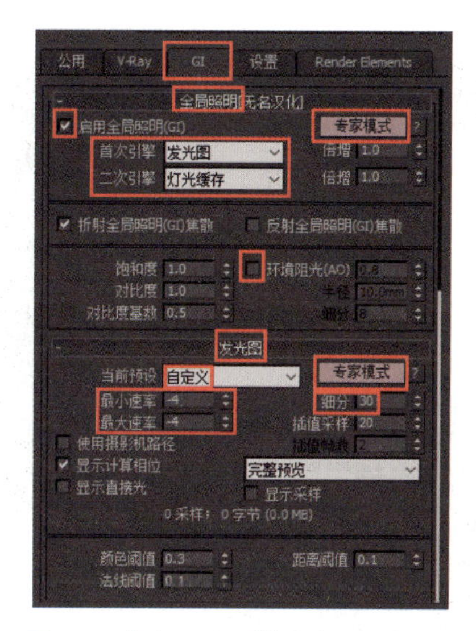

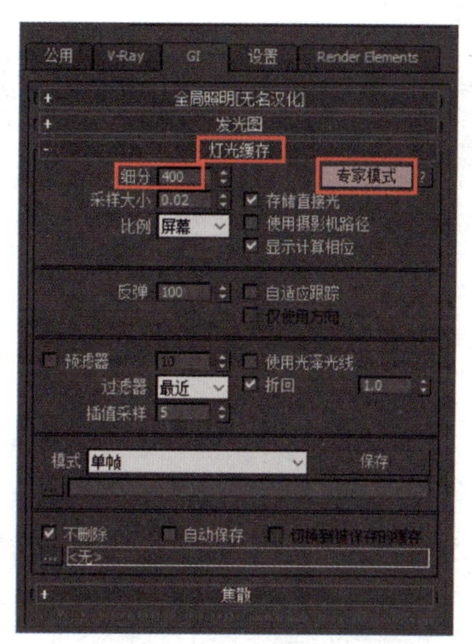

图 3-72 【全局照明】【发光贴图】设置　　图 3-73 【灯光缓存】设置

（7）在【设置】面板中，【系统】中的【序列】习惯老版本渲染方式的可以设置为上下或左右，不勾选【显示消息日志窗口】选项，其他参数可以保持默认，如图 3-74 所示。

（8）因为场景中没有架设光源，为便于观察，在【渲染】菜单中打开【环境和效果】面板（快捷键数字 8），在【环境】选项卡中将背景颜色改为白色，如图 3-75 所示。

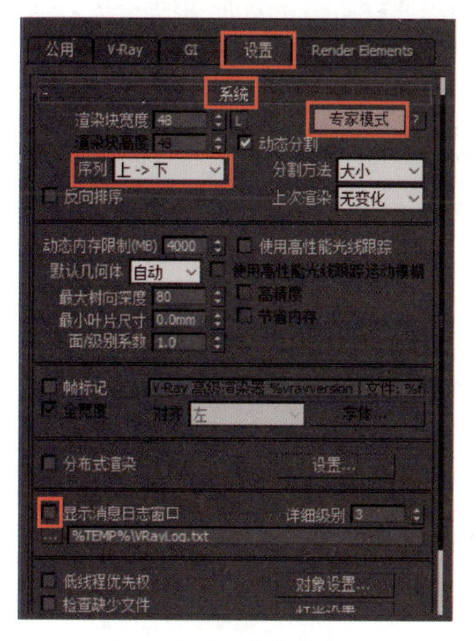

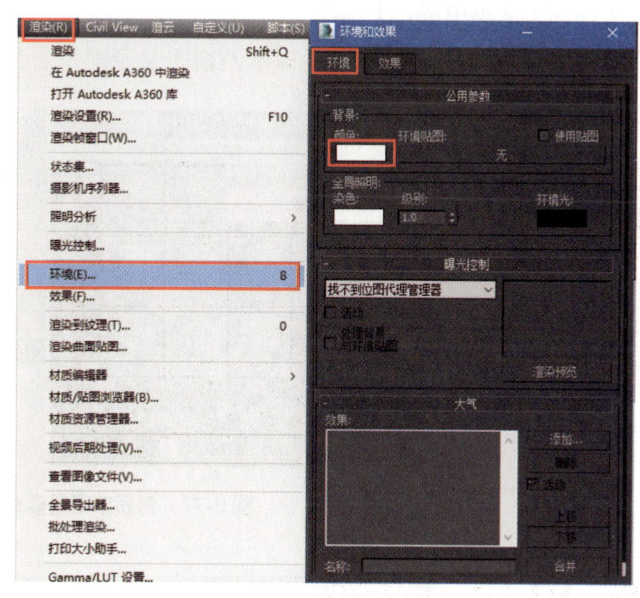

图 3-74 【系统】设置　　图 3-75 【环境】设置

单击工具栏中的渲染图标（快捷键 Shift+Q）进行渲染观察，并在信息提示区检查渲染时间 渲染时间 0:00:03。这就是 3ds Max-V-Ray 3.0 版本测试渲染参数设置的具体步骤。

（9）将调整好的【测试渲染参数】在【渲染设置】面板内进行保存预设，以便以后需要用到时直接调用，调用后只需要更改输出图像大小就行，不需重复设置，如图 3-76 所示。

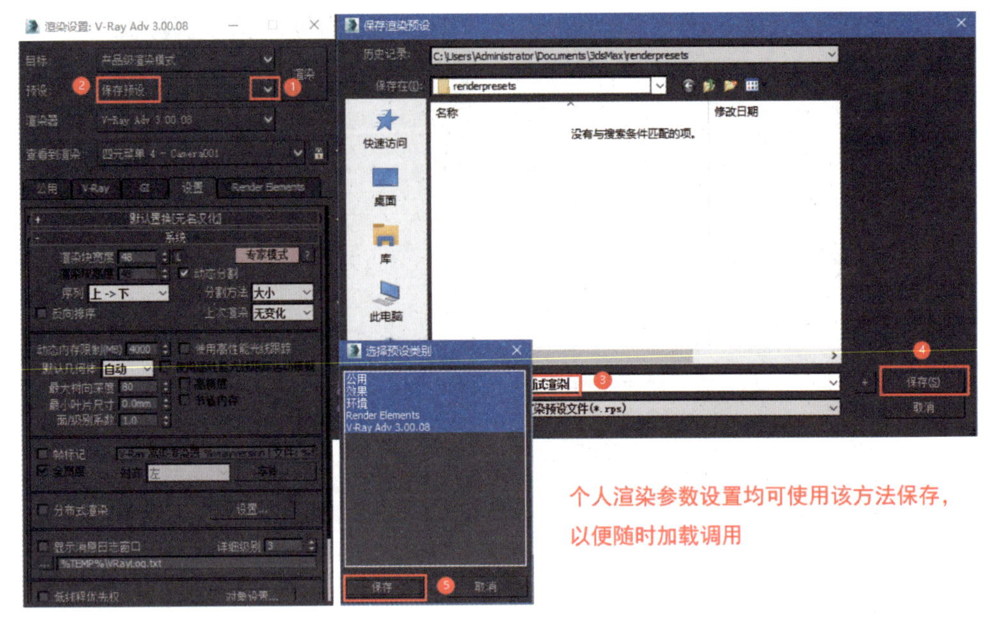

图 3-76 保存预设

3. 材质面板设置

单击工具栏中的【材质编辑器】图标，或使用快捷键 M 打开【材质编辑器】面板，在【模式】菜单中选择【精简材质编辑器】选项，可切换到经典材质编辑界面，根据个人习惯，在材质球上右击，修改【材质球示例窗】显示数量，如图 3-77 所示。

教学视频：3ds Max 整体场景搭建－材质面板设置

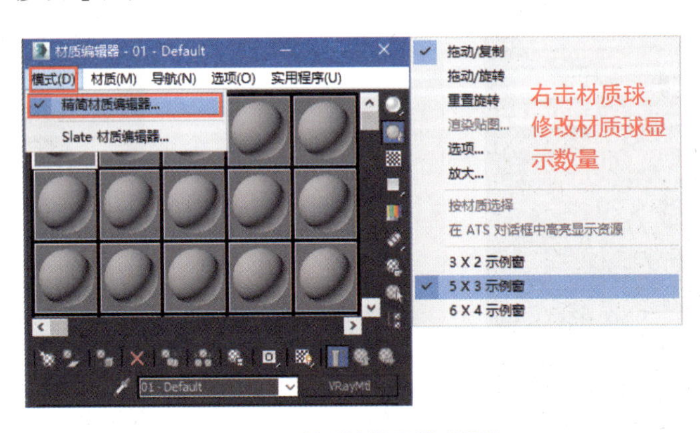

图 3-77 材质编辑器模式调整

经过初级系统学习后，要学会将综合的基础内容提前做好准备，方便后期高级内容的深入学习。

3.3.2　墙、地、顶面的硬装制作

按照实际工程施工流程，由顶→墙→地的顺序进行，所以在进行场景搭建时也先制作顶面，避免后期模型太多混乱。

1. 顶面部分制作

（1）室内顶面一般由原始顶面和吊顶构成，原始顶面可以直接从【墙体】框架模型上直接分离得到，选择【墙体】框架模型，进入【修改】面板激活【多边形】，选择顶面部分，如图 3-78 所示。

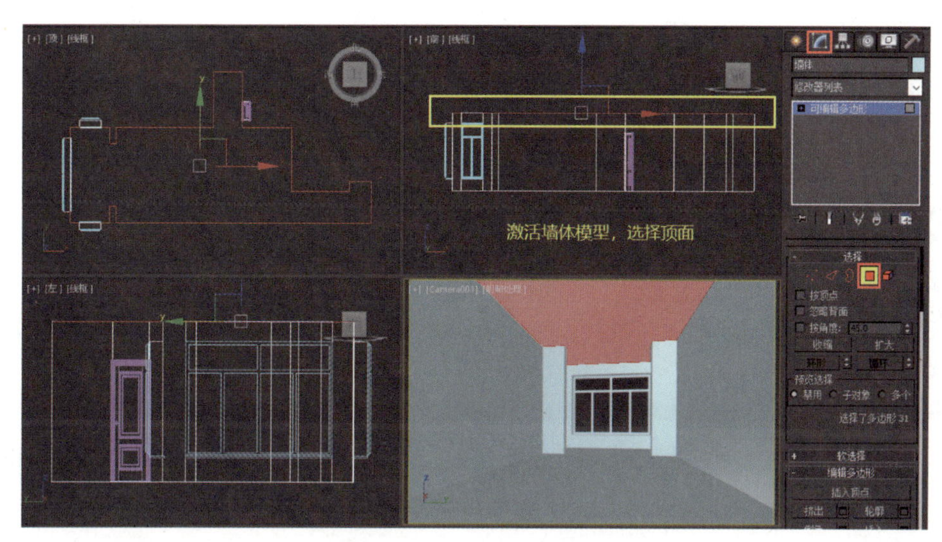

教学视频：硬装制作–顶面部分

图 3-78　选择顶面

如果不方便选择面，可以切换透视图【P】或摄影机视图【C】后再进行选择。

（2）在【修改】面板中找到【编辑几何体】展卷栏内的【分离】命令，在弹出的【分离】对话框内修改名字为【顶面】，单击【确定】按钮关闭对话框，如图 3-79 所示。

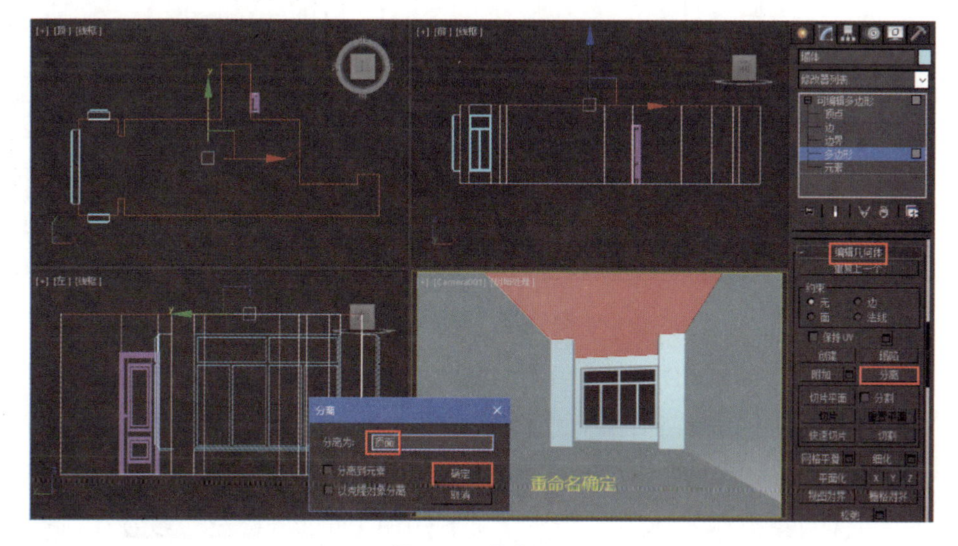

图 3-79　分离顶面

（3）得到一个分离后名字为【顶面】的模型，配合移动工具选择它进行观察发现，该模型的轴坐标不在模型上，而在地平面上，如图 3-80 所示，这是因为分离出来的模型轴坐标还在使用原模型的轴点中心，这样对于移动模型非常不方便。

这时只要选择该模型，单击【命令】面板中的层次图标 进入【层次】面板，单击【轴】【仅影响轴】，对齐方式设为【居中到对象】，如图 3-81 所示，轴就回到了模型居中位置，操作完单击【仅影响轴】按钮退出命令。

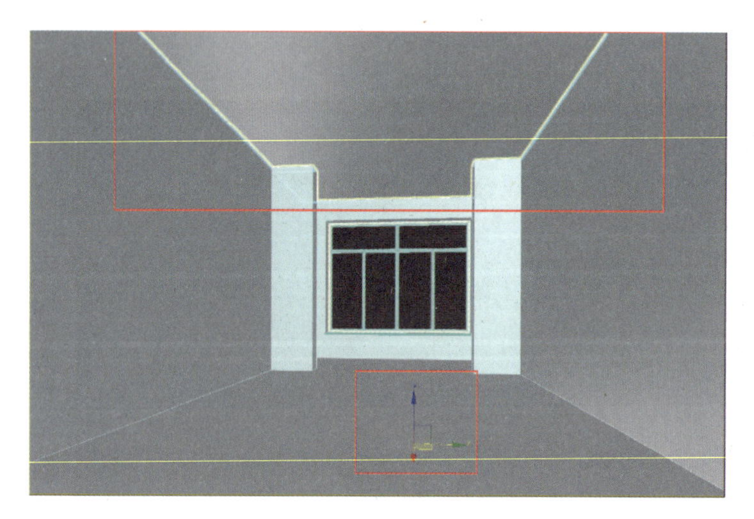

图 3-80　轴坐标、模型分离

图 3-81　层次面板轴设置

（4）接下来要分析二级吊顶的位置及造型，首先可以通过施工图及收集的资料观察得到吊顶的高度、宽度尺寸，这是一个传统的【回】字造型吊顶，如图 3-82 所示。

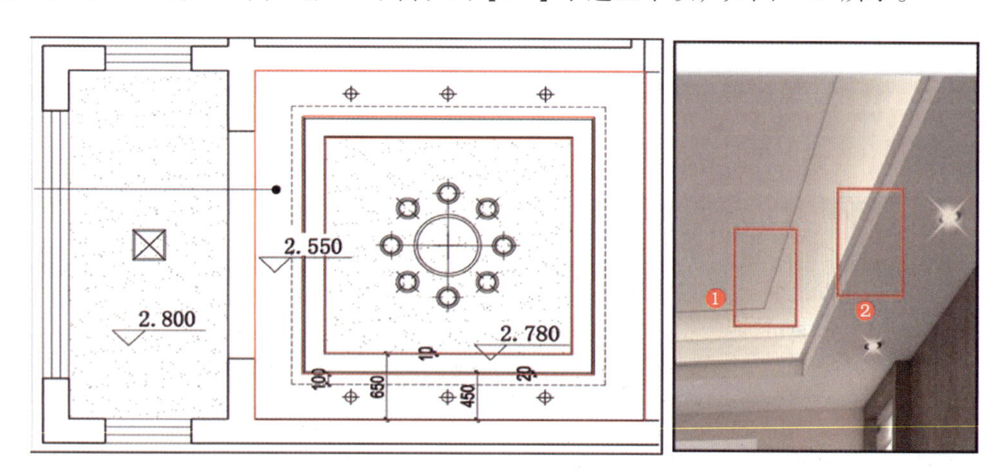

图 3-82　二级吊顶

根据分析，使用 AutoCAD 按尺寸绘制，得出二级吊顶的剖截面，如图 3-83 所示。

（5）将本书素材【吊顶截面 .dwg】图形文件或 AutoCAD 里绘制的吊顶截面图形写块【W】后导入 3ds Max。将导入的截面图形和【墙体】模型都选中并孤立，切换到平面视图，打开【对象捕捉】，使用【图形】面板中的【矩形】 矩形 工具沿客厅空间绘制一个矩形图形，如图 3-84 所示。

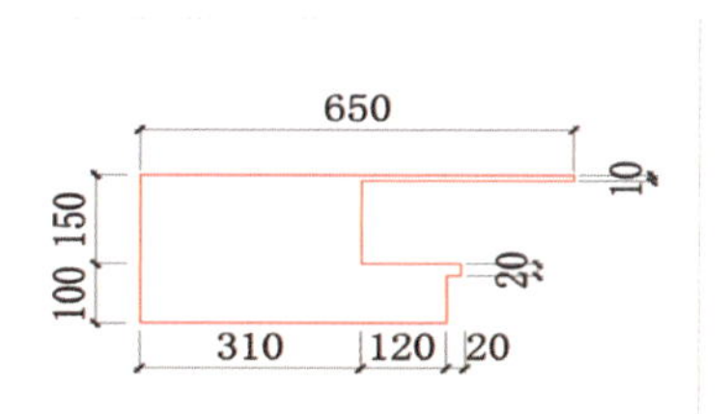

图 3-83　二级吊顶的剖截面

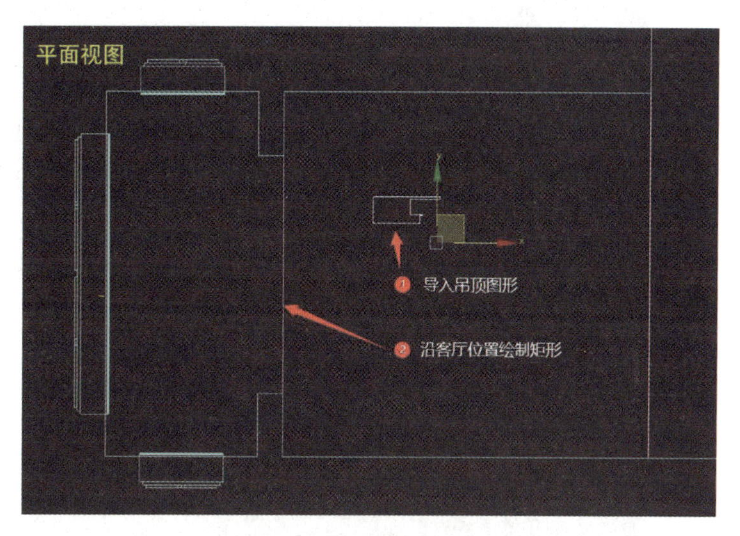

图 3-84　导入图形及绘制矩形

（6）使用【旋转】工具将吊顶截面在【前视图】沿 Y 轴旋转 90°，选择绘制的【矩形图形】，在【修改】面板的【修改器列表】下拉菜单内添加【扫描】命令，截面类型选择【自定义截面】，去视图内拾取单击导入的吊顶截面图形，拾取后得到吊顶模型，如图 3-85 所示。

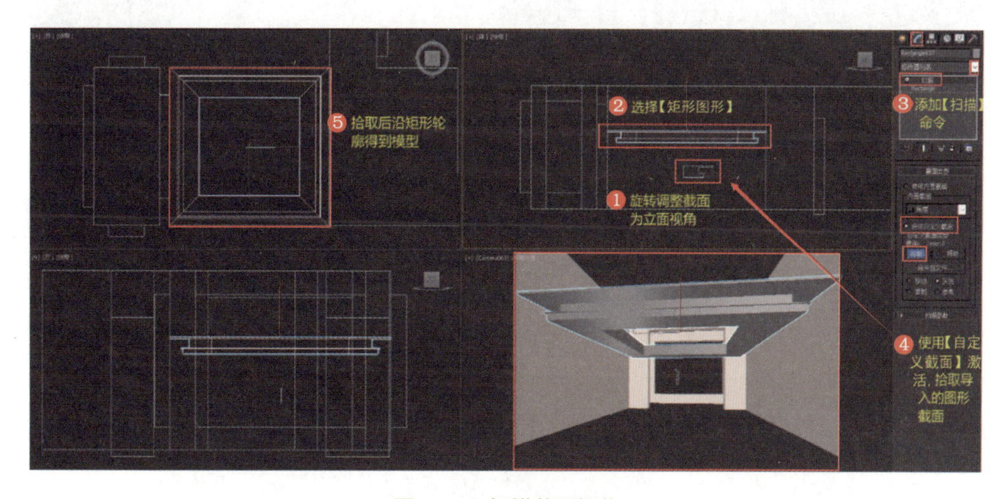

图 3-85　扫描截面操作

将模型和截面孤立出来进行观察，发现模型左右方向不对，内外反了，如图 3-86 所示。

选中吊顶【截面】图形，在【修改】面板添加【X 变换】，激活里面的【Gizmo】，在【前视图】配合【旋转】工具，沿 X 轴拖动旋转 180°，完成模型内外翻转修正，如图 3-87 所示，此方法上下翻转也可操作，操作完要记得单击【X 变换】里的【Gizmo】关闭该工具。

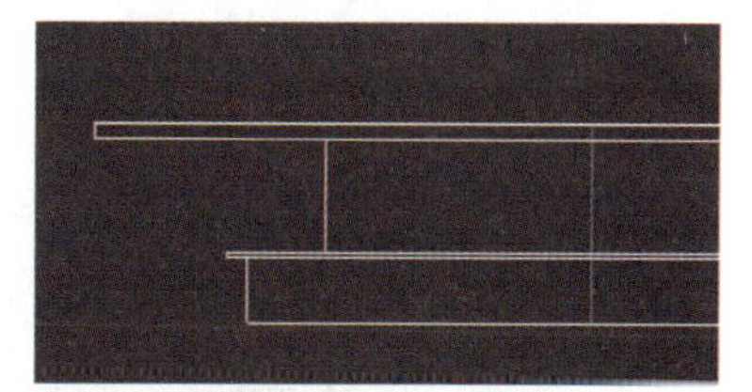

图 3-86　模型方向错误

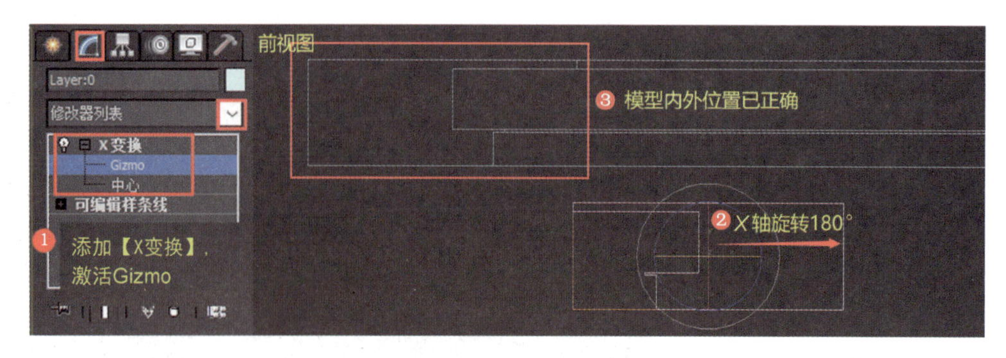

图 3-87 X 变换 Gizmo 修正

（7）退出【孤立】，选中修正后的模型，重命名为【吊顶】，用移动工具捕捉放置到相应位置，或配合移动工具在 Z 轴坐标系统输入【2800.0mm】数值，将吊顶和顶平面对齐，如图 3-88 所示。最后导入的截面图形可以考虑是否删除或右击选择【隐藏选定对象】。

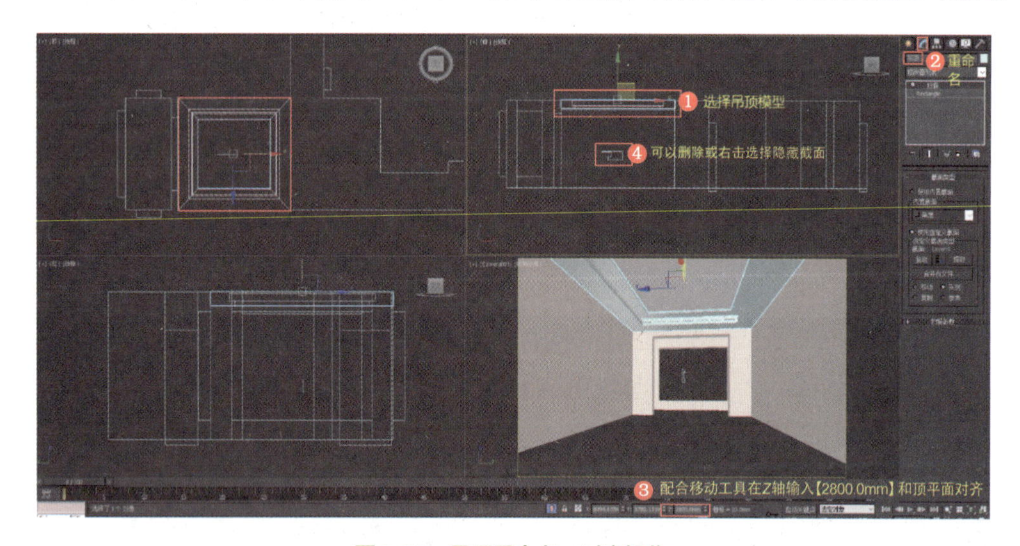

图 3-88 吊顶重命名、对齐操作

渲染观察二级吊顶的效果，如有问题，及时修改，如图 3-89 所示。

图 3-89 吊顶渲染观察效果

（8）顶面建立完成后要及时赋予材质，避免后期模型过多或遗忘，这样在制图过程中也好及时发现问题并进行修改调整。

单击工具栏中的【材质编辑器】图标 或按 M 键打开，打开后选择一个材质球，单击【材质类型】转换为【VRayMtl】材质，如图 3-90 所示。

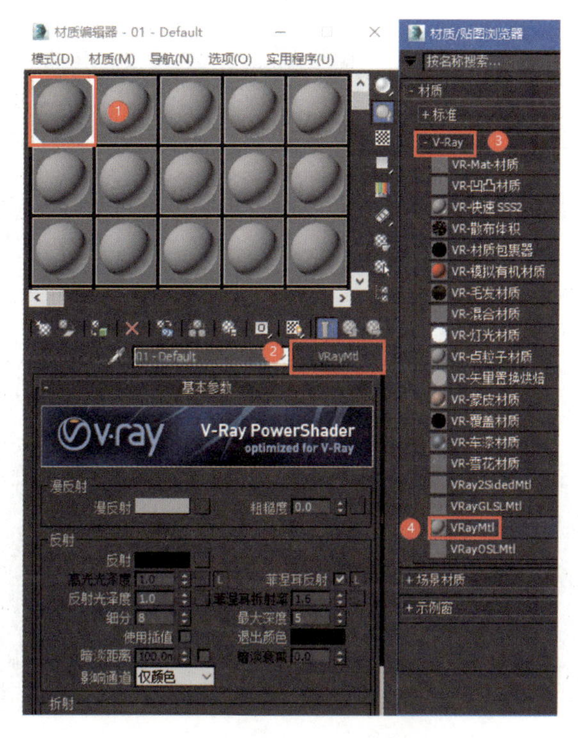

图 3-90 转换 V-Ray 材质类型

（9）选择材质球，修改材质名称为【白色乳胶漆】，单击【漫反射拾色器】选项，弹出【颜色选择器】对话框，选择白色确定（顶面一般为白色乳胶漆），如图 3-91 所示。

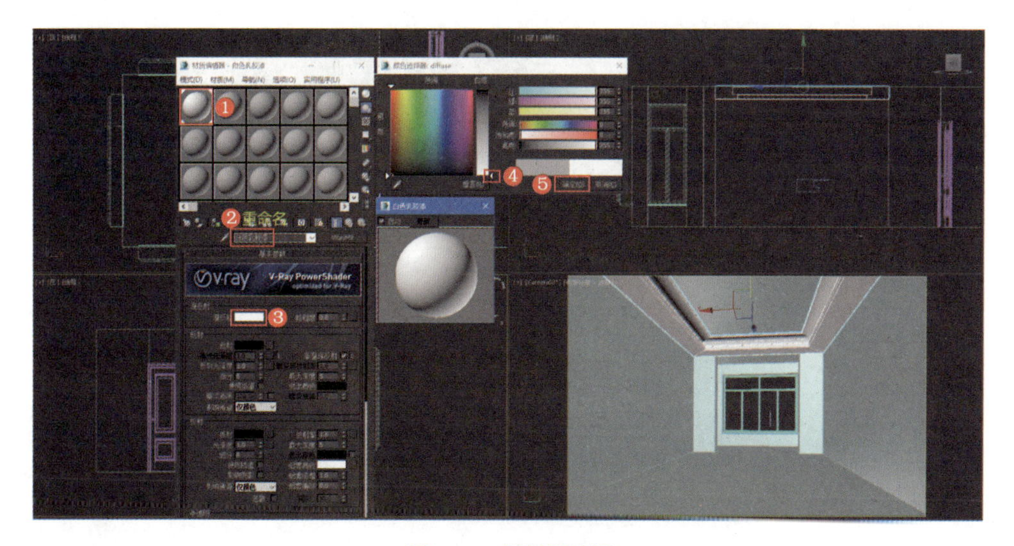

图 3-91 顶材质编辑

（10）单击漫反射【贴图设置】，在弹出的【材质 / 贴图浏览器】对话框中选择【V-Ray 污垢】贴图类型（环境阻光贴图），使用后可以让模型线条更清晰。

【V-Ray 污垢】参数半径【50.0mm】，衰减【1.8】，细分【8】，单击转到父对象图标，返回上一级面板，如图 3-92 所示。

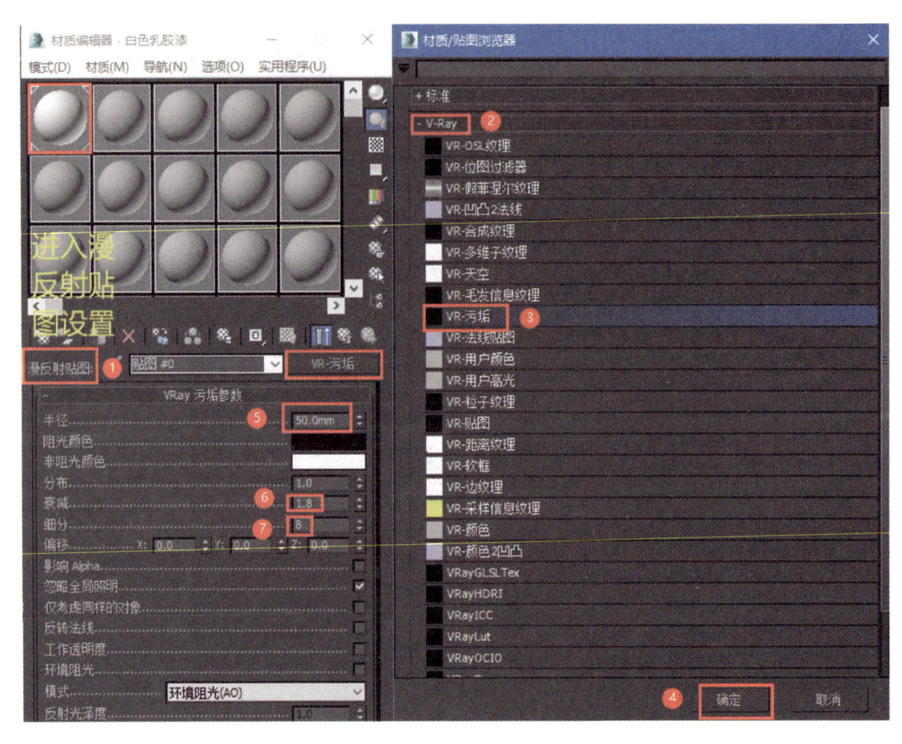

图 3-92　V-Ray 污垢设置

（11）同时选择顶面、吊顶两个模型，将单击做好的【白色乳胶漆】材质，【将材质指定给选定对象】赋予它们，如图 3-93 所示，顶面构件都使用同一种材料。

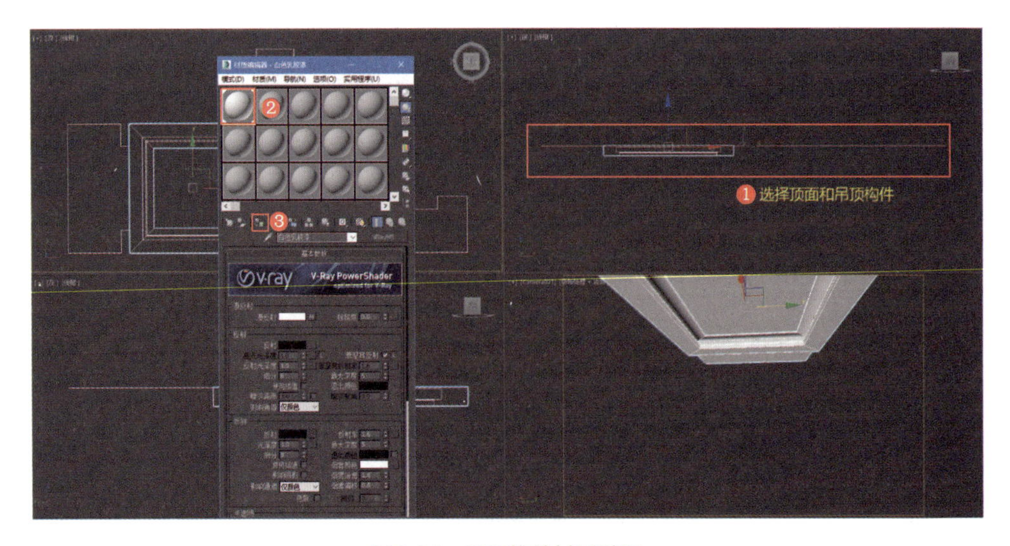

图 3-93　顶面构件材质赋予

2. 墙面部分制作

首先分析墙面上的构件。分析得出在客厅与阳台的交接处有门洞，虽然没有门，但是也应该要设置门洞。墙面上还应该有踢脚板和背景墙造型，这也是在硬装施工中就要提前完成的。

（1）选择墙体模型，按快捷键 Alt+Q 将其【孤立】，在【修改】面板内使用【边】选择方式将阳台门洞的竖向边线都选中，右击或者面板使用【连接】【设置】，给出【1】个分段确定，如图 3-94 所示。

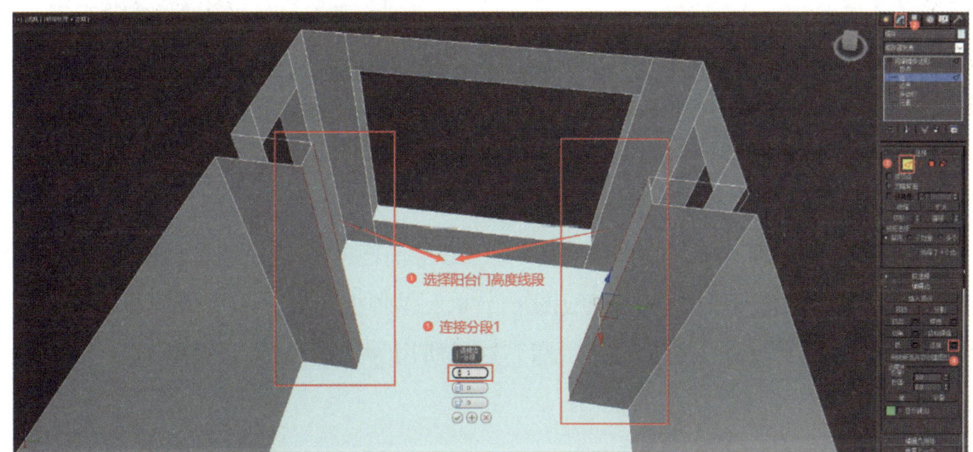

图 3-94　门洞连接分段

（2）转为【顶点】选择方式，将分段出来的 4 个点选中，配合移动工具在 Z 轴坐标系统输入【2400.0mm】数值，按回车键确定（一般阳台推拉门高为 2.2 ～ 2.4m），如图 3-95 所示。

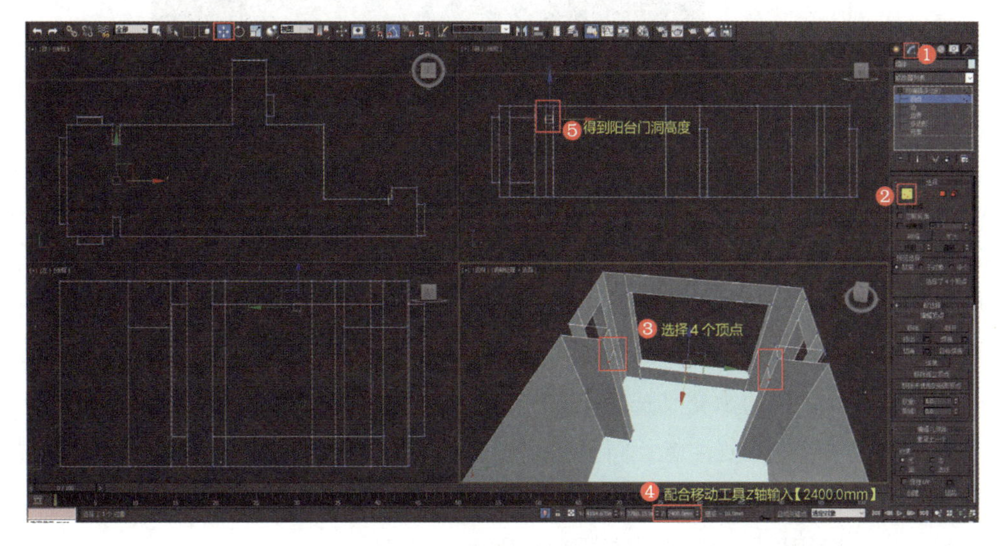

图 3-95　门洞分段点高度设置

（3）【修改】面板上转为【多边形】选择，按住快捷键 Ctrl，将阳台门洞上方分出来的两个面选中，选择【编辑多边形】展卷栏中的【桥】命令连接两个面，退出多边形编辑，生成门头，如图 3-96 所示，退出【孤立】，返回【摄影机视图】查看。

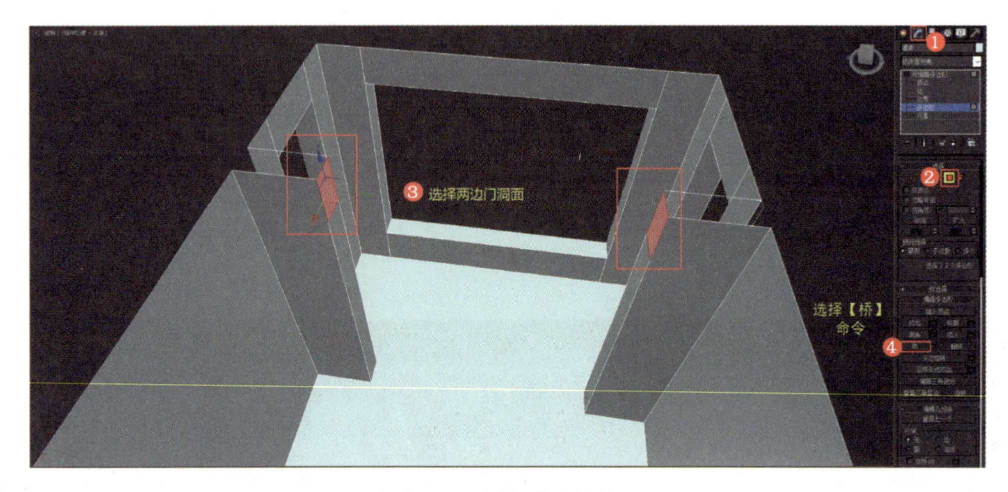

图 3-96　桥接生成门头

（4）如果需要制作一个带造型的踢脚板，可以参考前面制作吊顶的【扫描】方法制作。在 AutoCAD 里先分析制作一个造型踢脚板图形，导入踢脚板图形，再沿着墙体轮廓绘制踢脚板线条，【扫描】生成模型，如图 3-97 所示。这里所用为普通直角石材踢脚板，所以就不再使用该方法。

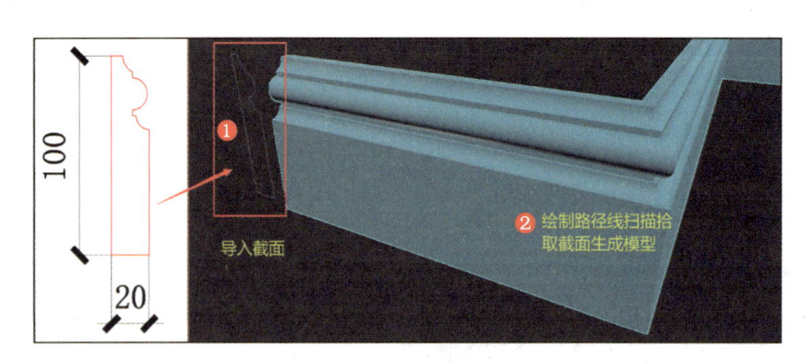

图 3-97　造型踢脚板

（5）选择【墙体】模型并【孤立】出来，切换到【前视图】，在【编辑】面板激活【边】选择方式，【编辑几何体】展卷栏中激活【切片平面】功能，配合【移动】工具在 Z 轴坐标系统输入【100.0mm】数值按回车键，单击【切片】按钮确认，单击激活的【切片平面】按钮，关闭切片功能，如图 3-98 所示。这时就得到一个高度为【100.0mm】的踢脚板分段区域。

（6）配合工具栏中的【交叉选择】，在前视图中使用【多边形】选择方式，将踢脚板区域的面都框选起来，要注意，门套、地面是不需要选择的，按住快捷键 Alt【减选】门套位置的面，最后关闭【交叉选择】工具，在【摄影机视图】按住快捷键 Alt 单击【减选】室内地面，单独得到踢脚板模型，如图 3-99 所示。

（7）在【编辑多边形】展卷栏内使用【挤出设置】命令，数量设为【10.0mm】，如图 3-100 所示。这样就得到踢脚板的厚度，这里为内嵌样式踢脚板，所以不用挤出。

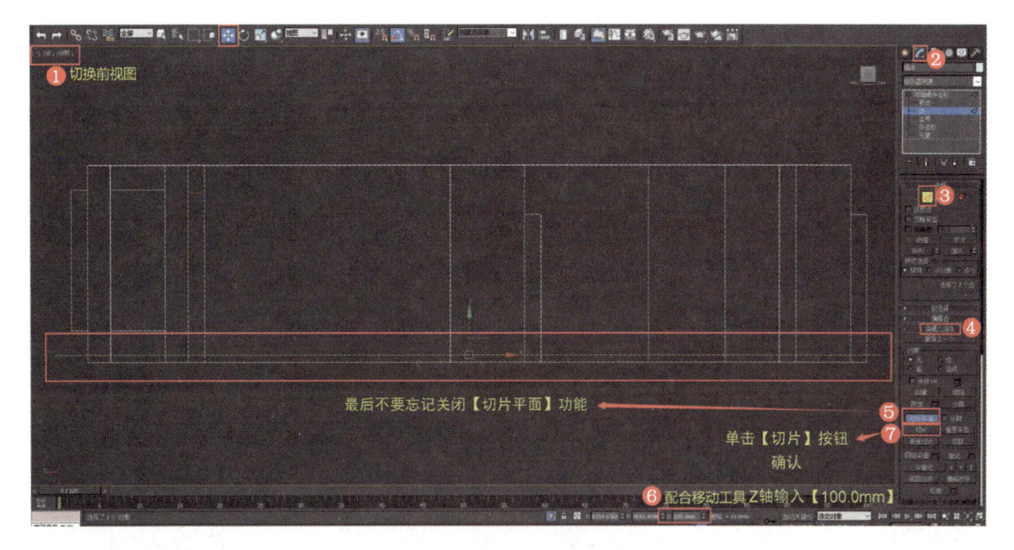

图 3-98　切片生成踢脚板

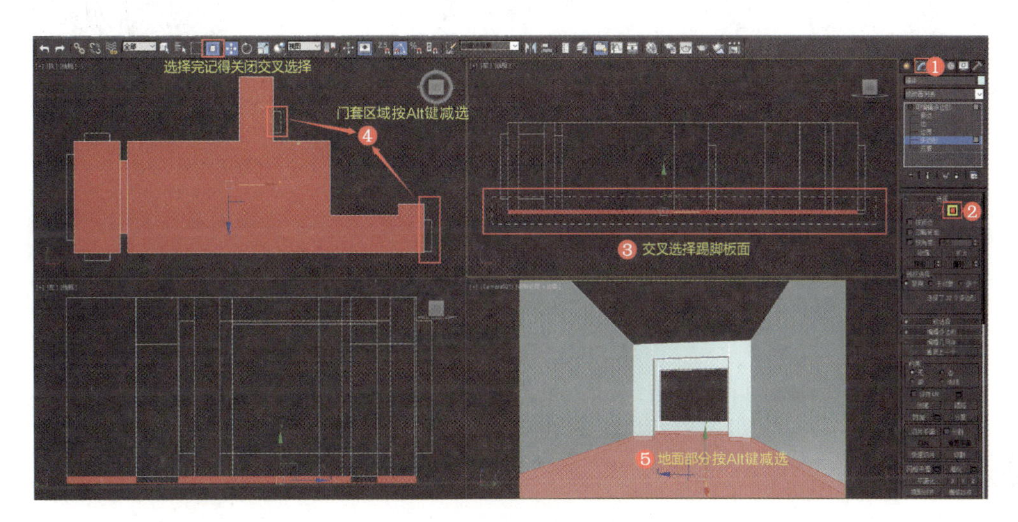

图 3-99　踢脚板面选择

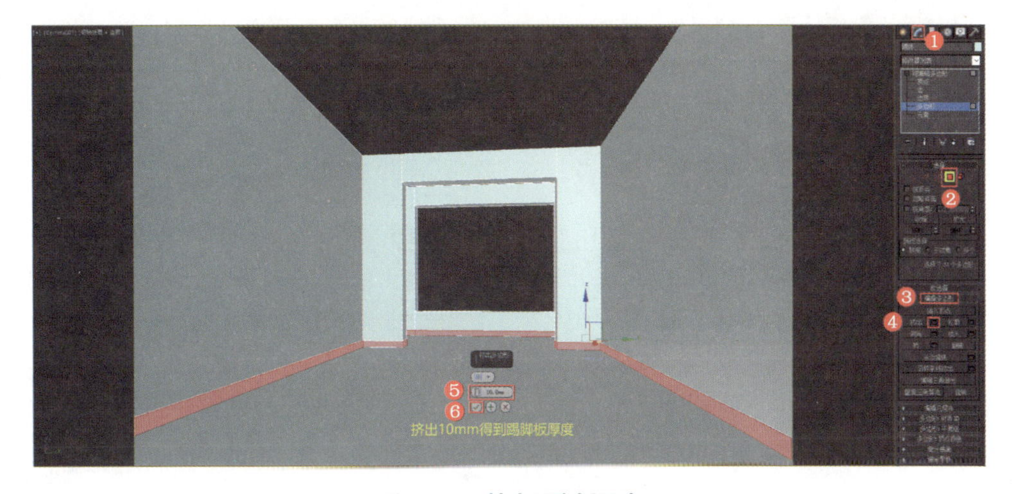

图 3-100　挤出踢脚板厚度

（8）在【编辑几何体】展卷栏内使用【分离】命令，在弹出的【分离】对话框中将分离的模型重命名为【踢脚板】，单击【确定】按钮，如图 3-101 所示。这样踢脚板就制作完成了。

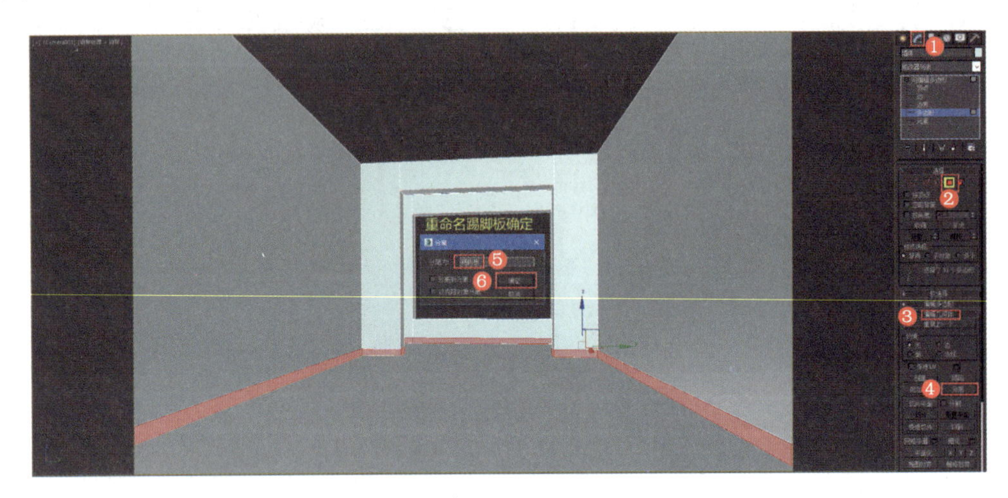

图 3-101 分离踢脚板模型

一般踢脚板没有特殊造型要求的情况下，只是用于施工过程中材料的提示作用，不建议使用太复杂的造型或制作方式，尽量减少不必要的多余面，以保证渲染效率。

（9）背景墙部分属于订制硬装部分，该部分造型可以在 AutoCAD 中先按设计风格要求、尺寸比例等做好造型设计，如图 3-102 所示。

在 3ds Max 中不要尺寸、材料标注等内容，所以尽量在 AutoCAD 中简化好需要导入的图形，如图 3-103 所示，再导入 3ds Max 当中。

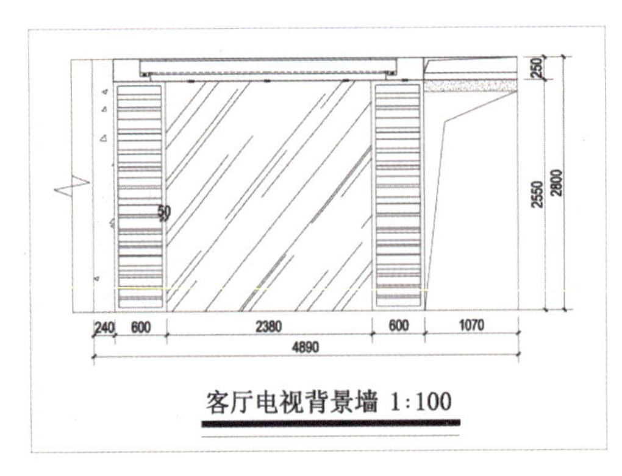

图 3-102 背景墙造型设计

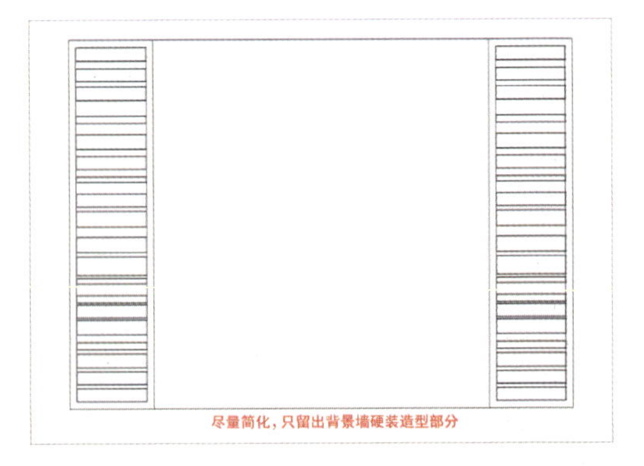

图 3-103 背景墙简化造型

（10）将本书配套素材【电视背景墙 .dwg】图形文件导入 3ds Max，使用【捕捉】【移动】方式放置到相应位置，如图 3-104 所示。

注意：导入的图形要使用【旋转】工具，转成立面视角查看。

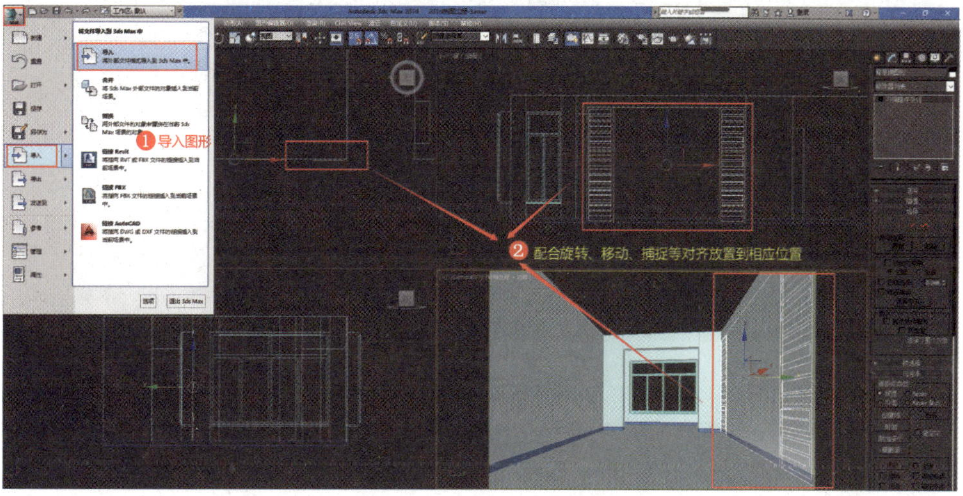

图 3-104 导入背景墙图形调整位置

（11）将背景墙图形【孤立】出来，【前视图】使用【图形】面板下的【矩形】工具以捕捉方式沿背景墙图形木制装饰框架外轮廓绘制矩形，关闭【对象捕捉】功能，右击绘制的【矩形】，依次选择【转换为】→【转换为可编辑样条线】选项，如图 3-105 所示。

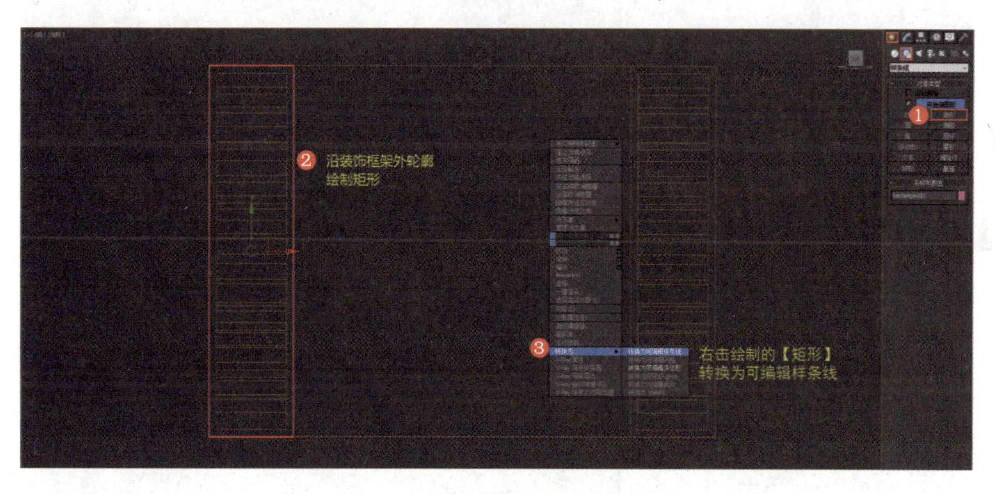

图 3-105 沿图形外轮廓绘制矩形

（12）在【修改】面板中激活【样条线】，在【几何体】展卷栏中的【轮廓】内输入【50.0mm】，按回车键确定，得到一个装饰框架外形，如图 3-106 所示。

（13）在【修改】面板的【修改器列表】下拉列表中添加【挤出】命令，挤出参数数量【50.0mm】，按回车键确定，重命名【装饰框架】模型，并捕捉移动到相应位置放置，如图 3-107 所示。

（14）在【前视图】中使用捕捉方式，沿装饰框架内轮廓绘制【矩形】并挤出【10.0mm】，重命名为【框架打底背板】，捕捉移动到相应位置放置，如图 3-108 所示。

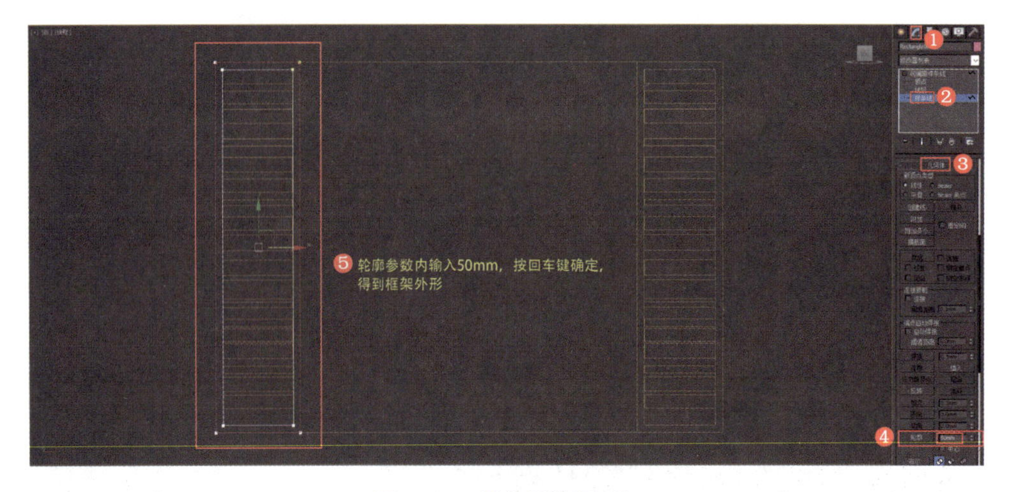

图 3-106　样条线轮廓扩边

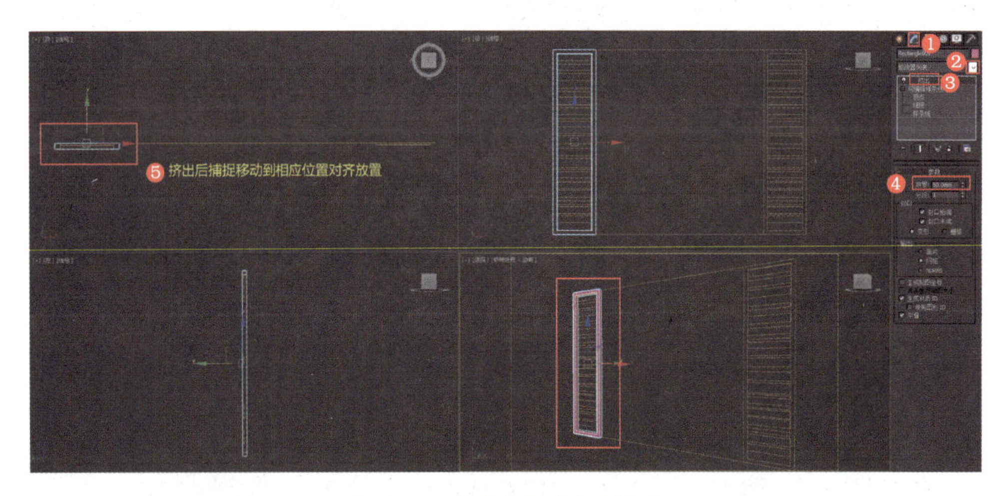

图 3-107　样条线挤出生成模型

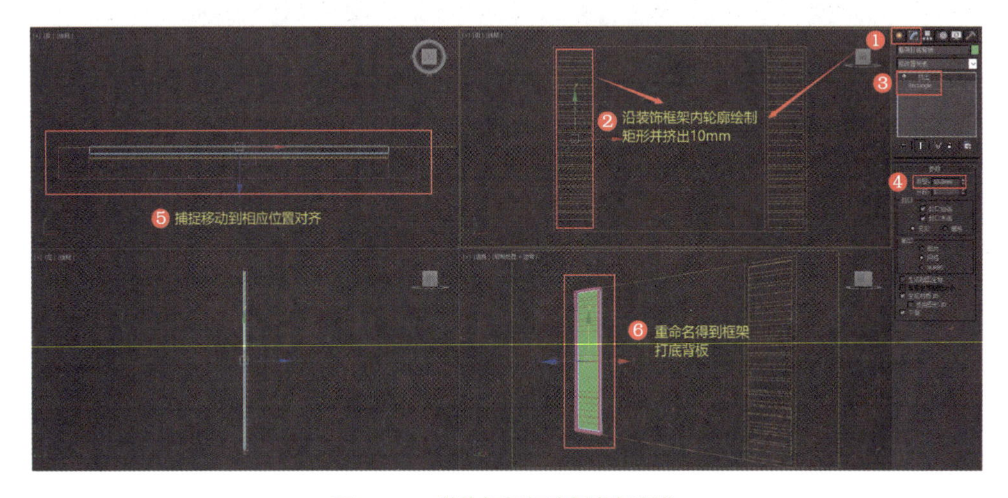

图 3-108　装饰框架打底板背板制作

（15）在前视图使用捕捉方式，沿装饰框架栅格每个轮廓捕捉绘制多个【矩形】，如图 3-109 所示。

图 3-109 矩形绘制多个栅格

（16）全选绘制的所有栅格矩形，挤出【10.0mm】，捕捉移动到相应位置，【成组】重命名为【装饰栅格】，如图 3-110 所示。

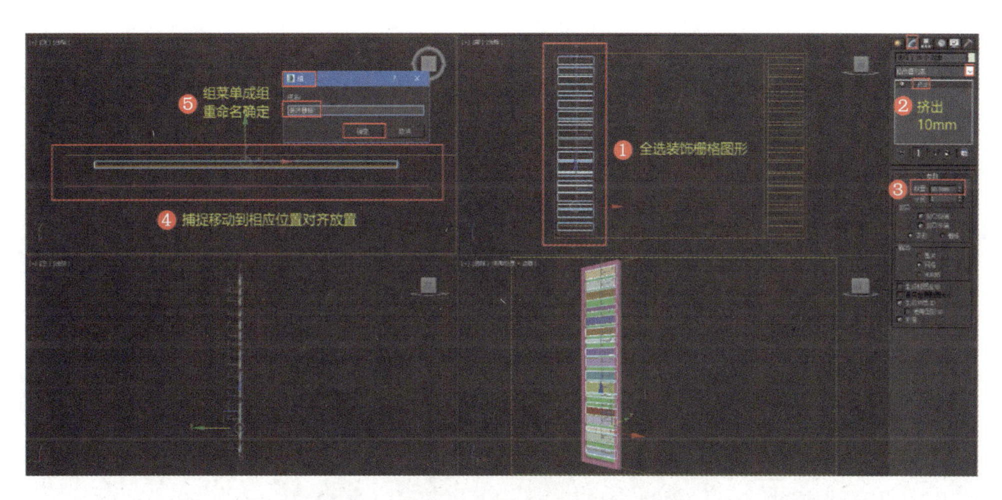

图 3-110 挤出、成组、对齐装饰栅格

（17）使用工具栏中的【按名称选择】，同时选中装饰框架、装饰栅格、框架打底背板 3 个模型，按快捷键 Ctrl+V 复制【实例】，捕捉移动到另一个栅格装饰位置对齐放置。在前视图使用【矩形】沿中间电视挂置饰面板图形轮廓绘制，挤出【10.0mm】，重命名为【电视墙饰面板】，对齐移动到相应位置，如图 3-111 所示。

装饰背景墙一般严格按施工图设计样式制作，提前在 AutoCAD 内作好图形，得到尺寸后再导入 3ds Max 最方便。如果没有设计图纸，只能在 3ds Max 中直接建立，配合多边形编辑等方式完成。

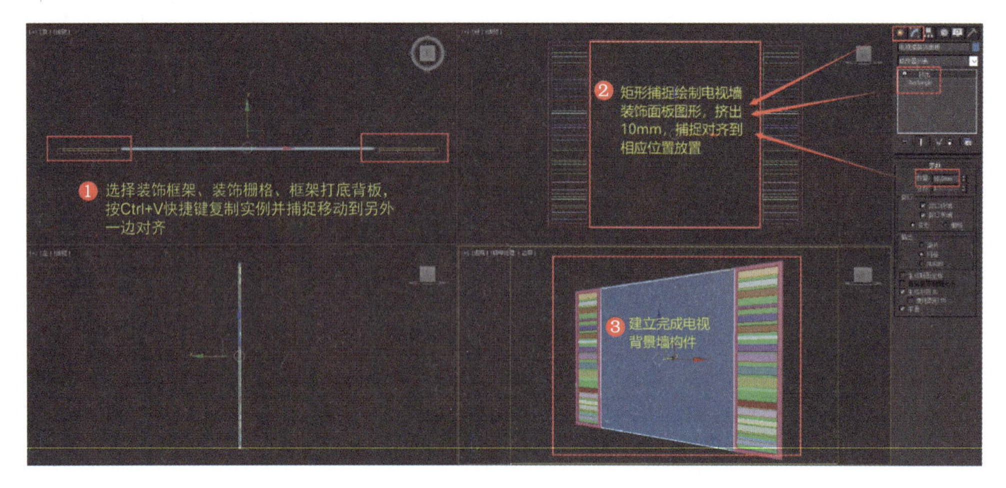

图 3-111 装饰栅格复制、电视墙饰面板矩形绘制

（18）窗户配景建立。

有时希望在效果中带有反射的模型能投射出室外风景影像，或后期处理中不再制作室外风景影像。可以依次选择【创建】→【图形】→【弧】来做，在【平面视图】中创建一个【弧】，如图 3-112 所示。

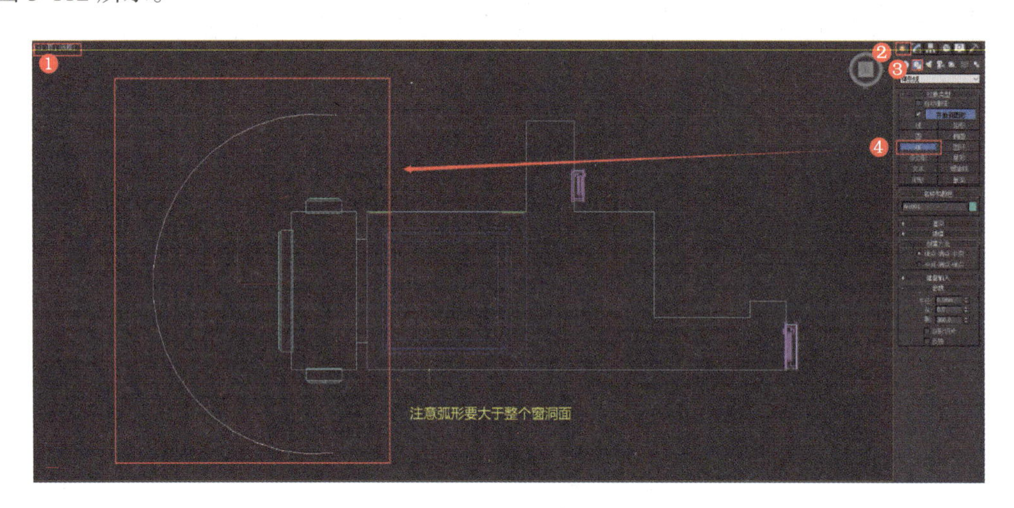

图 3-112 创建弧

注意：弧形的大小要大于整个窗洞面，这样可以使室外贴图效果看起来更真实（实际通过窗户是看不完整个室外场景的）。

在【修改】面板内添加【挤出】数量为【4000mm】，添加【法线】命令使内外面翻转，【前视图】内将【弧】模型移动到窗户外相应位置，如图 3-113 所示。

（19）墙体构件模型材质设置及赋予。

按快捷键 M 打开【材质编辑器】，选择一个新材质球，单击【材质类型】转换为【VRayMtl】材质，修改名称为【墙面乳胶漆】，单击【漫反射拾色器】选项，弹出颜色选择器，选择颜色确定（墙面一般为调色乳胶漆），如图 3-114 所示。

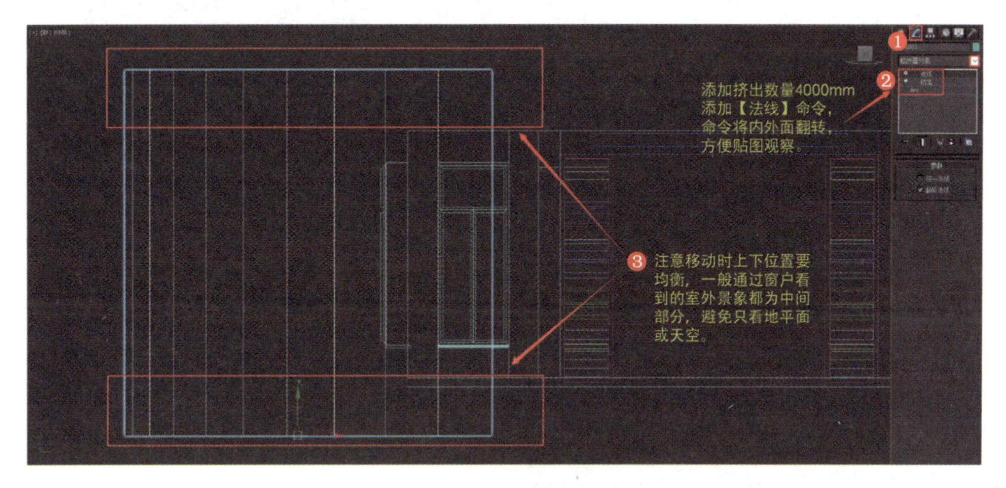

图 3-113　调整弧图形

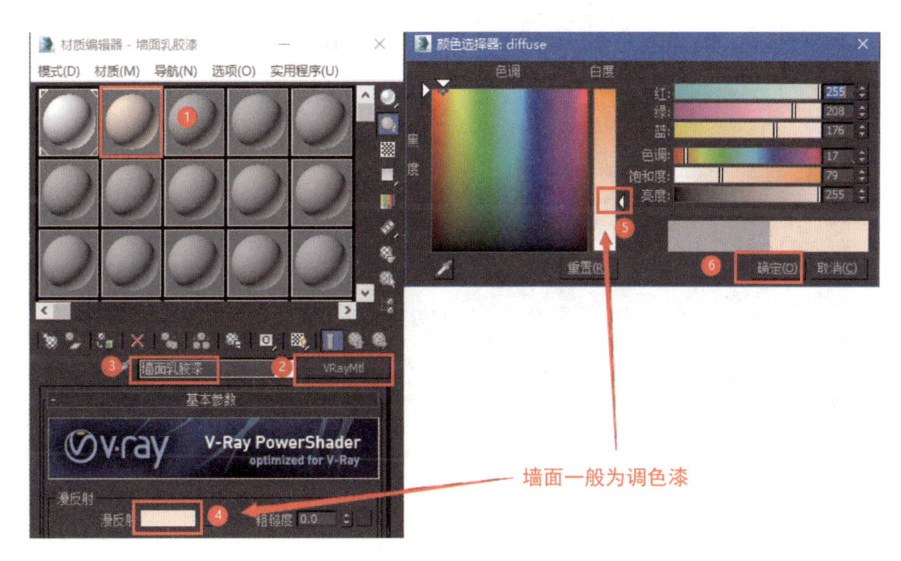

图 3-114　建立墙体材质

选择【反射】【颜色选择器】，拖动调整【RGB】为【30 ～ 35】（调色漆带有很微弱的反射），单击高光光泽度【解锁】L，高光光泽度为【0.54】，反射光泽度为【0.72】，细分为【25 ～ 30】（墙面、顶面这种大面积模型材质加大细分后，可减少渲染黑斑问题），如图 3-115 所示，选择【墙体】模型赋予材质。

（20）窗框模型材质设置与赋予。

窗框属于哑光金属，选择新材质球，转换为【VRayMtl】材质，重命名【窗框】，漫反射【调整颜色】，单击【反射贴图设置】反射 M，弹出的对话框内【贴图类型】的【标准】展卷栏下选择【衰减 Falloff】，衰减类型下拉菜单选择【Fresnel 菲涅耳】并返回上一层级，高光光泽度调整为【0.6】，反射光泽度调整为【0.75】，细分调整为【20】，如图 3-116 所示。

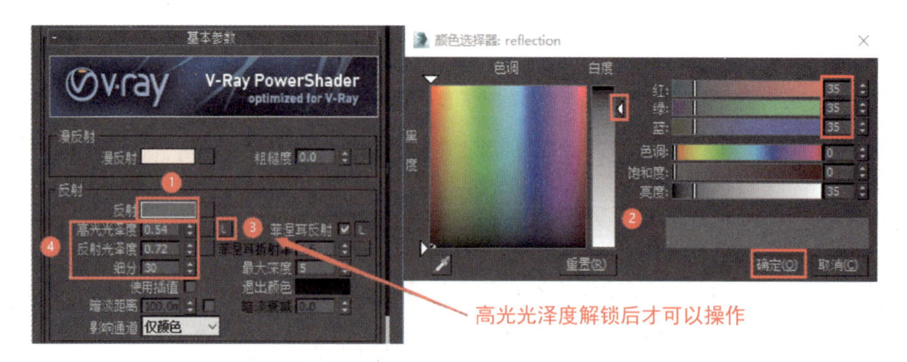

图 3-115　调整墙体材质

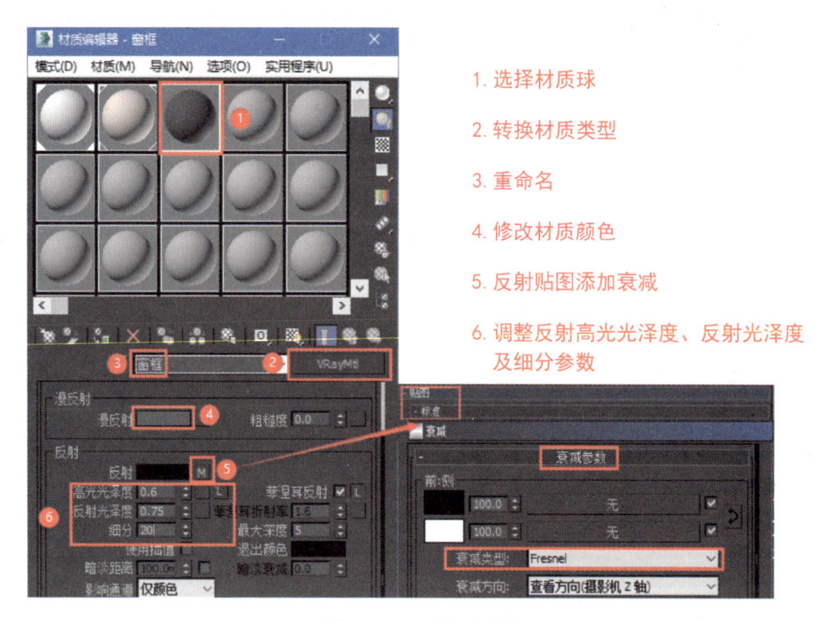

图 3-116　窗框材质

选择 3 个【窗框】模型赋予材质。

（21）踢脚板模型材质设置及赋予。

踢脚板材质选择新材质球，转换为【VRayMtl】材质，重命名【踢脚板】，计算机文件夹里找到贴图，通过窗口拖放，复制到【漫反射贴图设置】里，单击【漫反射贴图设置】，进入单击打开【视图里显示贴图】（否则视图里贴图不显示），返回上一层级，如图 3-117 所示。

单击【反射贴图设置】，在弹出的对话框内【标准】贴图类型里选择【衰减 Falloff】，【衰减类型】下拉菜单选择【Fresnel 菲涅耳】，折射率为【1.9】，单击返回上一层级按钮，调整【高光光泽度】数值为【0.9】，【反射光泽度】数值为【0.95】，不勾选【菲涅尔反射】选项，如图 3-118 所示。

选择【踢脚板】模型赋予材质。

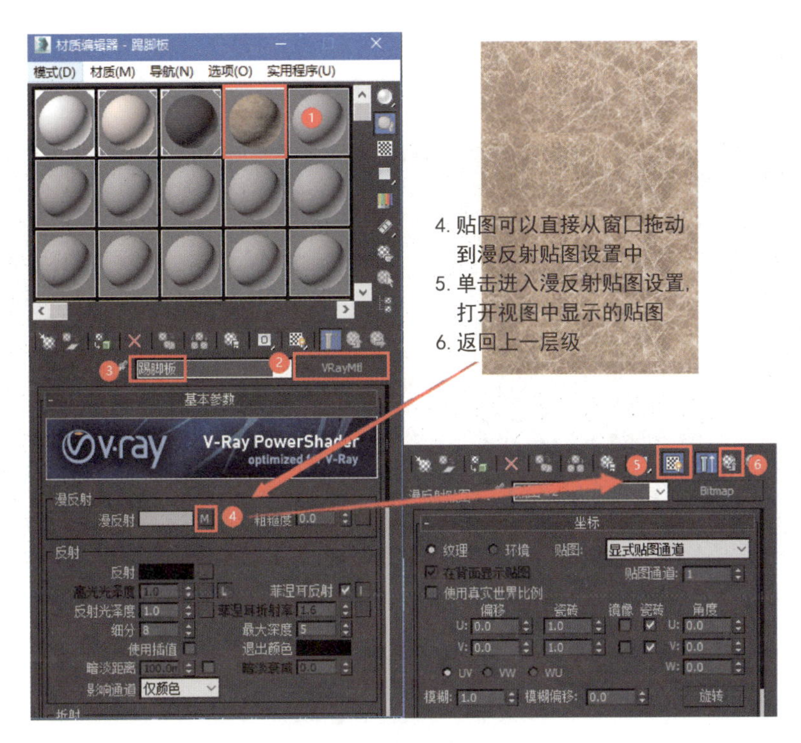

图 3-117 踢脚板贴图材质

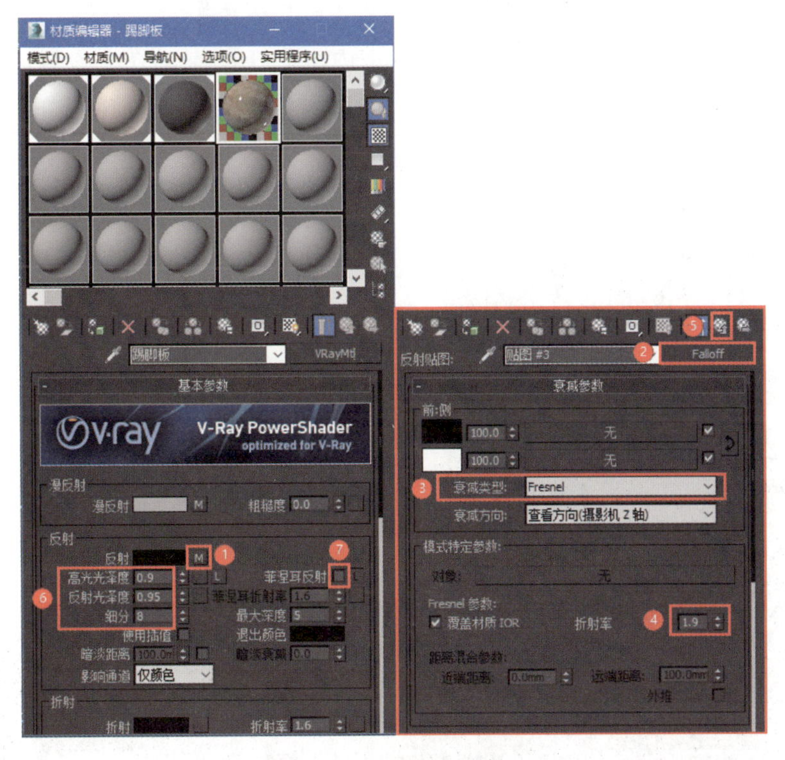

图 3-118 踢脚板反射设置

此时发现材质赋予【踢脚板】后看不到贴图纹理样式，这是因为【踢脚板】模型没有调整贴图坐标，选中【踢脚板】模型，在【修改】面板的【修改器列表】下拉列表中添加【UVW 贴图】，在参数展卷栏中选择【长方体】，对齐模式单击【适配】，调整长、宽、高的尺寸，分别设置为【1000.0mm】【1000.0mm】【1000.0mm】(踢脚板可以用 1m × 1m 的成品砖来改)，如图 3-119 所示。

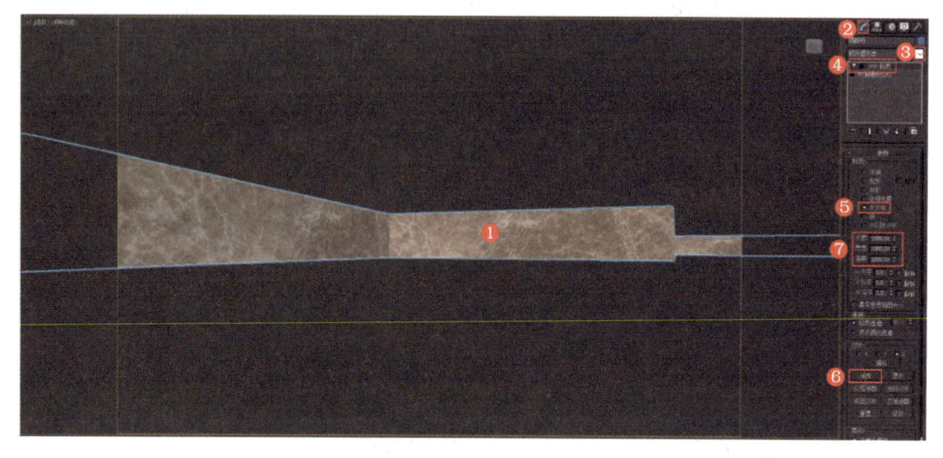

图 3-119　踢脚板 UVW 贴图设置

（22）背景墙模型材质设置及赋予。

背景墙饰面木质材料选择新材质球，转换为【V-Ray】材质，重命名为【饰面木质材料】，贴图通过窗口拖动复制到【漫反射贴图设置】 里，单击【漫反射贴图设置】，进入打开【视图里显示贴图】，单击返回上一层级 按钮，单击【反射颜色设置】 ，在弹出的【颜色选择器】对话框内将【红绿蓝 RGB】设置或拖动到【30】左右，【高光光泽度】调整为【0.6】，【反射光泽度】调整为【0.8】，【细分】数值为【8】，不勾选【菲涅尔反射】，如图 3-120 所示。

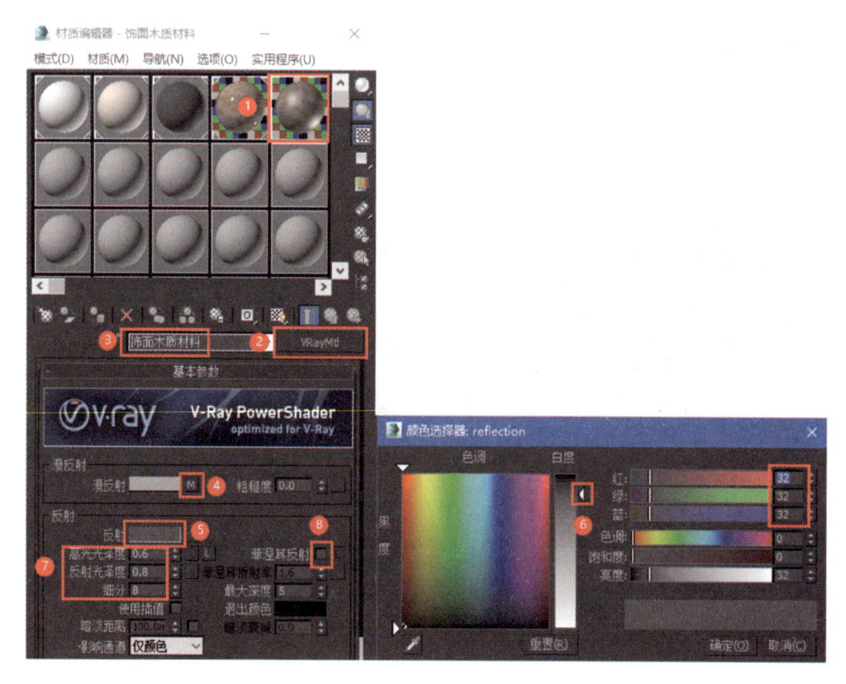

图 3-120　饰面木质材料材质设置

选择背景墙两边的【装饰框架】和【电视墙饰面板】模型赋予材质。

选择背景墙两边的【装饰框架】和【电视墙饰面板】模型，在【修改】面板中的【修改器列表】下拉菜单中添加【UVW 贴图】，选择【长方体】，单击【适配】按钮，完成饰面木质模型 UVW 贴图的调整，如图 3-121 所示。

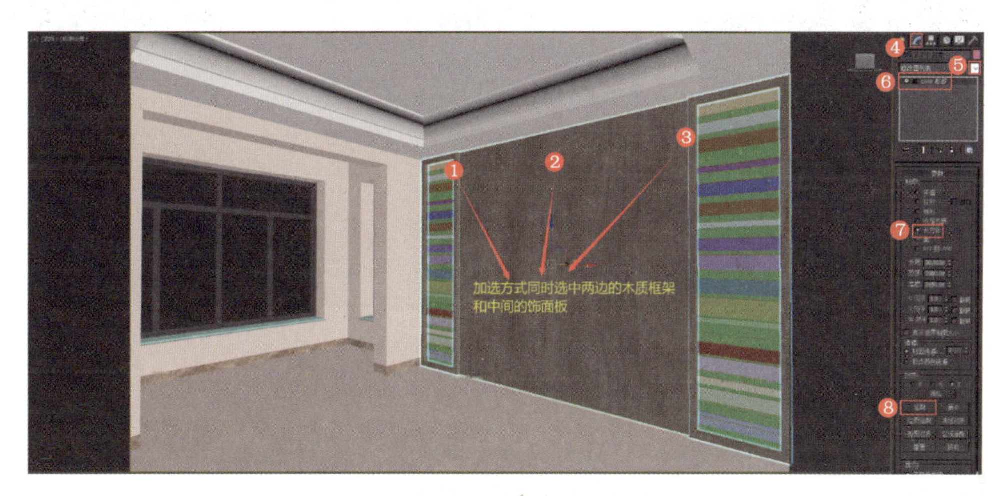

图 3-121　饰面木质模型 UVW 贴图调整

单击【按名称选择】图标，在【从场景选择】对话框中选择两边的【装饰栅格】和【框架打底背板】，按 M 键打开【材质编辑器】，选择【白色乳胶漆】材质赋予模型材质，如图 3-122 所示。

图 3-122　装饰栅格、打底背板材质赋予

将电视背景墙的所有构件选中，在【组】菜单中单击【成组】按钮，将组重命名为【电视背景墙】后单击【确定】按钮，方便后期的选择及操作，如图 3-123 所示。

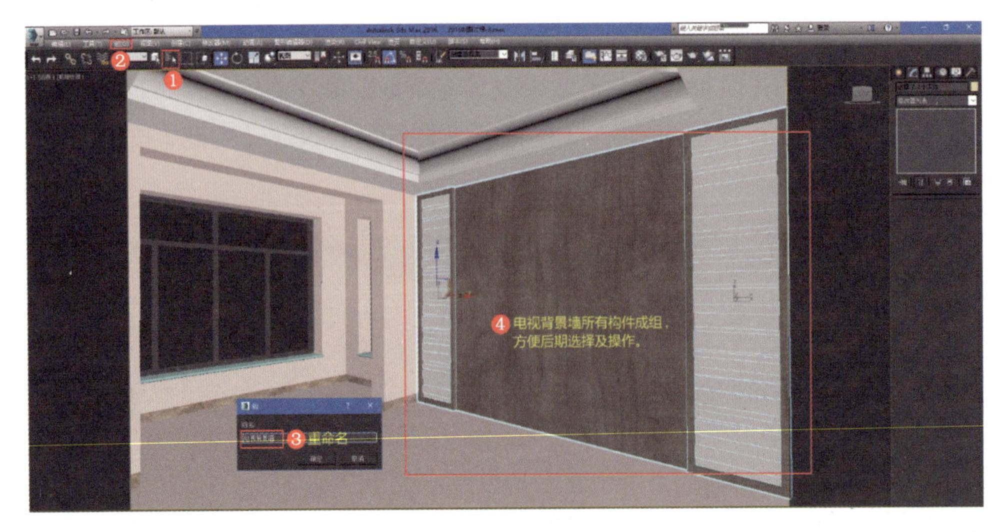

图 3-123　背景墙构件成组

（23）窗台板模型材质设置及赋予。

将 3 个窗的窗台板同时选中，按 M 键打开【材质编辑器】，选择【饰面木质材料】材质赋予 3 块窗台板，在【修改器列表】中添加【UVW 贴图】，选择【长方体】，单击【适配】按钮，如图 3-124 所示，完成窗台板模型的材质。

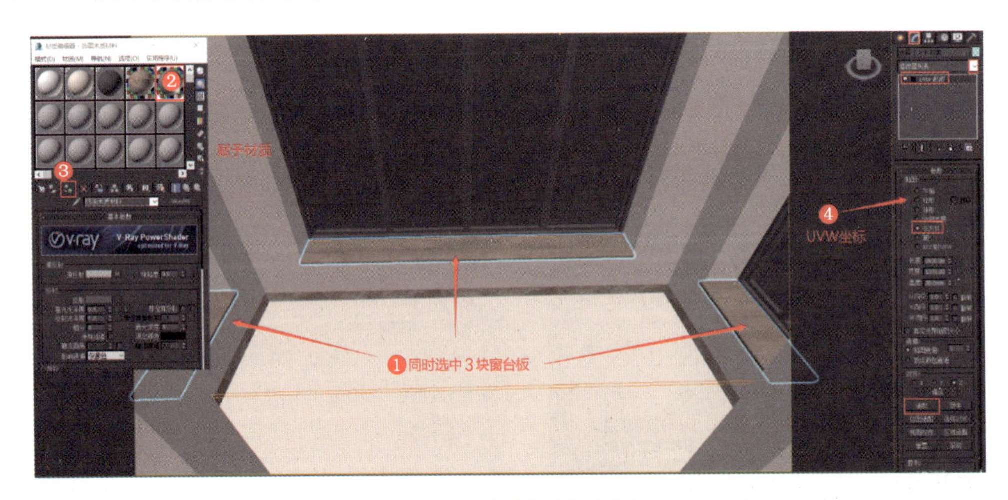

图 3-124　窗台板赋予材质

（24）窗户配景模型材质设置及赋予。

将【材质编辑器】类型转换为【VR-灯光材质】，【重命名】为【室外景】，【颜色】调整为【黑色】，发光度参数调整为【2.0】，拖动添加风景贴图，赋予模型材质，在【修改器列表】中添加【UVW 贴图】，选择【长方体】，单击【适配】按钮，如图 3-125 所示，即可完成窗户

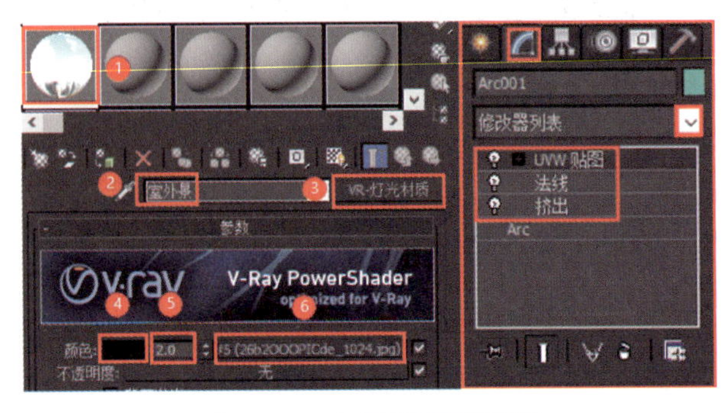

图 3-125　窗户配景贴图设置

外配景材质制作。

按 C 键转到【摄影机】视图，观察、移动调整室外配景模型位置，模拟高层效果，如图 3-126 所示。

图 3-126　窗户配景观察

3. 地面部分制作

地面按照实际的施工过程在最后阶段施工，制图过程也是按这个顺序，这样方便观察及修改。

（1）选中【墙体】模型，在【修改】面板内使用【多边形】选中地平面部分，选择【编辑几何体】内的【分离】命令，在弹出的对话框内重命名为【地面】，完成后单击【确定】按钮，地面制作完成，如图 3-127 所示。

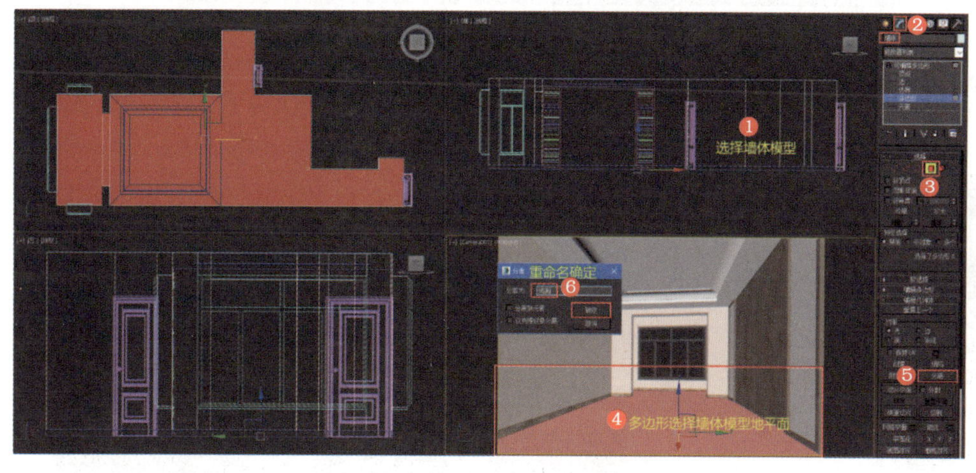

图 3-127　地面分离制作

教学视频：
硬装制作–
地面部分

经验

在没有造型等特殊要求的情况下，地面不需要专门建模，直接使用贴图方式可以有效地提高制图效率。

（2）地面材质和踢脚板材质一样，也是石材瓷砖。按快捷键 M 打开【材质编辑器】，使用光标将【踢脚板】材质球拖动到一个新材质球上进行【复制】，重命名为【地面砖】，单击【漫反射贴图设置】，在计算机文件夹里找到地面砖贴图，使用窗口拖动方式拖动到【位图参数】展卷栏下的【位图】位置替换贴图，单击返回上一层级按钮，将材质赋予【地面】模型，如图 3-128 所示。

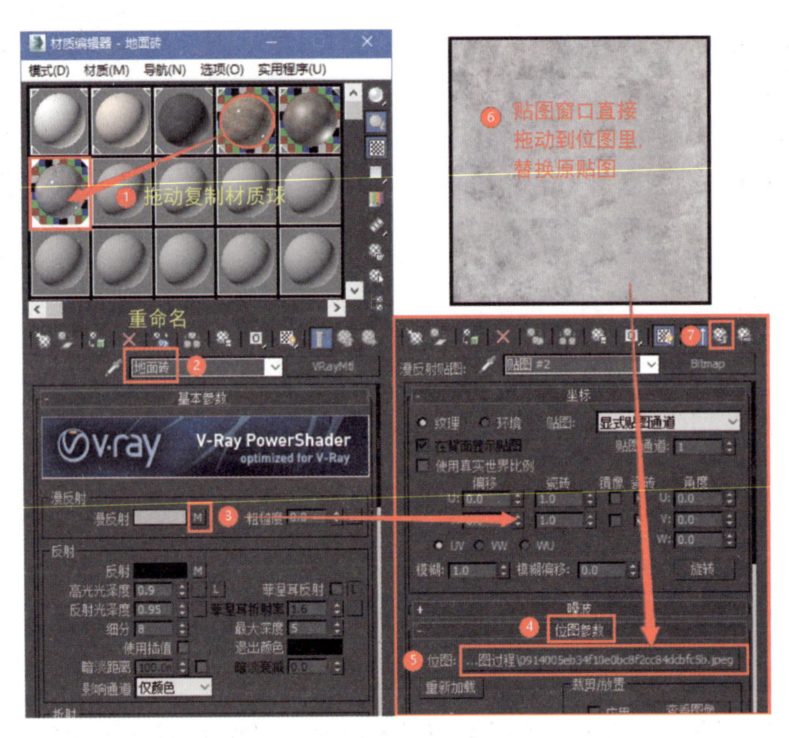

图 3-128　地面材质

选中【地面】模型，在【修改】面板的【修改器列表】中添加【UVW 贴图】，选择【长方体】，单击【适配】按钮，根据需要调整地砖尺寸，修改【长度】参数为【800.0mm】，【宽度】参数为【800.0mm】，完成地面贴图设置，如图 3-129 所示。

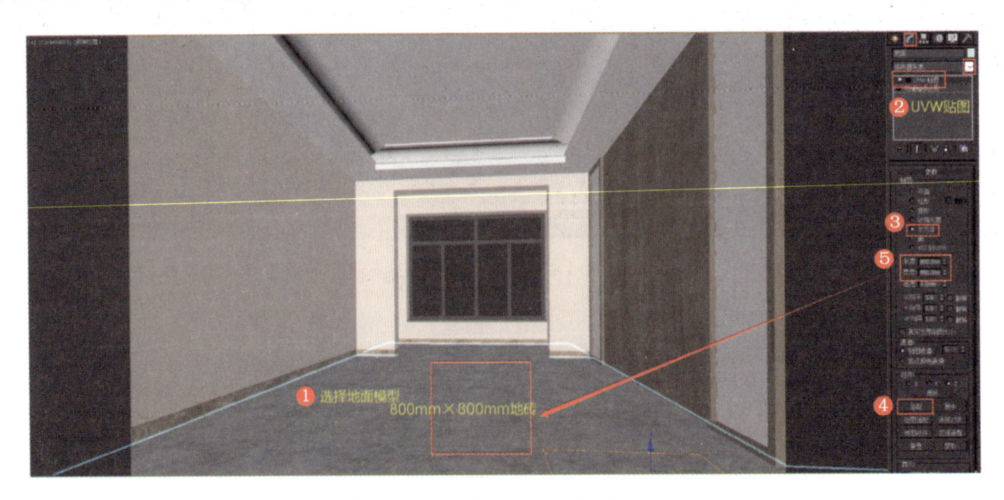

图 3-129　地面 UVW 贴图设置

4. 场景模型完善

在实际场景中，当空间硬装完成后，要按施工后剩下的空间范围和施工图纸的平面布局方案进行家具、软装元素的搭配购买放置，在效果图制作中也是同样的思路。

场景空间内的其他模型包括灯具、家具、家用电器、装饰软装等内容。这些内容实际场景中都需要购买，而不是现场制作，所以要使用一些提前制作完成的或根据风格收集好的搭配模型来使用，这一过程尽量使用【合并】命令。这样也能提高效果图制图的效率。

（1）模型的合并导入。

单击图标【文件菜单】，选择【导入】列表中的【合并】命令，在弹出的【合并文件】对话框内浏览，找到本书配套素材【家具软装模型 .max】文件，单击【打开】按钮，打开后将弹出【合并文件】对话框，将所需的几何体、图形、灯光、摄影机等内容进行挑选，单击【确定】按钮后将外部模型合并到当前场景，如图 3-130 所示。

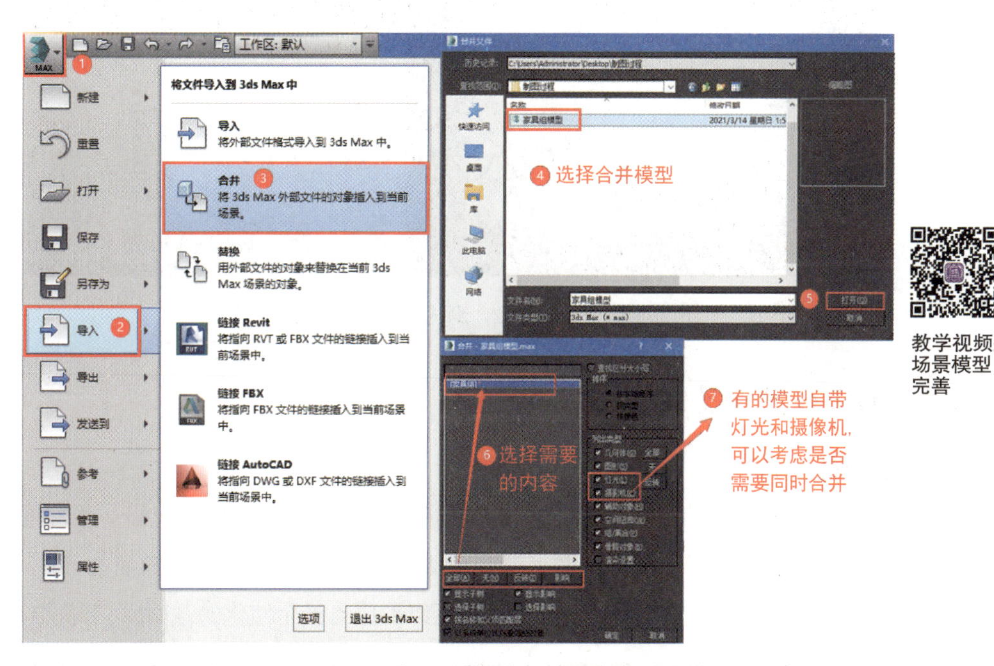

教学视频：场景模型完善

图 3-130 文件菜单导入合并模型

注意： 可以不要合并模型内的摄影机、灯光，因为不一定适合当前场景使用。本书合并模型素材内带有光源，如不需要，可以选择不合并。

还有合并到场景的外部模型文件，它的模型、贴图等资源素材内容一定要和当前场景文件在同一文件夹下，否则会造成贴图丢失的情况，如图 3-131 所示。

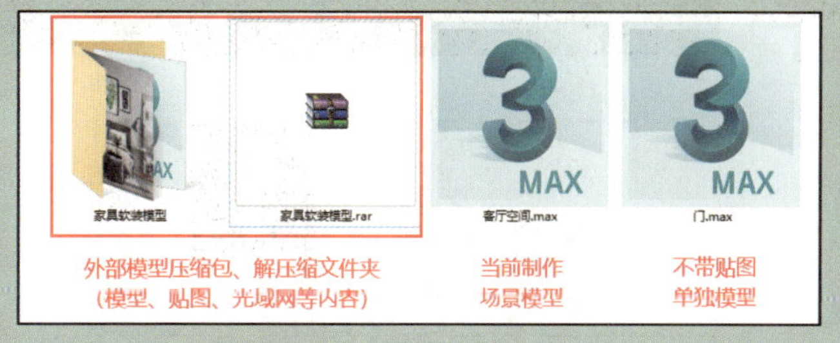

图 3-131 同文件夹放置资源素材

（2）合并到场景的模型，可以配合快捷键 Z 最大化显示选定对象，按快捷键 W 移动来观察，使用【捕捉】【移动】等方式将模型移动到空间相应位置放置。

（3）要注意检查模型的大小比例，可以通过快捷键 R【均匀缩放】来调整比例，注意尽量不要变形缩放。

（4）要学会利用【可编辑多边形】【FFD】等命令，通过点、线、面方式来修改模型的外形和长、宽、高尺寸。

（5）将合并后的模型调整到合适位置后，测试渲染检查是否有误，如图 3-132 所示。

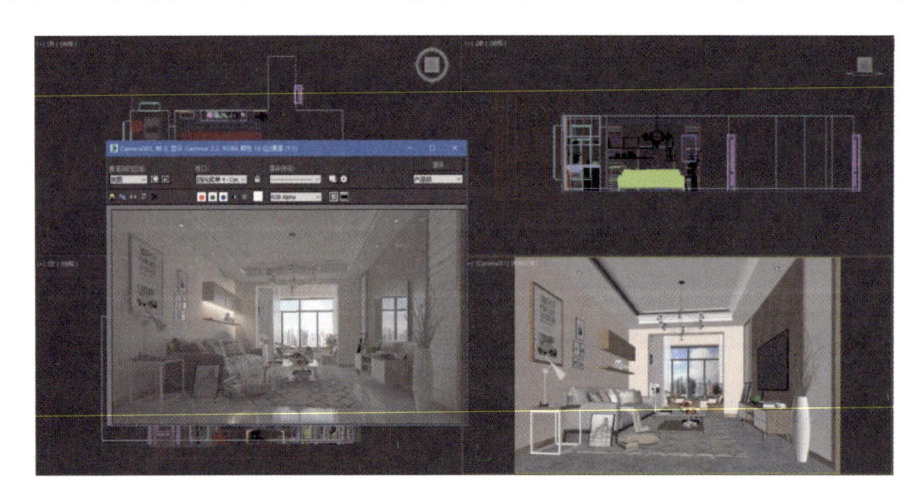

图 3-132 测试渲染检查

3.3.3 脚本在制作整体场景中的运用

1. 线条截面库

该脚本其实是简化的【扫描】操作，需要提前收集或按尺寸比例制作好一些常用截面，做成 3ds Max 格式的【截面库】图形截面，这样就算不用【脚本】，只用【扫描】，也不用临时再去 AutoCAD 里绘制，可以有效提高制图效率，也可以形成自己个性化的截面库，如图 3-133 所示。

教学视频：脚本在制作场景模型中的运用

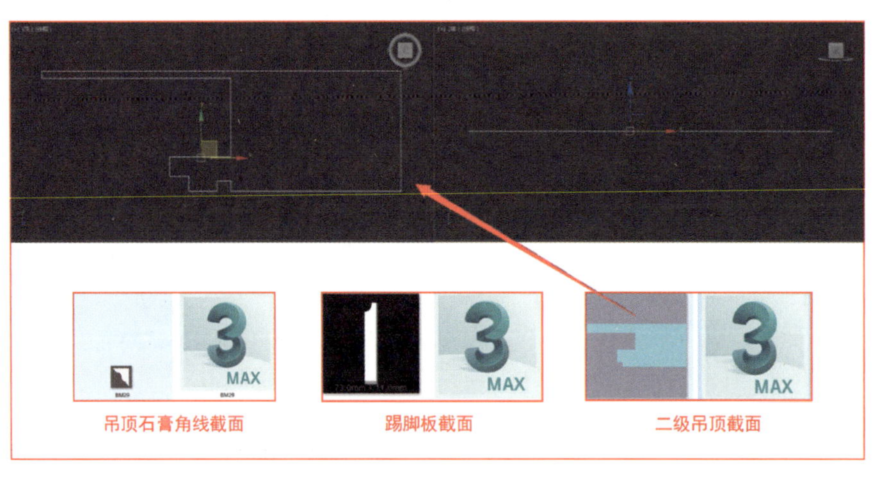

图 3-133 常用截面

该方法和【扫描】制作截面模型同理，可以绘制墙面、顶面、地面等各种截面模型。

（1）在 3ds Max 内运行【线条截面库】脚本，在【设置路径】中找到 3ds Max 做好的图形截面所在的文件夹后单击【确定】按钮，文件夹内的所有图形截面会以预览图形式出现，如图 3-134 所示。

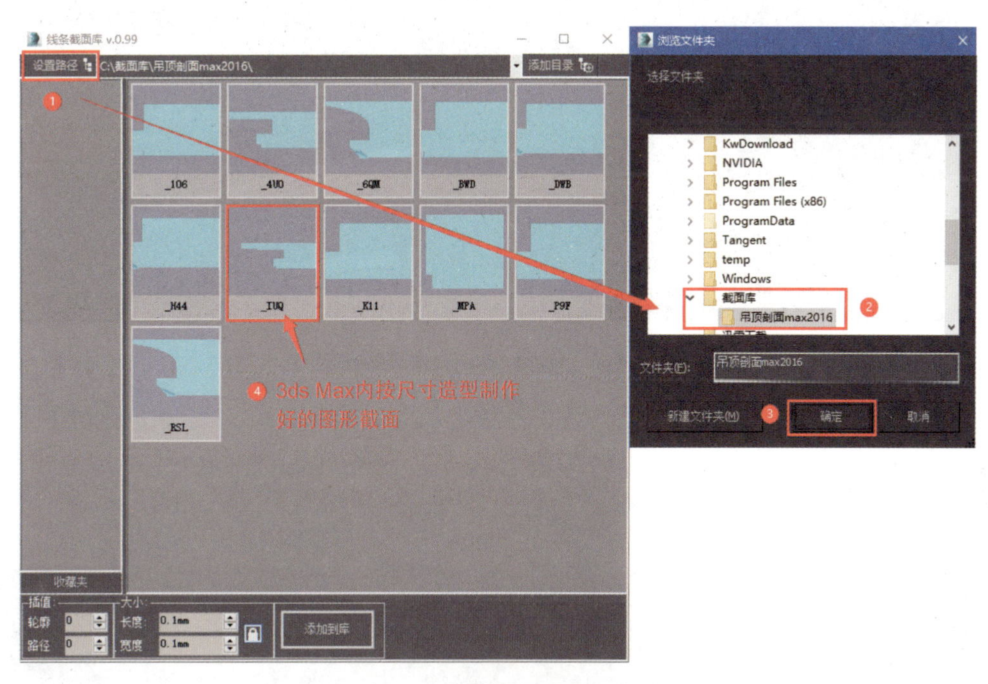

图 3-134 截面库脚本路径设置

（2）在建立的【空间框架】模型【平面视图】内，沿吊顶所在的位置捕捉绘制【矩形】，并选中绘制的矩形图形，在截面库脚本预览图中双击所需造型【截面】生成模型，如图 3-135 所示。

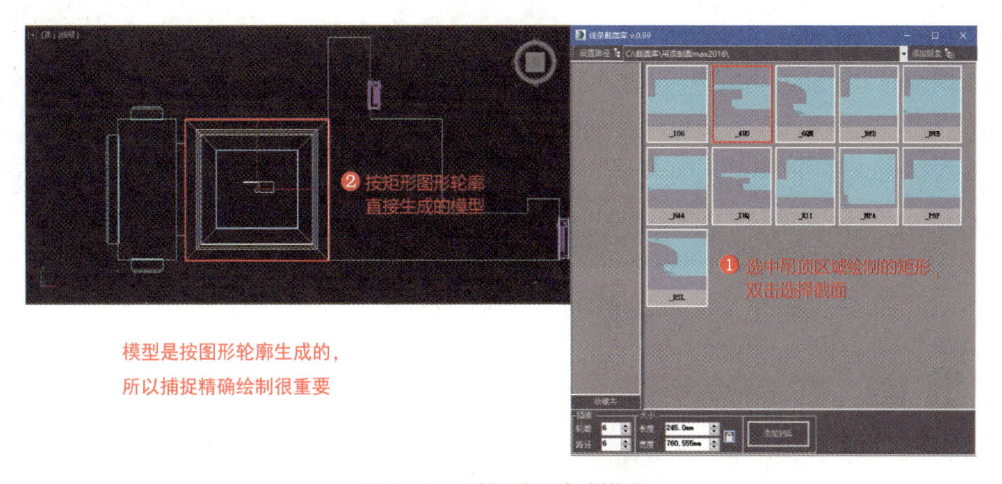

图 3-135 选择截面生成模型

（3）生成的模型会附带一个【截面图形】，该图形已自动添加【X 变换】命令，当发现生成模型的内外面反了，可以选择【截面图形】，在【修改】面板内激活【X 变换】下的【Gizmo】，进行【前视图】沿轴【旋转】方式，调整左右、上下，如图 3-136 所示。

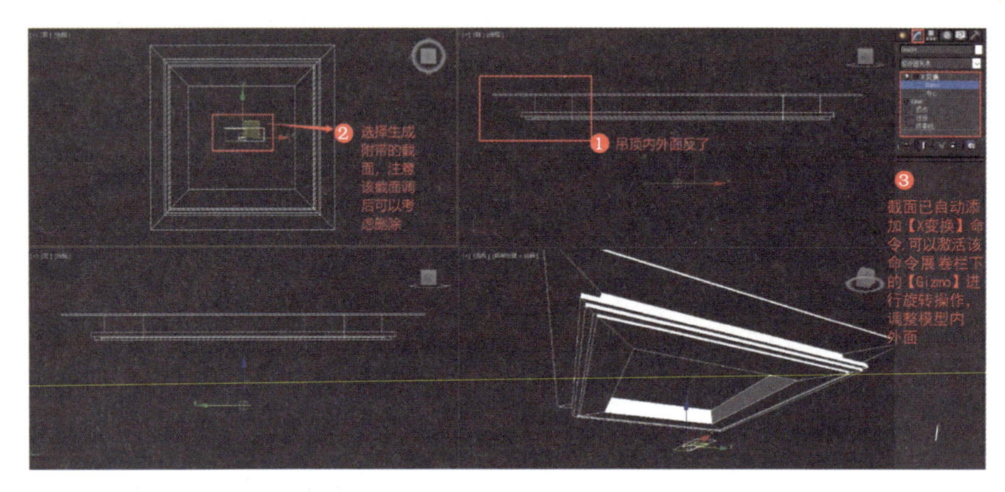

图 3-136 Gizmo 调整模型截面方向

（4）【旋转】调整方向后关闭激活的【Gizmo】，选择模型，配合【移动】工具捕捉移动或者在 Z 轴坐标系统直接输入窗台高度【2800.0mm】层高数值与顶面对齐，如图 3-137 所示。

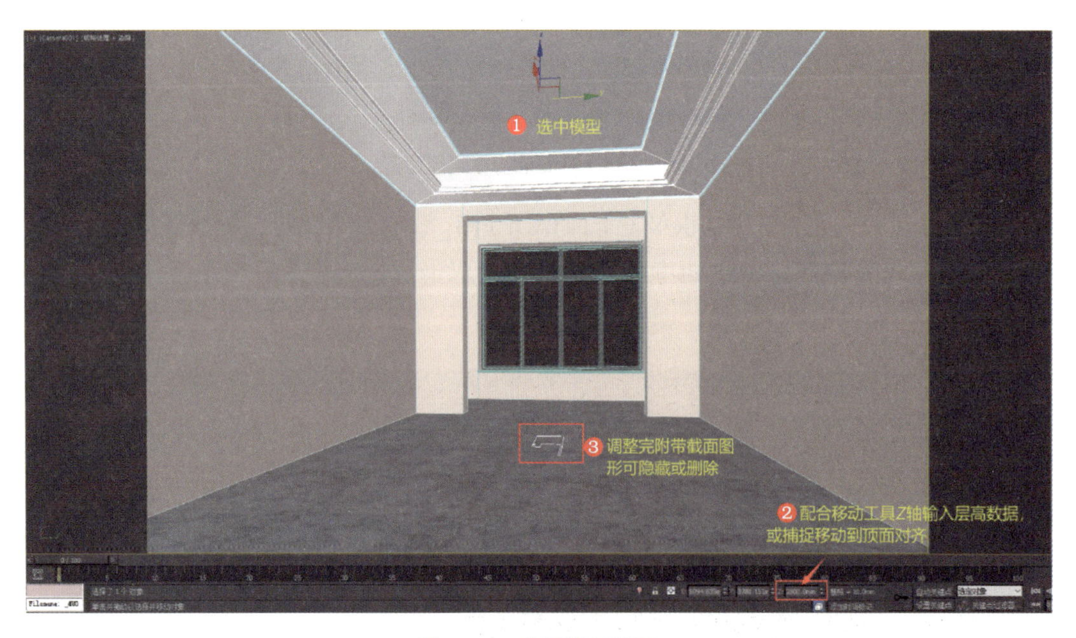

图 3-137 调整模型位置

造型踢脚线或石膏角线也是同理，可以参考吊顶的常规制作方式，通过绘制【图形】外形，使用【样条线】【扫描】【X 变换】等完成，或者利用脚本生成模型，两种方式可以使用不同图形选择不同的截面多加练习，提高自己的制图水平。

2. 场景清理器

在制图过程中发现 3ds Max 存在存储变慢、操作卡顿的情况，这是由于建模、合并、材质贴图制作等操作时产生了缓存垃圾，按常规操作需要在 3ds Max 中输入代码，清理多维材质等方法进行清理，这样比较烦琐也未必能达到预期的效果。可以使用脚本进行清理，一键即可完成，非常方便。

在场景中运行【场景清理器】脚本，单击【开始清理】按钮即可完成所有缓存垃圾清理。这时清理后发现有些模型的贴图变成黑色不显示状态，只需要单击【渲染】图标 或者直接使用快捷键 Shift+Q 重新渲染一次，渲染完毕就可以恢复查看贴图了，如图 3-138 所示。

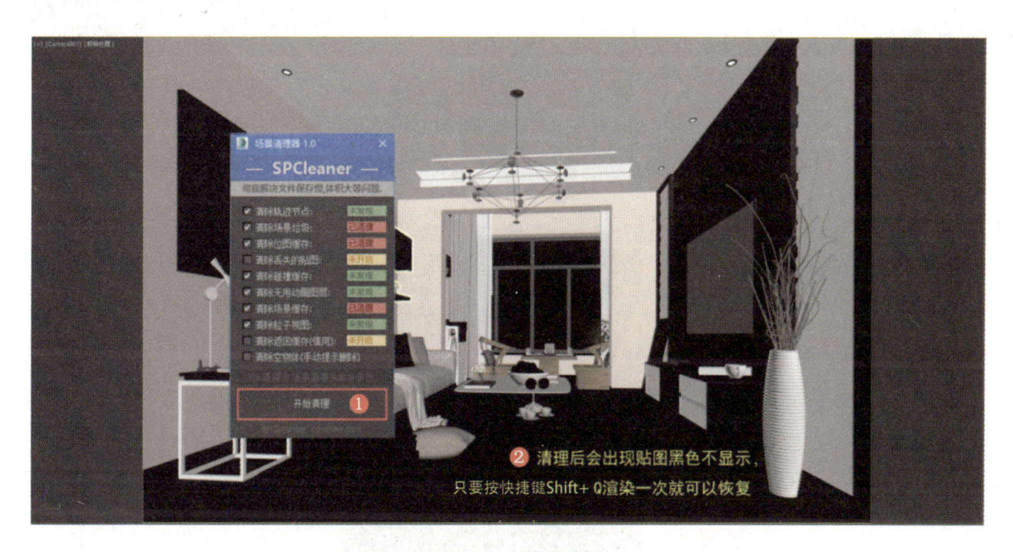

图 3-138 脚本清理

为保证在制图过程中的流畅，建议操作一段时间就清理一下，这样清理完成后存储和操作不再卡顿。

3. 地板生成器

在地面、墙面制图过程中有时需要建立带有立体分缝线的地面，以提升近镜头拍摄的模型细节。例如：卫生间、厨房的墙地砖，如果使用常规【可编辑多边形】方式一块块去拼接建立会比较烦琐，这时可以利用脚本一键快速生成，方便随时更新调整。

（1）本项目实例中，没有需要特别表现贴砖的部分，暂时使用创建【平面】方式在平面和立面建立两块【平面】模拟一个【3m×3m】的小型场景进行介绍，在【修改】面板中调整参数,【长度】【宽度】参数值均为【3000.0mm】,【长度分段】【宽度分段】均设置为【1】,捕捉移动，将长、宽位置对齐，如图 3-139 所示。

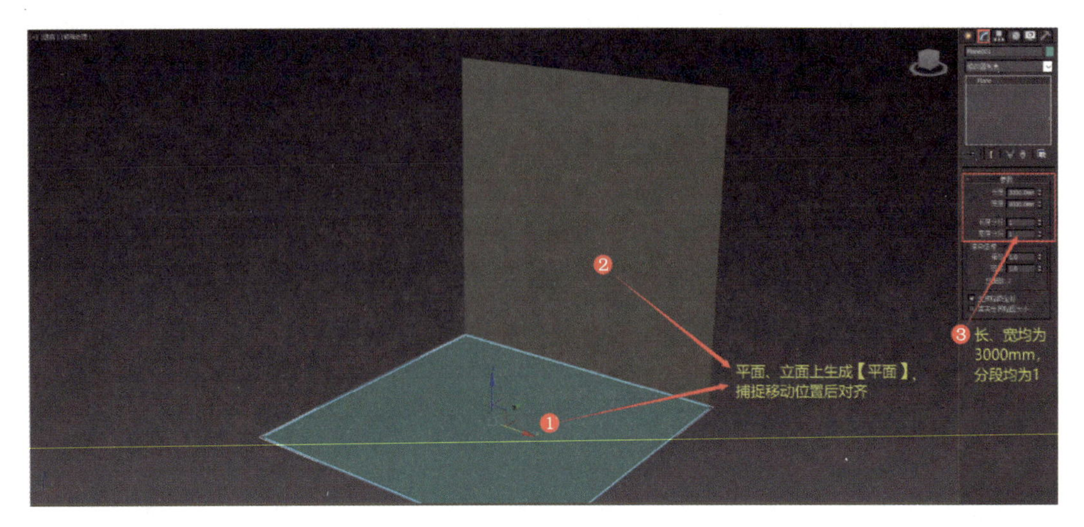

图 3-139　建立模拟场景

（2）场景内运行【地板生成器】脚本，设置及参数如图 3-140 所示。

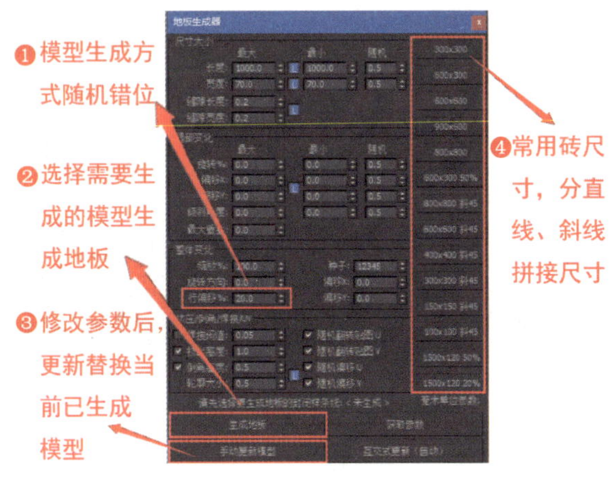

图 3-140　地板生成器界面

（3）这里场景模拟为地面【300mm×300mm】地砖、墙面【600mm×300mm】墙砖。先选中【地面模型】，在【尺寸大小】区域选择砖尺寸为【300mm×300mm】，设置砖【厚度】，普通砖一般为 9mm，设置【分缝线】间隙，一般砖之间的分缝线为 2mm；在【整体变化】区域中，【偏移】参数值设为【0.0】，单击【生成地板】按钮，得到带有分缝线厚度的模型，如果需要修改尺寸等内容，修改后选中模型，单击【手动更新模型】按钮，如图 3-141 所示。

（4）使用同样的方式在立面生成墙砖。操作完后会发现出现了错误，大小、生成方位都不对，这是因为该脚本只能生成地平面上的模型。

生成墙砖建议先在平面视图绘制模型，生成平面砖后再使用旋转 90° 的方式来制作墙砖，如图 3-142 所示。操作完成后要删除原模型，保留生成后的模型，避免造成模型重叠。

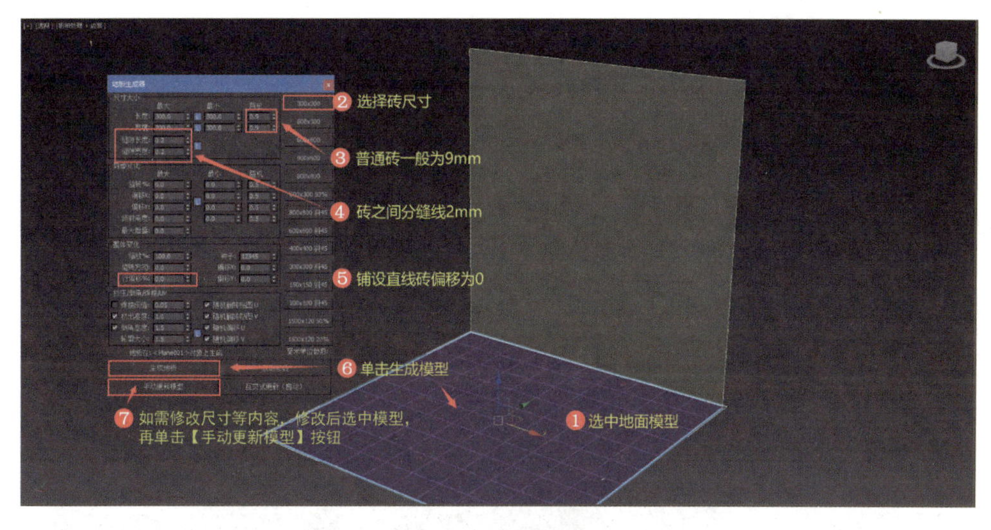

图 3-141　生成地板

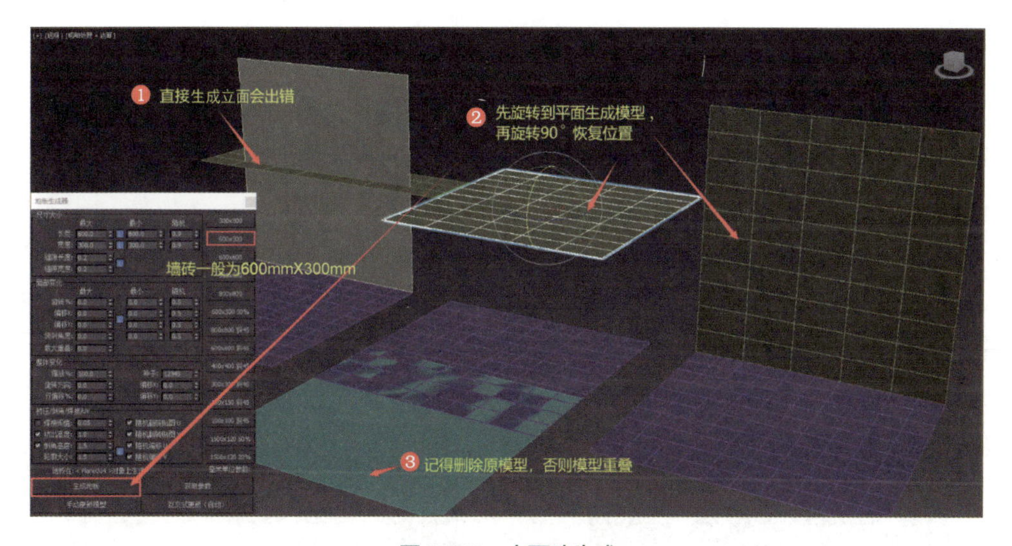

图 3-142　立面砖生成

4. 复制粘贴

在 3ds Max 中最麻烦的就是制作或收集后的模型不能像 AutoCAD 一样，直接在两个窗口间切换复制到当前场景中直接使用，必须使用【导入】【合并】方式，不能很好地随时调用模型，此时就可以利用专门的脚本来解决这个问题。

注意：外部模型、材质贴图要和场景文件放在同一文件夹。

（1）【复制粘贴】脚本的功能，和导入合并操作比较相似。就是为了能使 3ds Max 两个窗口之间进行模型、材质贴图、灯光、摄影机等进行直接复制，但是要注意双开两个 3ds Max，并且版本必须相同，在两个 3ds Max 场景里都打开该脚本，如图 3-143 所示。

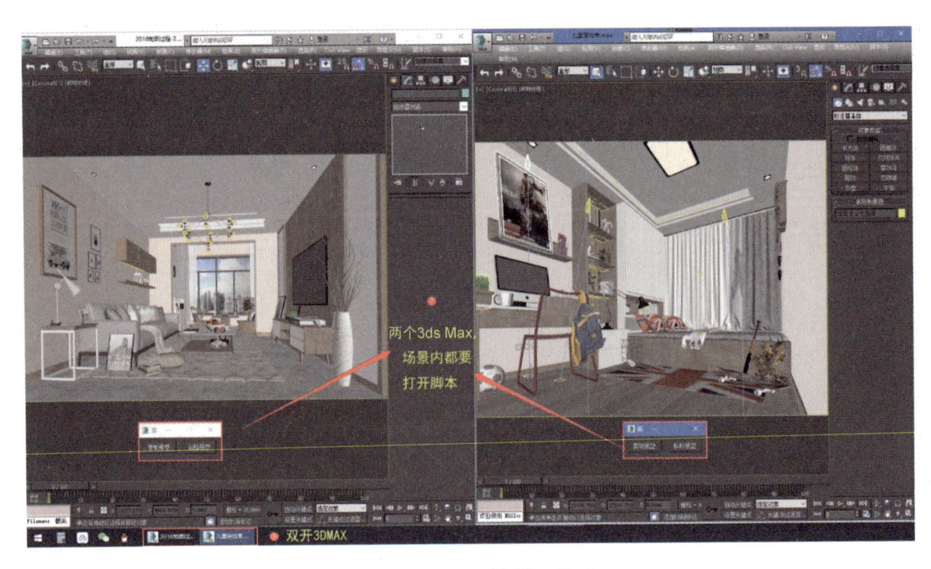

图 3-143 双开软件、脚本

（2）在场景选中需要复制的内容，先进行【孤立】检查，单击脚本【复制模型】，切换到另一个场景窗口中，单击脚本【粘贴模型】，在弹出的【重复名称】对话框内勾选【应用于所有重复情况】选项，单击【自动重命名】按钮，完成模型同属性参数、材质贴图的粘贴调用，如图 3-144 所示。

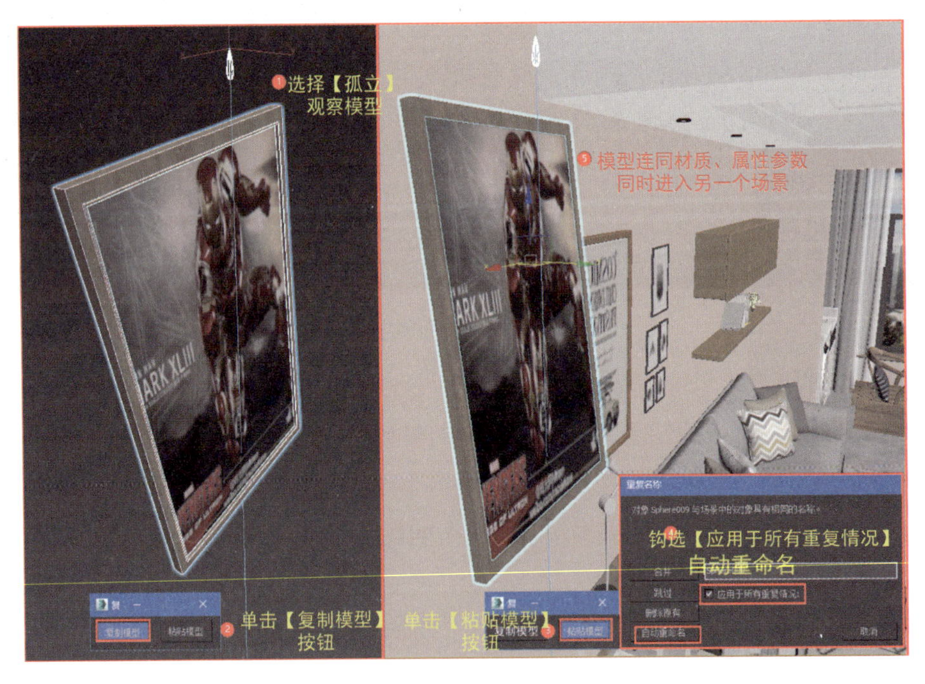

图 3-144 复制粘贴

5. 集成材质库

3ds Max 的材质调整方式多种多样，各式各样的材质属性及调整方式，有时会让人觉得比较烦琐。其实材质在调整时需要多观察、多积累经验，初期可以多借鉴一些模型里的成品材质，反复进行设置练习，后期熟练掌握后，可以使用一些脚本集成材质来提高制图速度。

（1）在 3ds Max 中运行【集成材质库】脚本，如图 3-145 所示。

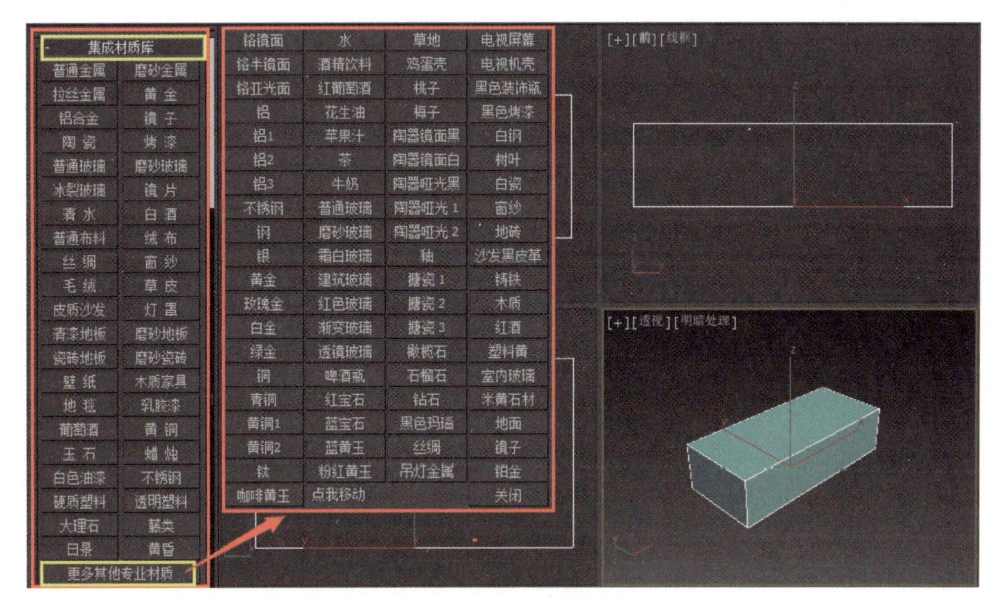

图 3-145　集成材质库

（2）按 M 键打开【材质设置】面板，选择一个【空白材质球】，然后在【集成材质库】内单击所需材质的种类，即可得到自动命名、自动转换材质类型、自动设置属性参数的材质，如图 3-146 所示。

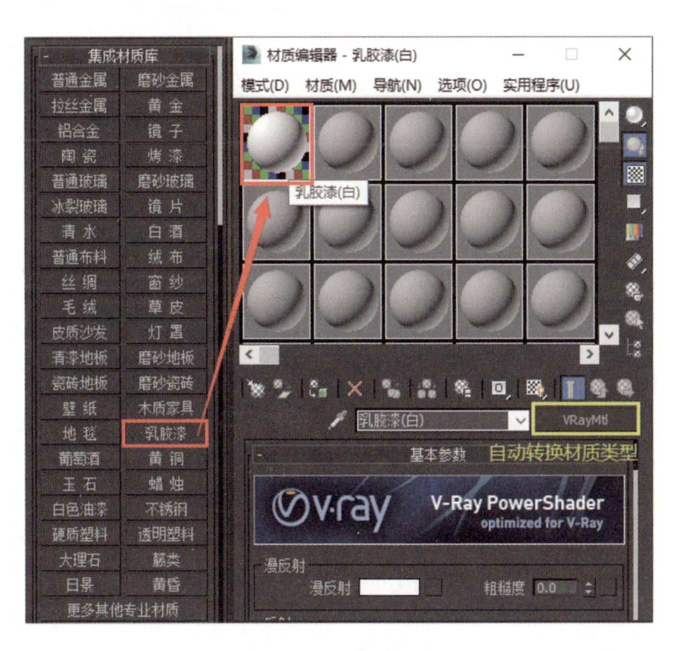

图 3-146　调用材质

（3）选择模型物体赋予材质即可。

注意：在使用集成材质库前，一定要将 V-Ray 渲染器进行安装加载，否则材质无法显示。调用的成品材质要根据已设置参数等内容多进行模拟练习。

3ds Max 的脚本功能非常强大，也很便捷，可以根据需要提前熟悉，收集准备几个常用脚本。

本任务在 3ds Max 室内场景搭建的基础上，介绍了效果图整体场景的搭建，完成三维模型的创建。完美精准的模型场景创建完成后，下一环节将进入场景的灯光及视图的渲染。

任务 3.4 3ds Max 场景灯光及渲染输出

【学习内容】

1. 人工光源的制作。
2. 自然光源的制作。
3. 图像渲染设置。
4. 脚本的使用。

【学习方法】

建议读者根据教学内容认真观摩学习，重点是跟着老师的思路进行练习，反复尝试练习，方能打牢基础。

任务 3.2 讲解的客厅空间场景带有较大面积的落地窗，而且空间进深较大，使用纯自然光源方式的话有可能造成室内模型不清晰、黑斑等问题，所以主要模拟室外自然光源及室内人工光源交替采光效果，创建过程中按光源分类、光源所在区域依次来做，要注意一般有灯具模型的位置都需要添加光源，除非模拟纯自然光源效果。

3.4.1　人工光源制作

1. 创建射灯

（1）在【工具】面板切换为【L- 灯光】选择类型，执行【创建】，选择【灯光】→【光度学】→【目标灯光】，在前视图拖动创建一盏【目标灯光】，如图 3-147 所示，将灯光【目标点】拖动到地平面以下。

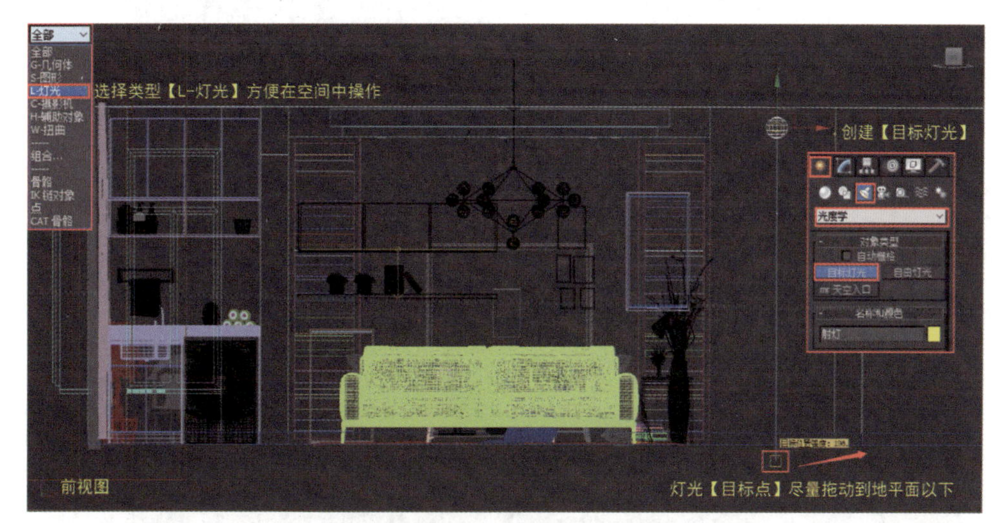

图 3-147　创建【目标灯光】

教学视频：3ds Max 场景灯光——人工光源

垂直照射灯光的目标点尽量拖动到地平面以下，实际场景中射灯是可以照射到地面的，而且尽量选择【光域网】类型也是照射到地面的样式，这样可以使受光模型交替照射，有更丰富的变化。

（2）选中【目标灯光】，在【修改】面板中重命名为【射灯】，在【常规参数】展卷栏中勾选【阴影】选项，类型为【VR- 阴影】，【灯光分布（类型）】选择【光度学 Web】，在【分布（光度学 Web）】展卷栏选择【光域网】文件（照射到地面类型），过滤颜色调整为【暖色光】，强度 cd 值为【8000】（【光域网】文件默认参数），【VRay 阴影参数 - 细分】设为【25 ～ 35】，如图 3-148 所示。

该实例使用的是本书配套素材【经典光域网，29.IES】光域网文件。

（3）选中【射灯】，移动到射灯模型位置，配合【移动工具】以【实例】方式复制到其他射灯模型所在位置，因为属于相同对象光源，一定使用【实例】方式复制，以便统一调整相同灯光参数，如图 3-149 所示。

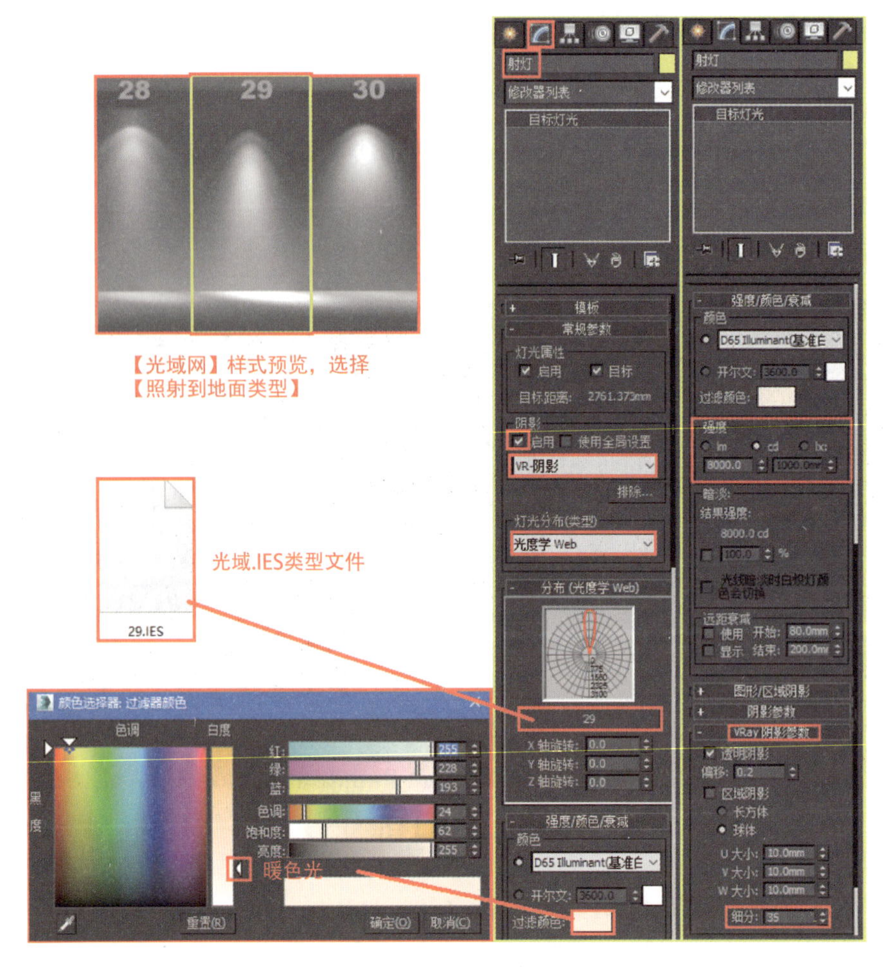

图 3-148 【目标灯光】设置参数

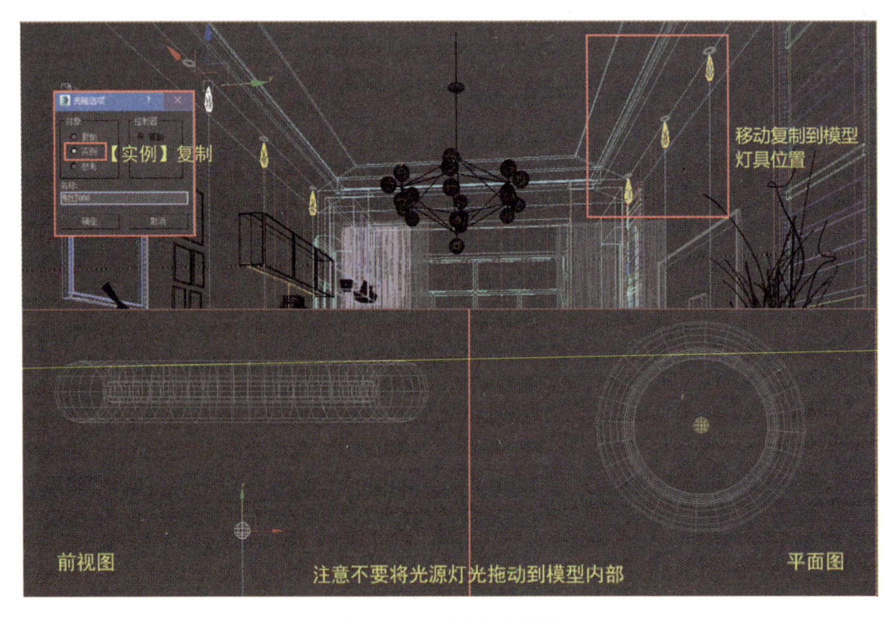

图 3-149 移动复制射灯

特别要注意灯光不要移动到模型内部，以保证可以看到灯光照明效果。选择光源移动时要同时选择灯光、目标点。

（4）进行测试渲染，发现有的次要区域没有灯光，显得效果图太过平淡，没有光线变化，如图 3-150 所示。

图 3-150 灯光测试渲染

（5）使用【实例复制】创建更多【射灯】，【射灯】属于小范围照明光源，可以在光线稍平淡且缺少变化的区域营造照明变化氛围，如图 3-151 所示。

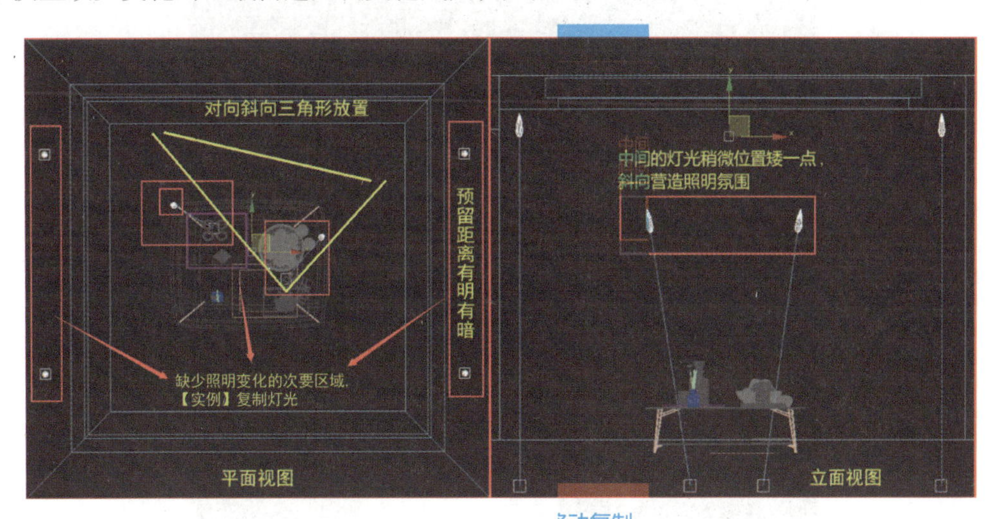

图 3-151 氛围灯移动复制

2. 创建灯带

（1）选择【吊顶】模型，执行【孤立】，单击【创建】按钮，选择 VRay 类型灯光、【VR-灯光】，在平面视图中沿吊顶灯带位置创建一盏【VR- 灯光】，在前视图中使用【镜像】工具，调整灯光上下位置，然后将其放置到灯槽位置，如图 3-152 所示。

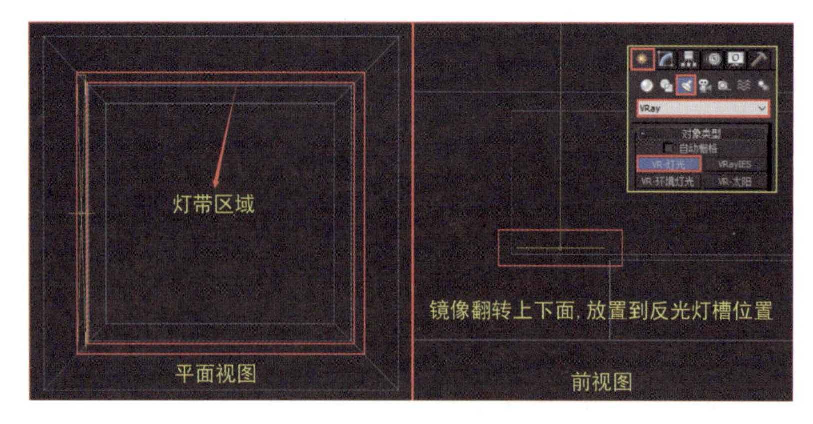

图 3-152　创建 VR 灯光

（2）选中【VR- 灯光】，在【修改】面板中【重命名】为【灯带】，在【常规】展卷栏中类型选择【平面】，强度调整倍增值为【3.0 ～ 6.0】，颜色在【颜色选择器】中，拖动选择【暖色光】，大小参数值分别调整为【长 45.0mm】【宽 1350.0mm】，在选项中勾选【投射阴影】【不可见】【影响漫反射】选项，采样细分数值设置为【25 ～ 35】。

在平面视图内复制、移动、旋转另外 3 条【灯带】到其他吊顶灯带相应位置，在此要注意，转角处灯带与灯带一定要交接放置，不交接会出现灯光断光效果，如图 3-153 所示。

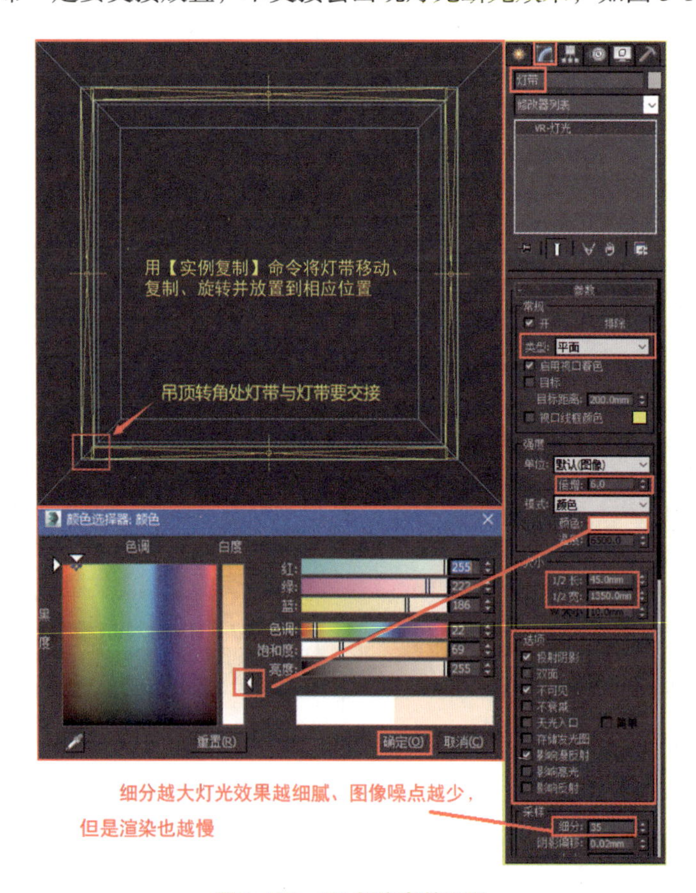

图 3-153　VR 灯光参数设置

注意：同向灯带使用【实例复制】命令，不同向灯带只能使用复制，因为吊顶的长、宽不一样。

3. 其他辅助灯光

渲染后发现场景内灯光已经足够，除灯带、射灯等固定灯光外，还有吊灯、台灯、装饰灯带等光源，但并不是所有光源都需要制作，否则场景容易曝光过度。

合并外部模型进入场景时要注意是否包含灯光，有的模型是和同灯光一起成组的，会和外部模型一起合并到场景，需要考虑是否需要保留，一般吊灯、台灯等外部模型会带有光源。这类灯光一般使用【VR- 灯光】里的【球体】类型制作，如图 3-154 所示。

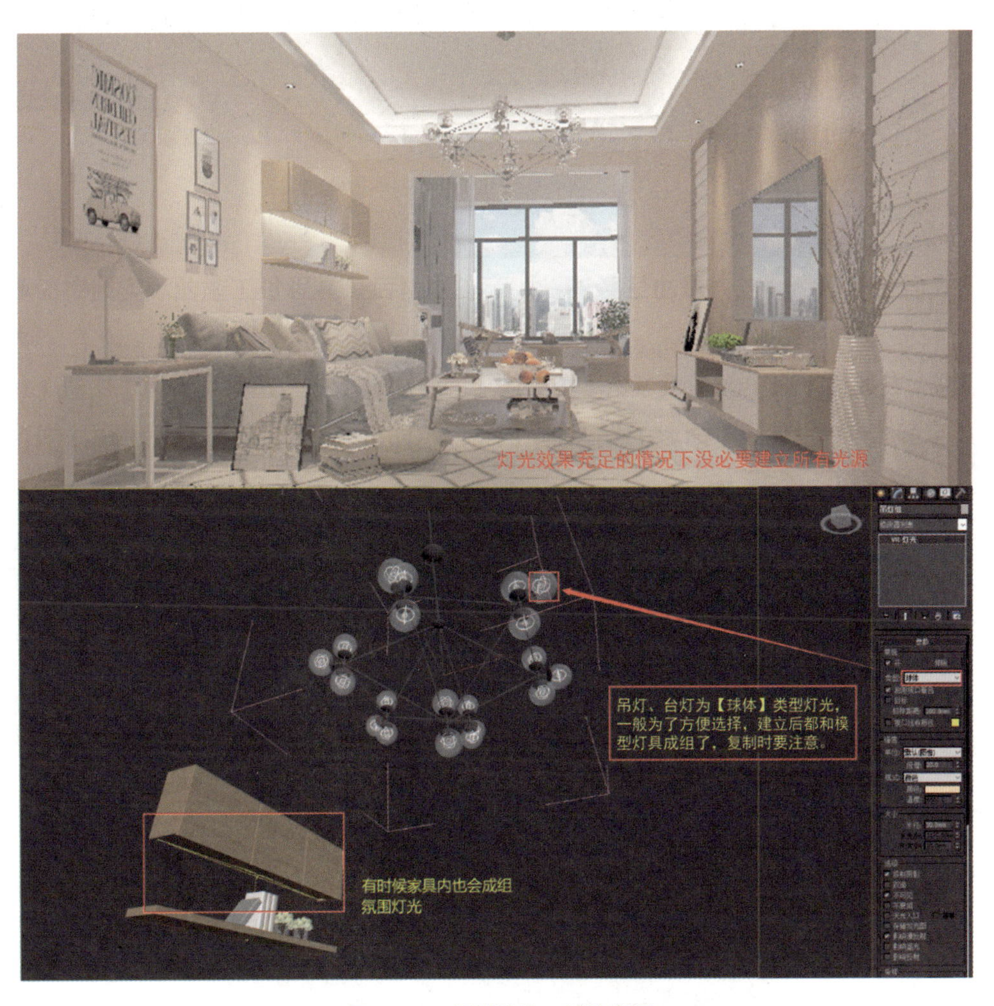

图 3-154 测试渲染、辅助光源

3.4.2 自然光源制作

1. 创建环境天光

（1）选择【墙体】和【窗框】模型，进行【孤立】，执行【创建】命令，选择【灯光】，对象类型使用平面【VR-灯光】，在前视图和左视图沿窗户位置创建平面【VR-灯光】，灯光的长宽大于窗洞，放置到贴着窗户模型的位置，如图 3-155 所示。

教学视频：3ds Max 场景灯光－自然光源

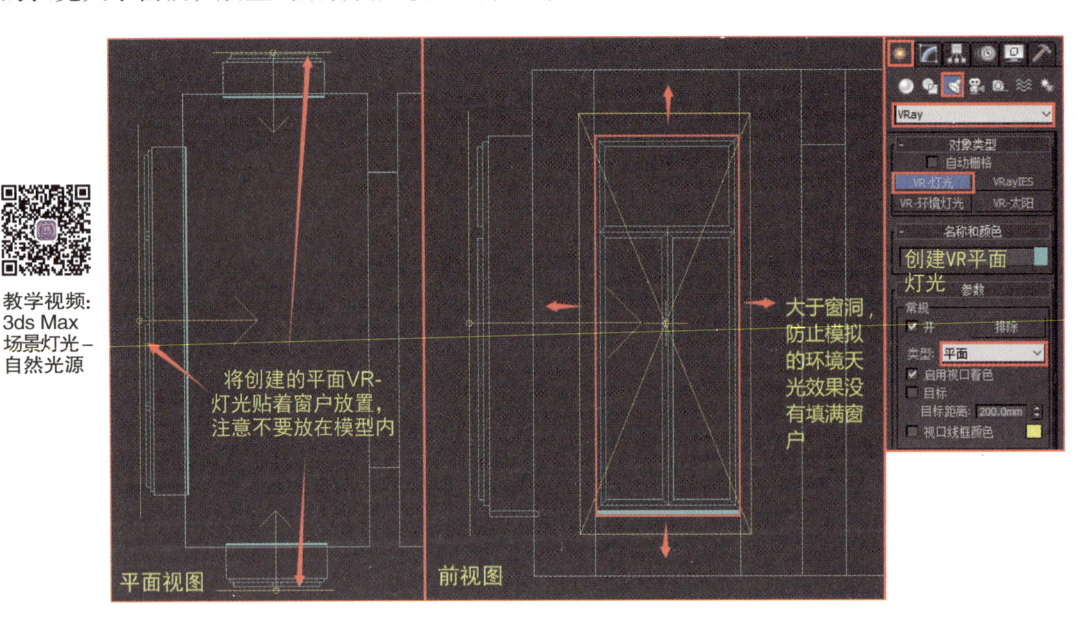

图 3-155　创建平面环境天光

（2）3 盏【VR-灯光】参数相同，在【常规】展卷栏选择类型【平面】，强度倍增【6.0】，颜色选择【冷色光】，大小尺寸保证大于或等于窗洞大小，在【选项】中勾选【投射阴影】【不可见】【影响漫反射】选项，【采样】中的【细分】数值为【25～35】，如图 3-156 所示。

图 3-156　环境光参数

室内光一般色调都比较统一，没有颜色变化，加入自然光源可以有效调整统一的效果。

2. 创建阳光

（1）选中墙、地、顶面、窗户配景模型，使用【孤立】，切换到【平面视图】，执行【创建】→【灯光】→【标准】→【目标平行光】，在平面视图中拖动创建一盏【目标平行光】，如图 3-157 所示。

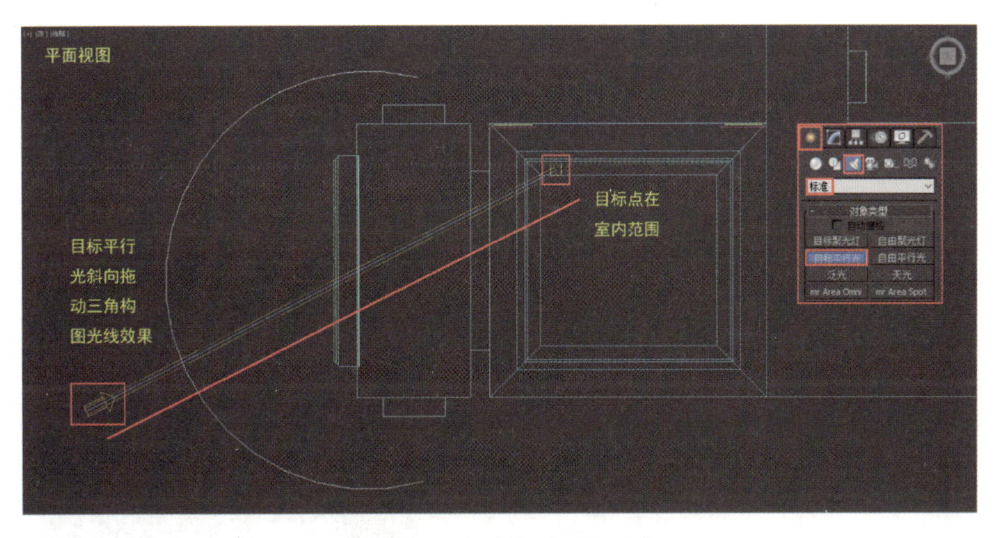

图 3-157　创建【目标平行光】

（2）选中【目标平行光】，切换到前视图，沿 Y 轴移动给出光源高度，平行光的【目标点】不动，如图 3-158 所示。

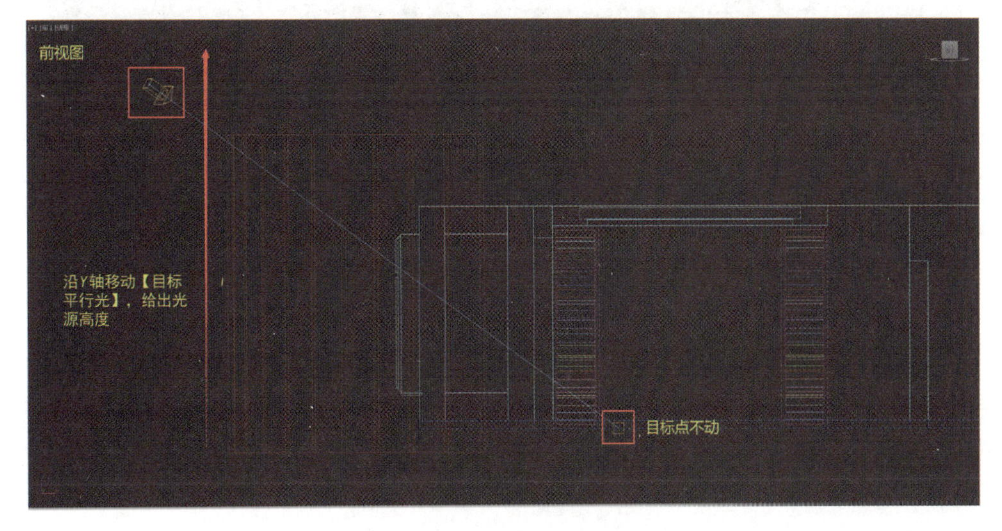

图 3-158　移动【目标平行光】

经验

在放置灯光时，记得使用斜向三角形构图法拖动灯光。尽量避免阳光效果直射进入。

（3）选中【目标平行光】，在【修改】面板中【重命名】为【太阳】，【常规参数】展卷栏【阴影】中勾选【启用】选项，类型选择【VR-阴影】，单击【排除】按钮，在弹出的对话框中将【窗户配景】模型排除，【强度颜色/衰减】中【倍增】数值调整在【3.0～6.0】，调整颜色为【暖色调】，在【平行光参数】中勾选【显示光锥】选项，类型为【矩形】（方便观察太阳照射到地面样式），对【聚光区】【衰减区】进行数值调整，一般聚光区大于或等于窗户大小，衰减区大于聚光区，【VRay阴影参数】中【细分】值调整为【25～35】，如图3-159所示。设置完毕后进行渲染观察效果。

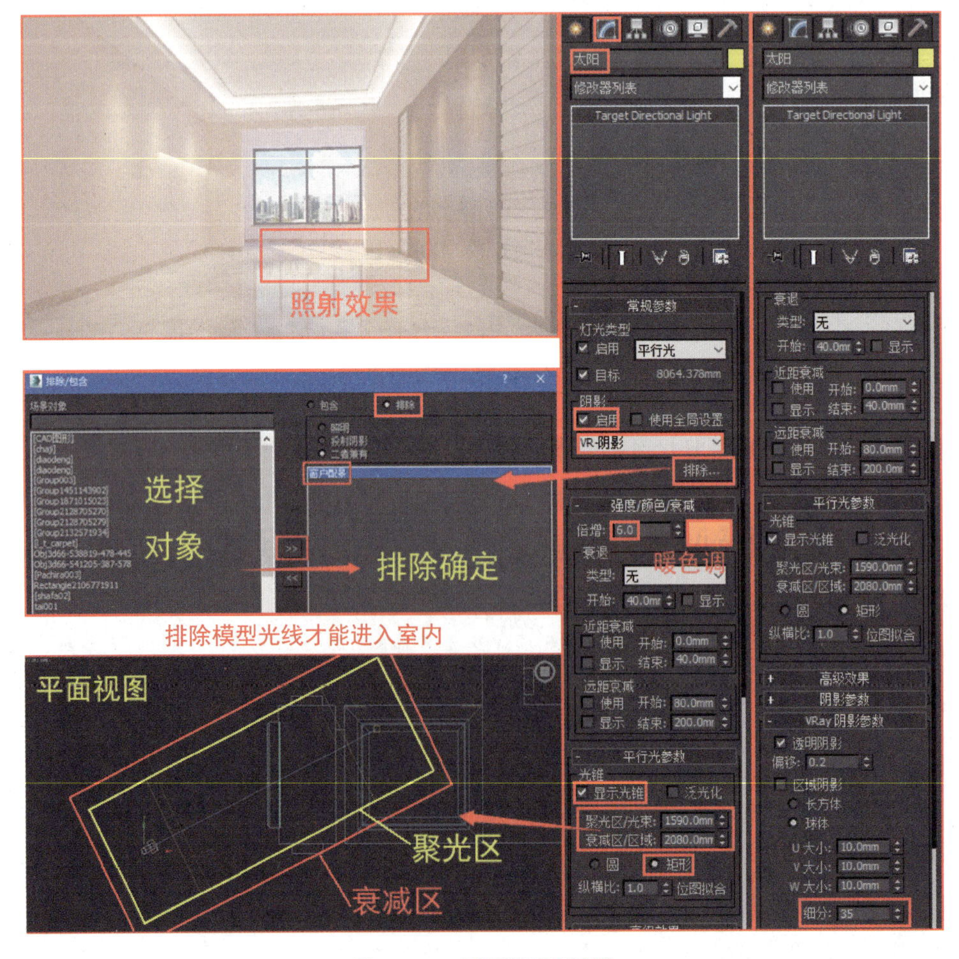

图3-159 目标平行光设置

创建完整体场景后，整体测试渲染时要注意检查模型、材质、灯光、摄像机拍摄角度等是否还需要调整，否则成品图渲染过程中再来调整不是很方便，也会降低制图的效率，检查完后使用快捷键 Shift+L、Shift+C 暂时隐藏灯光和摄像机，建议进行另存备份，以便后期调整错误时恢复起来可以方便调用备份文件。

3.4.3 成品图像渲染设置及输出图像

1. 成品图像渲染设置

由于前面已经设置过【测试渲染】，所以此部分介绍创建完成整体场景后，所进行的最终输出【成品图像渲染】设置。

（1）按快捷键 F10 打开【渲染设置】对话框，在【公用参数】展卷栏的【输出大小】中设置【宽度】参数值为【3000】，【高度】参数值为【1750】，【图像纵横比】已按之前【测试渲染】比例锁定；在【渲染输出】下单击【文件】按钮，重命名为【客厅效果图】，存储为 tif 图像文件格式，勾选【保存文件】选项，如图 3-160 所示。

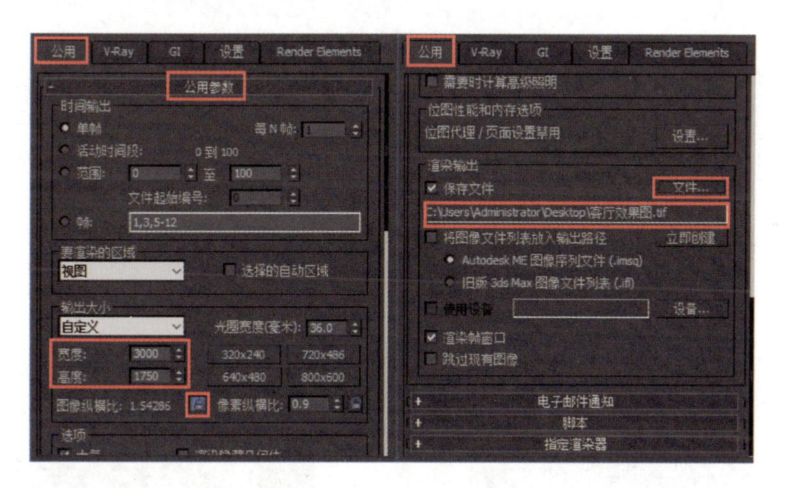

教学视频：成品图渲染及输出

图 3-160 公用参数设置

一般出图打印 A3 号图，渲染最小出图尺寸为 2000 像素 ×1500 像素，这里按 A1 号图渲染最小出图尺寸 3200 像素 ×2400 像素范围出图，可以保证出图精度。在锁定图像纵横比的情况下，只需输入宽度尺寸确定，高度尺寸就会自动更改。出图格式一般为 TGA、TIF 格式，这样设置使图像损失最小。

（2）V-Ray 内置【帧缓冲区】，不勾选【启用内置帧缓冲区】选项，如图 3-161 所示。

在【全局开关[无名汉化]】中，不勾选【概率灯光】选项，其他参数保持默认不变，如图 3-162 所示。

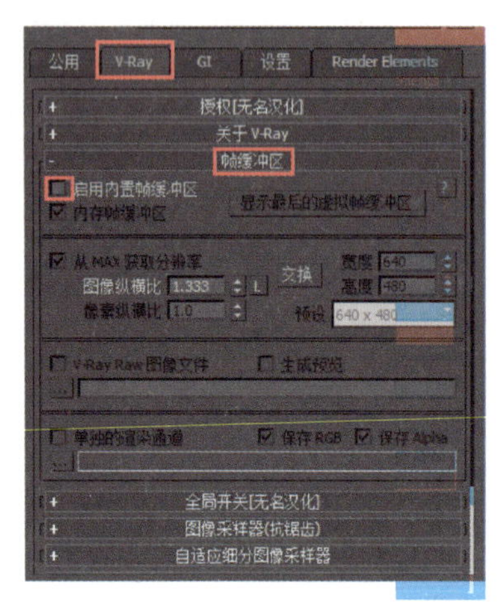

图 3-161　帧缓冲区设置

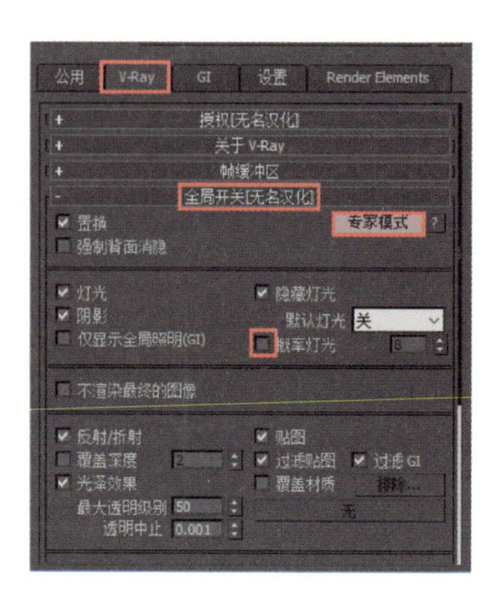

图 3-162　全局开关设置

（3）在【图像采样器（抗锯齿）】中【类型】设置为【自适应细分】，勾选【图像过滤器】选项，【过滤器】类型为 VRayLanczosFilter，如图 3-163 所示。

常见的过滤器 Catmull-Rom 和 Mitchell-Netravali，图像物体边缘会锐利清晰一些，但是太清晰反而容易出现锯齿，而 VRayLanczosFilter 过滤器边缘则要模糊平滑一些，可根据个人制图习惯设置。

（4）在【自适应细分图像采样器】中，设置【最小速率】参数值为【-1】，【最大速率】参数值为【2】，【颜色阈值】参数值为【0.1】。

在【全局确定性蒙特卡洛】里的【噪波阈值】设置为【0.01】，【最小采样】数值为【16】，如图 3-164 所示。

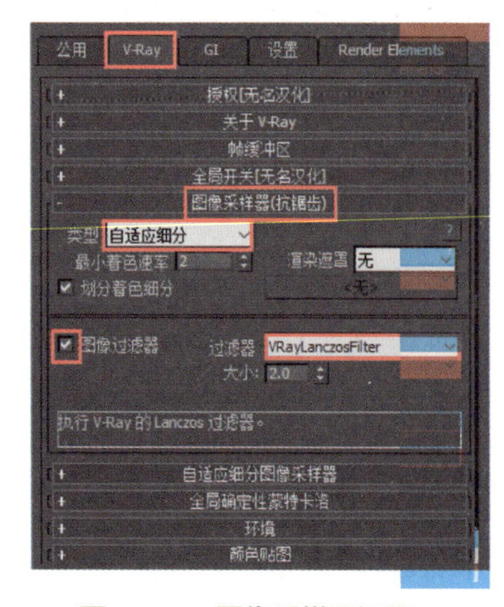

图 3-163　图像采样器设置

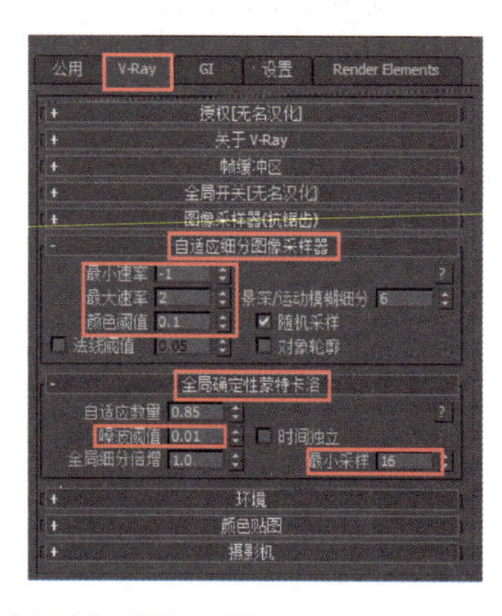

图 3-164　自适应细分图像采样器、全局确定性蒙特卡洛设置

在【颜色贴图】中，【类型】选择为【指数】，勾选【子像素贴图】和【钳制输出】选项，【模式】选择【颜色贴图和伽玛】，如图 3-165 所示。

（5）在【GI】面板中【全局照明[无名汉化]】里勾选【启用全局光照明（GI）】选项，【首次引擎】选择【发光图】，【二次引擎】选择【灯光缓存】，勾选【环境阻光（AO）】选项，参数默认，【发光图】里的【当前预设】选择为【中】，【细分】设置为【50】，【插值采样】设置为【20】，如图 3-166 所示。

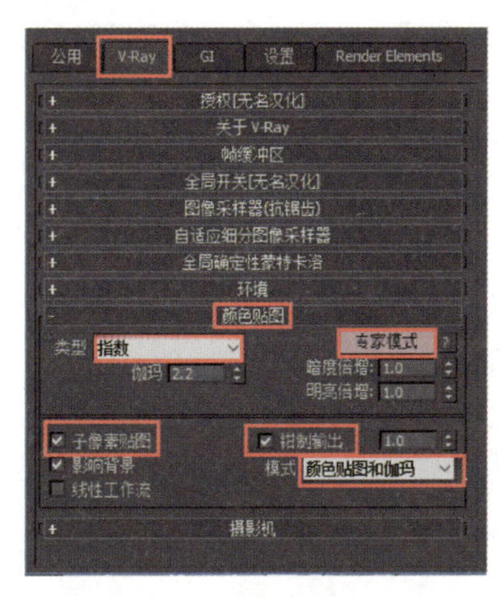

图 3-165 【颜色贴图】设置

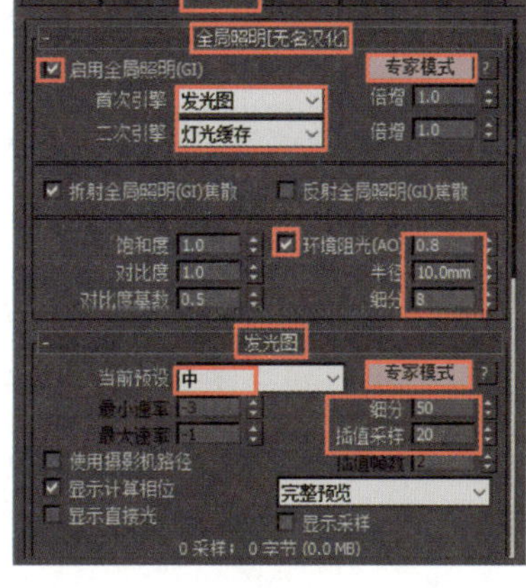

图 3-166 【全局照明】【发光图】设置

在【灯光缓存】中，【细分】参数值可以根据计算机配置的高低设置为【1500 ～ 2000】，其他参数可以保持默认，如图 3-167 所示。

（6）【设置】面板中，将【系统】里的【序列】设置为【上→下】，不勾选【显示消息日志窗口】选择，其他参数可以保持默认，如图 3-168 所示。

执行 Render Elements 的【渲染元素】面板里【添加】→ VRayWireColor（VRay 线框颜色，通道图），如图 3-169 所示。

图 3-167 【灯光缓存】设置

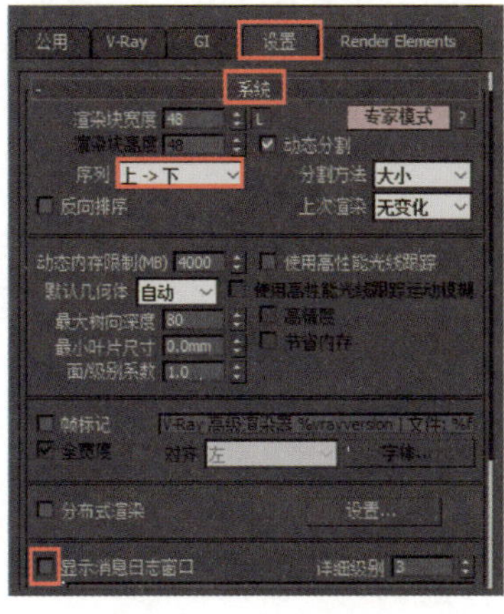

图 3-168 【系统】设置

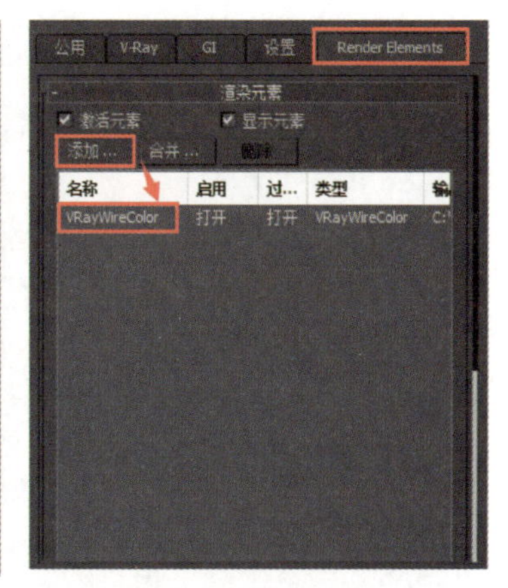

图 3-169 Render Elements 设置

添加 VRayWireColor 这一步可以不做，使用【脚本】【渲染农场】等工具渲染通道图会更方便。

（7）将调整好【成品图像渲染】设置参数在【渲染设置】面板内进行预设保存，以便以后需要用到时直接调用，如图 3-170 所示。

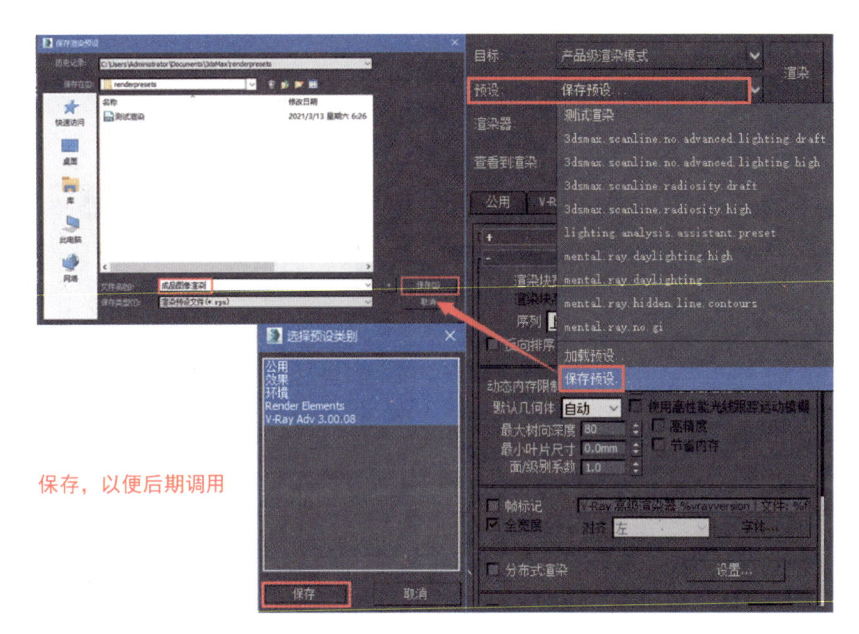

图 3-170 【保存预设】设置

设置完成后，使用快捷键 Shift+Q 进行图像的渲染，如果需要更改图像存储格式，可以在渲染完成后在渲染帧窗口中重新保存其他格式。

由于成品图像渲染时，每一像素都要渲染，且输出的图像越大渲染越慢，在这里没有使用光子图渲染方式，是为了让大家感受一下直接渲染的快慢，建议熟悉调整各项渲染参数后，使用本书后面章节讲到的光子图方式或渲染农场方式渲染。

2. 归档存储

为防止文件被病毒误删、打开模型贴图丢失、需要更换计算机制图等情况，一定要养成好习惯，做到及时将绘制完成的文件另存为压缩文件归档，或使用本书模块 1，文件整理【资源收集器】方式归档。

执行【文件】菜单，在【另存为】列表中选择【归档】，在弹出的【文件归档】对话框中重新输入文件名称，单击【保存】按钮，这时 3ds Max 会自动将场景中所用到的所有贴图、灯光文件、模型文件进行压缩打包处理，如图 3-171 所示。

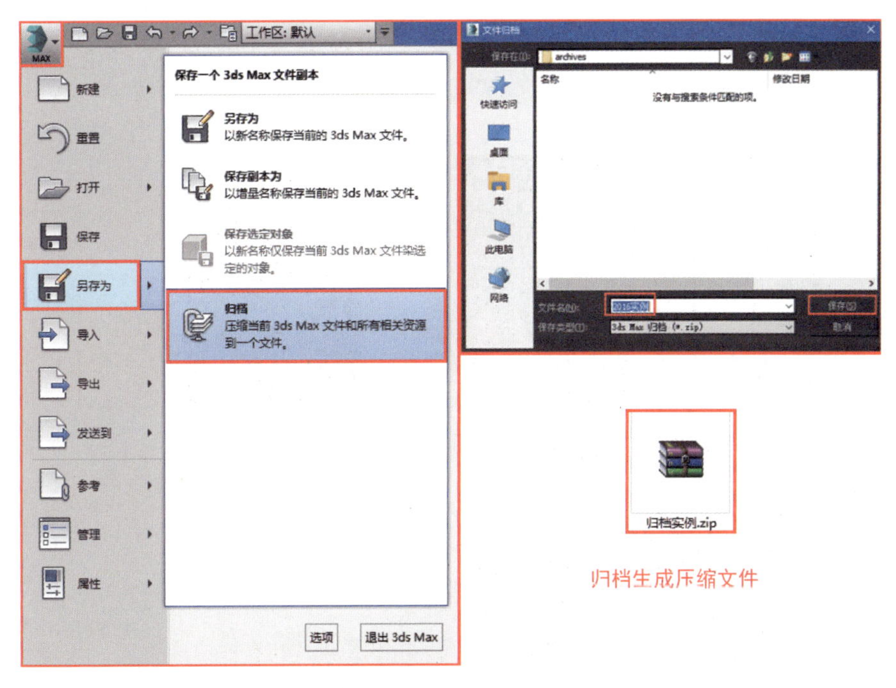

图 3-171　归档存储

通过另存归档，可以很好地收集场景内的资源，并自动压缩文件。压缩包文件解压缩后的所有相关内容均可正常打开使用，方便以后的调用和防范病毒破坏。而自动归档存在资源查找比较麻烦的问题，可按个人习惯选择一种方式操作即可。

3.4.4　脚本在渲染出图中的运用

1. 全局细分

在整个场景制作过程中发现从材质、灯光、渲染、模型设置中都有【细分】设置，加大【细分】后可以得到更好的效果，但是除非养成很好的习惯随时设置，否则难免会遗漏这些设置，如果后期再去查找设置会非常烦琐，这时就需要一个方法对它们进行统一设置，而【全局细分】脚本就可以很好地做到这一点。

在场景内运行【全局细分】脚本，在参数设置区中，第一个输入参数代表反射细分，第二个输入参数代表有透明物体材质折射的细分，第三个输入参数代表灯光的细分，第四个输入参数代表灯光照明亮度，一般不设置。勾选【记住设置】选项，这样在下次打开插件时，会记住上一个场景的细分参数。

注意：在输入参数后，都需要单击后方的对应细分类型才会有效，如图 3-172 所示。

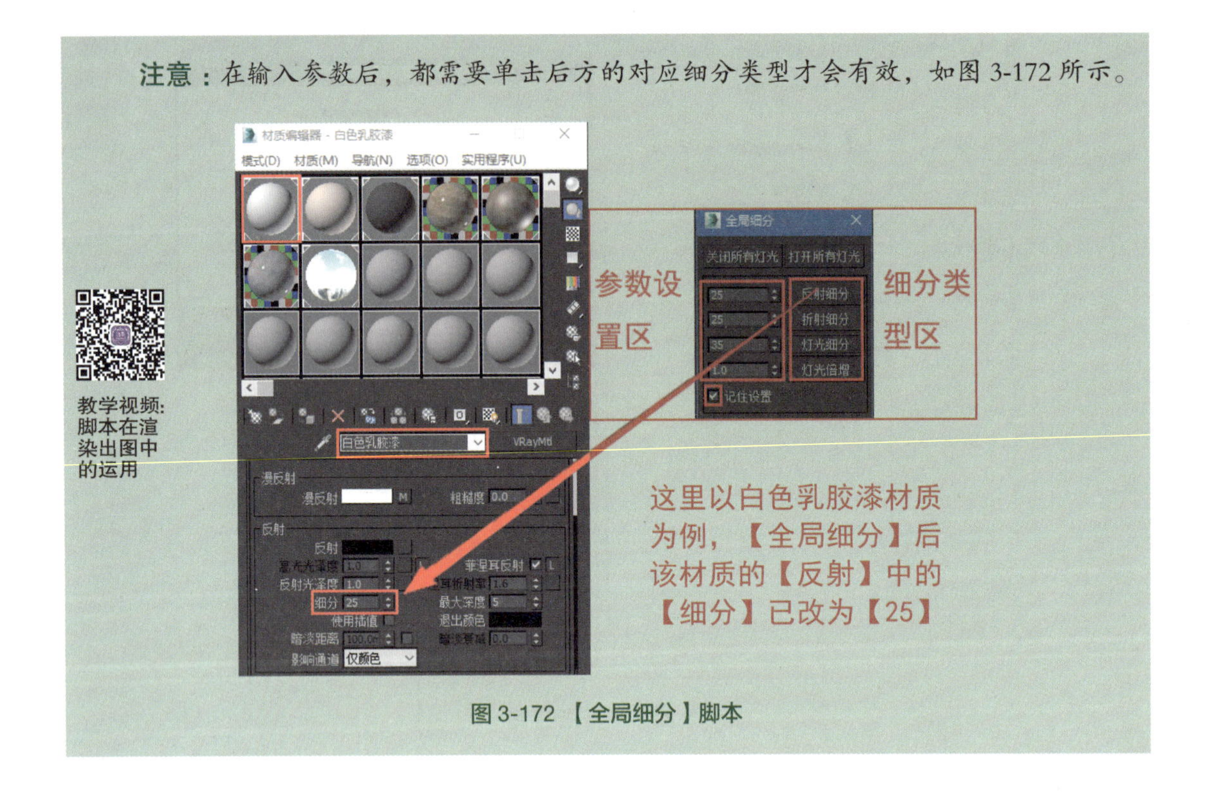

图 3-172 【全局细分】脚本

2. 通道渲染

使用【VRayWireColor】(VRay 线框颜色)方式渲染通道图，有时不能准确地分离所有材质颜色，也不能随时渲染通道图，不利于后期图像的处理，这时只需要【通道渲染】脚本整体切换材质通道颜色，随时可出通道图。

在场景内运行【通道渲染】脚本，单击【全变单色】即可将场景材质暂时替换为单色显示，但【材质编辑器】里的材质不受影响，单击【干活】即可渲染，渲染通道图完成后单击【恢复材质】按钮，即可恢复对图像材质的观察，如图 3-173 所示。

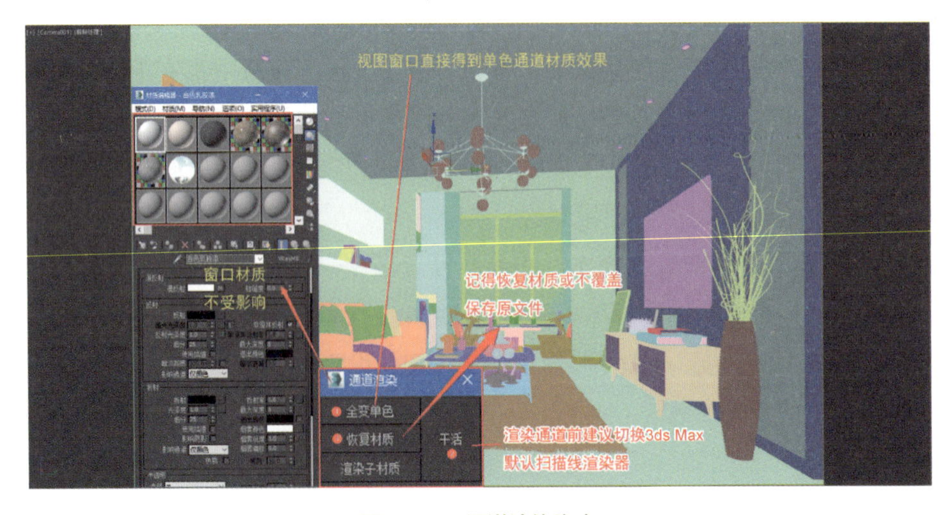

图 3-173 通道渲染脚本

使用【通道渲染】脚本最好等渲染的效果图完成后再进行该操作，记得先保存场景，切换渲染器为【默认扫描线渲染器】，要避免直接使用 V-Ray 渲染器渲染通道图，这样可以加快通道图渲染速度。

需要注意的是，渲染后不要覆盖原文件，否则会忘记单击【恢复材质】而覆盖保存了原文件，关闭软件后就无法恢复了；另外，通道图和效果图渲染出图尺寸必须一样。

本任务在完成设计空间整体场景搭建的基础上，介绍了效果图场景灯光的布置，自然光和人造光的搭配使用，渲染效果图的设置。下一节将进入效果图的后期处理，真正展示效果图的风采。

任务 3.5　后期处理

【学习内容】

1. 学习效果图后期处理流程。
2. 分析效果图调整思路。

教学视频：效果图后期处理

【学习方法】

建议读者根据教学内容认真观摩学习，重点是跟着教师的思路进行练习，反复尝试练习，方能打牢基础。

场景在完成出图后得到效果图，但是效果图是不能直接进行使用的，因为直接渲染出来的图在亮度、饱和度、色调、冷暖方面的效果都是不够的。如果在三维制图软件里的前期工作做得比较充足，那么渲染出来的效果图只需要局部微调即可，而后期处理起到的是校色、美化图纸的作用。

效果图的后期处理可以使用 Photoshop 软件进行。

3.5.1　Photoshop 效果图后期处理流程

（1）打开本书渲染完存储的配套素材【客厅效果图原图和通道图 .tif 】文件，如图 3-174 所示。分析存在的问题或需要处理的地方，检查是否有需要返回 3ds Max 修改的问题，检查分析完后再使用 Photoshop 进行后期处理。

图 3-174　效果图原图及通道图

（2）在 Photoshop 中同时打开客厅效果图原图和通道图，并将其中一张图像的窗口从文档标题栏拖动出来，如图 3-175 所示。

图 3-175　打开图像

（3）使用【移动工具】（快捷键 V），按住快捷键 Shift 不放的同时，将【通道图】拖到【效果图】窗口上，使图像自动对齐，如图 3-176 所示。

可以按快捷键数字 5 降低上一层图像透明度检查对齐效果。

图 3-176　拖动使图像对齐并复制图像

（4）在【图层】面板内选中锁定的【背景】图层，按快捷键 Ctrl+J 复制，修改图层名称为【通道图图层】【效果图图层】，隐藏【通道图图层】，方便观察，如图 3-177 所示。

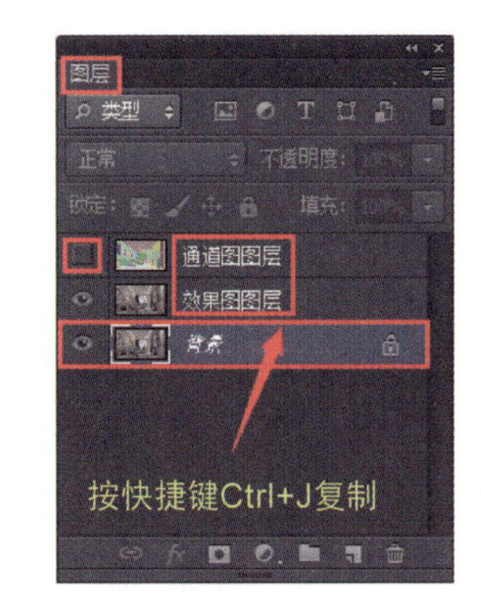

图 3-177　复制、修改图层名称

（5）选中【效果图图层】，使用快捷键 Ctrl+L 打开【色阶】面板，然后在【色阶】对话框中拖动黑白滑块将空白直方图区域去除，将明暗对比加强，这时灰度已去除。使用快捷键 Ctrl+M，在【曲线】对话框中根据场景模拟天气环境，左上拖动可整体调亮，右下拖动可整体调暗，如图 3-178 所示。

一般由于灯光曝光过度、不足等原因，原图都存在灰度，图纸不够干净，通过色阶、曲线处理可以对效果图进行去灰度调整，而不像三维软件平均分布光源。

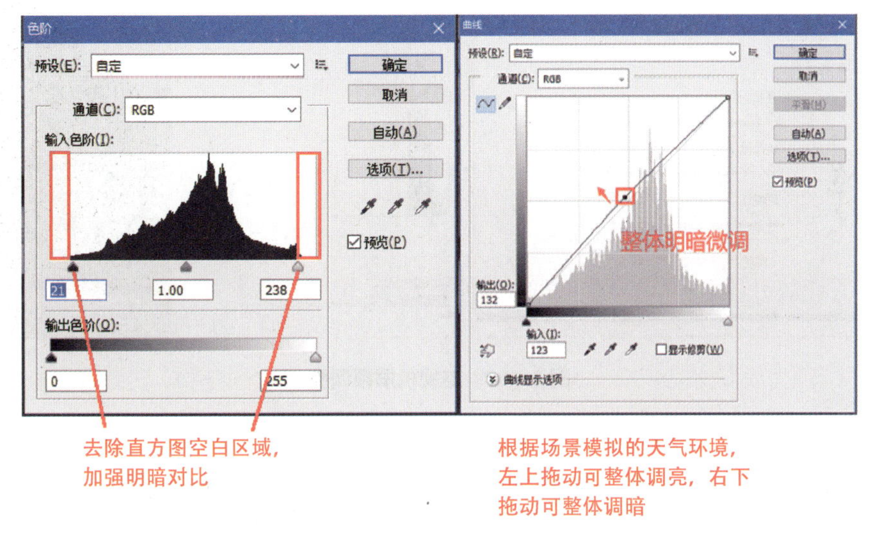

图 3-178　色阶、曲线调整

（6）激活【通道图图层】，按 W 键切换到【魔棒】工具，在工具属性栏中不勾选【连续】选项，选择【顶面】区域，再隐藏该图层，激活【效果图图层】，使用快捷键 Ctrl+U 在【色相 / 饱和度】对话框中调整参数，将【明度】滑块拖动加大参数，单击【确定】按钮，按快捷键 Ctrl+D 关闭选区，如图 3-179 所示。

这一步操作主要是为了将白色的顶面和墙面的对比度加强，让白色的顶面看起来更干净，如果有墙面渲染后不干净，也可以使用此方法。

（7）激活【通道图图层】，按 W 键切换到【魔棒】工具，在工具属性栏中不勾选【连续】选项，选择【电视机】区域，再隐藏该图层，激活【效果图图层】，使用快捷键 Ctrl+U 在【色相 / 饱和度】对话框中调整参数，将【明度】滑块拖动减少参数，单击【确定】按钮，按快捷键 Ctrl+L 在【色阶】对话框中拖动黑色滑块进行微调，按快捷键 Ctrl+D 关闭选区，如图 3-180 所示。

通过此步的操作调整后，可以使电视机的黑色玻璃屏幕更干净。

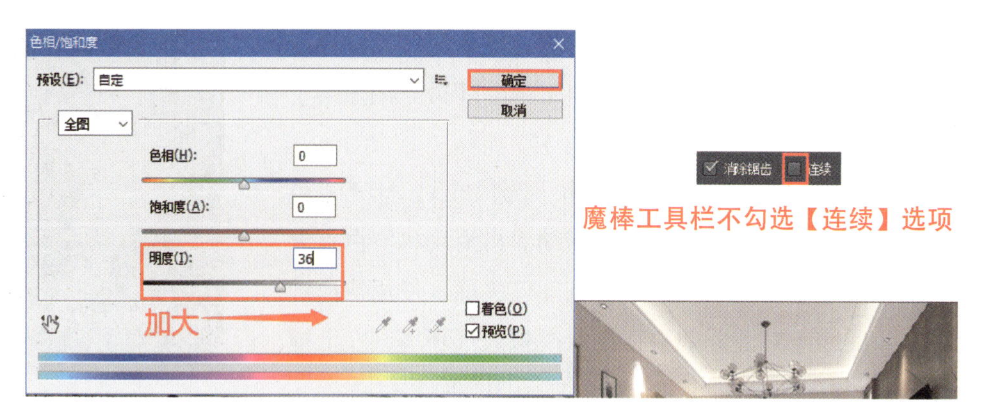

图 3-179　顶面色相饱和度调整

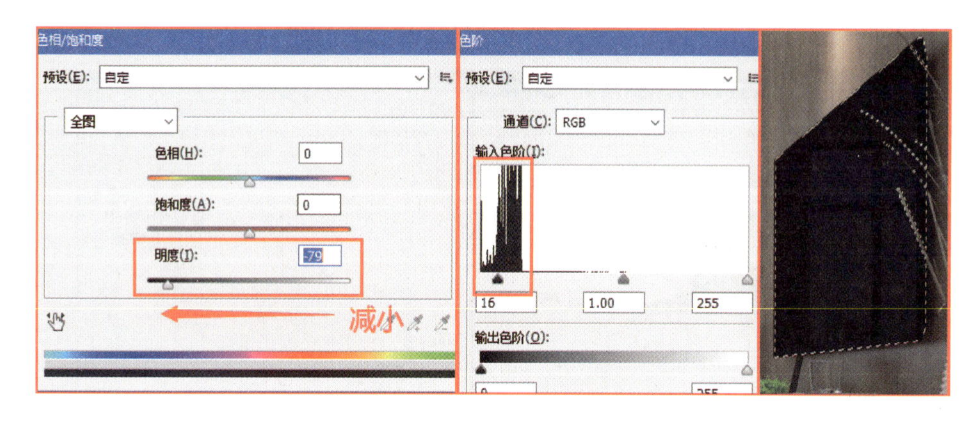

图 3-180　电视机屏幕调整

（8）激活【通道图图层】，按 W 键切换【魔棒】工具，在工具属性栏中不勾选【连续】选项，选择【窗户室外风景】区域，再隐藏该图层，激活【效果图图层】，使用快捷键 Ctrl+U 在【色相 / 饱和度】对话框中调整参数，将【明度】滑块拖动加大参数，单击【确定】按钮，按快捷键 Ctrl+D 关闭选区，如图 3-181 所示。

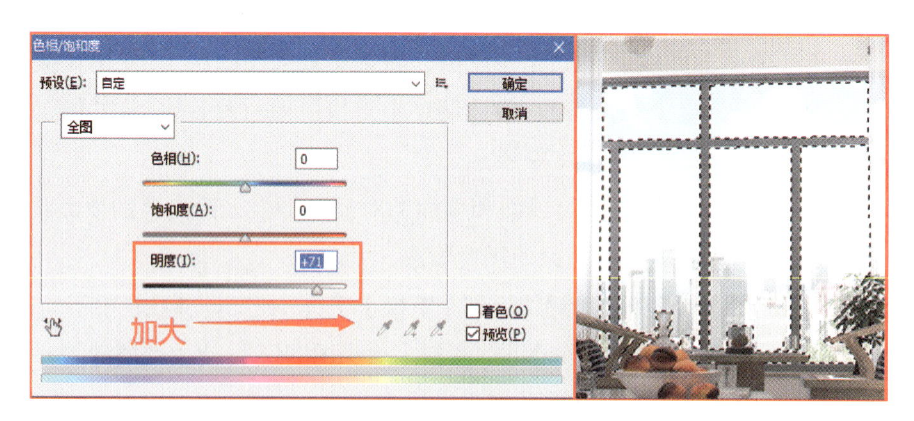

图 3-181　窗户图像区域调整

一般在室外天气环境较好的情况下，从室内往室外看都是曝光效果，只能稍微看到一点室外影像，通过参数的调整，使效果图更加真实。

（9）激活【效果图图层】，使用快捷键 Ctrl+U 在【色相 / 饱和度】对话框中调整参数，将【饱和度】滑块拖动微调加大参数，如图 3-182 所示。

图 3-182　色调调整

这样的调整使木质饰面板或调色墙漆等带有颜色的区域整体加重了色调，使图像深、浅色区域对比加强，看起来更鲜艳。

（10）激活【效果图图层】，单击【拾色器（前景色）】，调整接近灯光效果的颜色，按 B 键打开【画笔工具】，【画笔样式】面板选择【载入画笔】，本书配套素材【星光 1.abr】格式文件，在射灯【灯面】区域进行绘制，得到灯头发光效果，如图 3-183 所示。

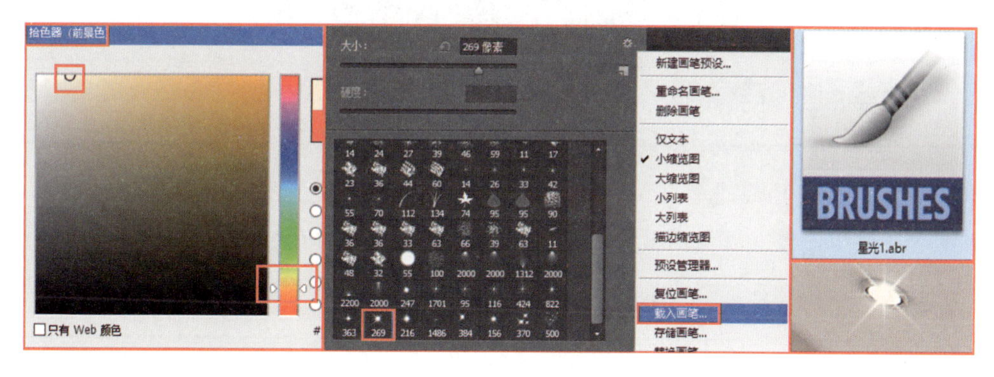

图 3-183　灯光效果制作

至此，整体效果调整完成，注意在存储出图的时候选用 JPEG 格式，将品质调整为最佳并进行保存，避免有的格式在设备上不能打开查看，如图 3-184 所示。

图 3-184　存储出图

3.5.2 效果图调整思路

效果图后期处理调整思路为先去灰度，局部调整，最后整体色调调整。

效果图放大后物体的边缘线没必要追求得太过清晰，太清晰容易出现锯齿，而在实际场景中，人眼是不能同时聚焦所有可见内容的，物体边缘稍微有点模糊反而比较适合。

一个加入材料、预算、施工工艺及尽可能还原实际效果的计算机效果图设计才符合标准，所以调整效果时要尽量贴合实际，如图 3-185 所示。

图 3-185 实地现场施工效果

本任务完成后，已经进行了效果图室内部分制作的整个流程，包括前期的准备工作、中期的模型创建和设置、后期的效果处理和调整，从一个项目的完整工作，对今后制作效果图做了指引，希望读者在这些内容中认真体会制作技法，在今后的工作学习中发挥作用。

模块4 室外效果表现

模块导读

室外效果图表现和室内效果图表现的重点与构成会有不同，但是室外部分也是设计专业常用的表现设计空间。

本模块介绍了室外计算机效果图设计制作与室内效果图的不同之处，以项目实例详细介绍了室外效果图的工作流程。既介绍了常规的软件使用，也介绍了脚本的使用。

任务4.1 室外效果图准备工作

【学习内容】

1. 室外效果图与室内效果图的不同构成。
2. 室外效果图场景要求。
3. 室外效果图制作的前期准备工作。

【学习方法】

建议读者根据教学内容认真观摩学习，重点是跟着老师的思路进行练习。

室外效果图是效果图表现里的一个空间范围，制作室外效果图的软件很多，例如，3ds Max、SketchUp、Lumion等，但是制作思路尽量不要停留在只用一个软件完成制作，而要兼顾考虑制图效率、表现效果等因素。这里使用Lumion进行效果图表现，该软件很好地兼容了3ds Max、SketchUp制作的模型并进行材质、光源、实时渲染等操作，缩短了制图时间，也能实现软件之间的配合。

室外场景有别于室内场景，一般表现范围有主次建筑、植物、景观小品、人物、大气环境、道路、设备等场景配置。

室外效果图的设计思路是：先使用3ds Max、SketchUp等三维软件建立简单的模型，建模只需要建立要表现的主体、次要模型，其余细节及构件模型等可以不需要创建，以减少工作量，并保证制图的流畅性。然后使用Lumion进行环境配景模型、材质、光源、拍摄、实时渲染、出图等操作，配合完成室外效果图的表现。

3ds Max 和 SketchUp 虽然都可以整体制作模型、材质、灯光、渲染，但是这类软件制作的场景相对较大，容易出现卡顿、渲染较慢的情况，而灯光、渲染效果掌握不好也会难以表现。

1. 3ds Max 室外场景基础要求

（1）本设计任务是还原一个地铁站的出入口门头、周边环境、白天阳光天气效果。由于主体模型的建立制作需要使用 3ds Max 进行，所以需要先通过现场勘察或图纸进行分析，明确需要在 3ds Max 内完成哪些模型的建立，以缩短建模的时间。

通过分析得知，要还原该室外场景，需要将门头、出入口建筑、标牌、道路地面、景观墙等进行模型建立，因为这些造型及贴图都比较特别，属于主体，而其他植物、车辆、小品、建筑、设备配置等均属于常规次要范畴（无特殊造型要求）可以不做，如图 4-1 所示。

教学视频：室外效果图场景准备

图 4-1　制作分析

在 3ds Max 中需要建立的主体模型，一般代指有特定外形要求的内容，因为 Lumion 属于渲染软件范畴，是不能修改或建立特定模型的，它只是内置了一些常规模型。

（2）在 3ds Max 内打开本书配套素材“地铁站口 .max”模型文件，该文件已按照尺寸比例完成主体模型的建立，还建立了部分的次要模型。

注意：3ds Max 内只需要建立模型，Lumion 不兼容 3ds Max 制作的灯光、摄影机、V-Ray 材质，所以在使用 3ds Max 建模时，不需要制作光源、摄影机。模型另存时避免使用中文命名，防止导出模型时出现兼容性错误，如图 4-2 所示。

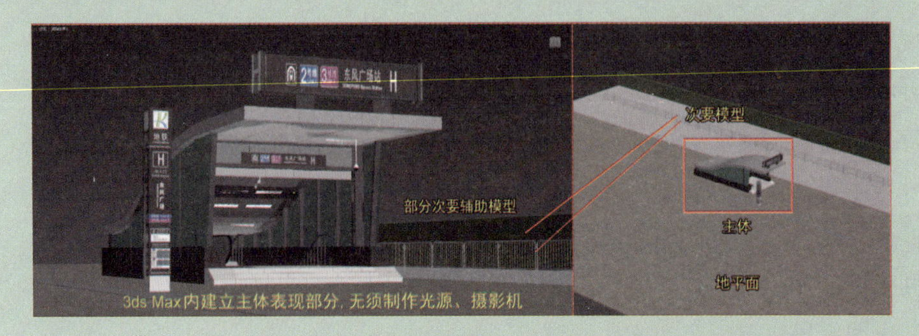

图 4-2　建立模型

（3）3ds Max 模型导入 Lumion 后可以用它内置的材质及贴图，但要考虑兼容性，所以在 3ds Max 内使用【Standard】（标准材质）调整颜色赋予模型，将模型区分开即可，无须调整任何参数。但是，如果是有贴图的模型，一定要先把贴图在 3ds Max 内做好，单击【基本参数】中的【漫反射】加入贴图，添加所需的位图，保证制图效率，因为在 Lumion 内调整贴图不太方便，如图 4-3 所示。

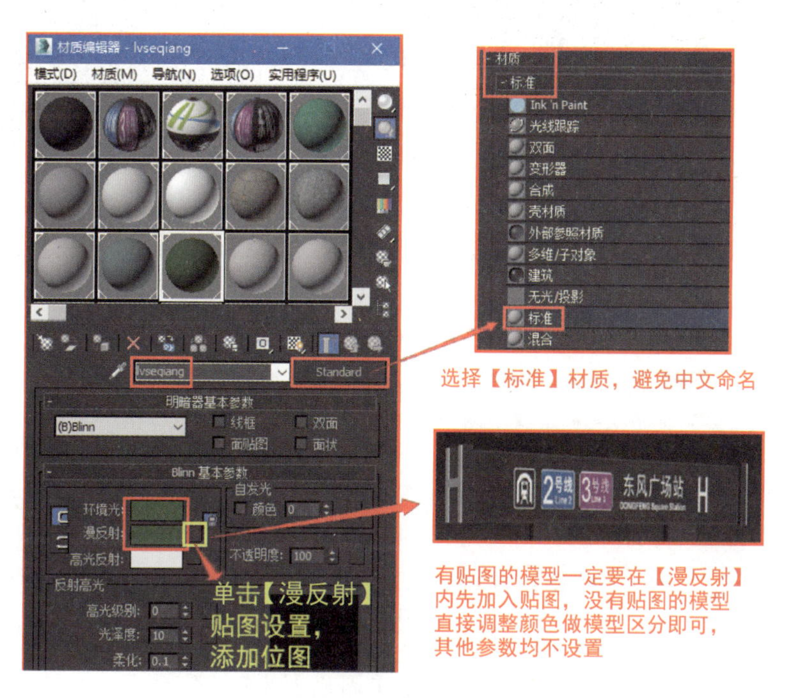

图 4-3 标准材质

在 3ds Max 内需要使用【Standard】（标准材质），尽量避免中文命名，防止导入 Lumion 时出错。

如果打开的 3ds Max 模型已经全部为 V-Ray 材质，不方便变更，可以使用【材质转换】脚本进行场景材质全局转换类型。运行【材质转换】脚本，单击【VRayMtl--->>Standard】按钮即可完成一键转换，如图 4-4 所示。

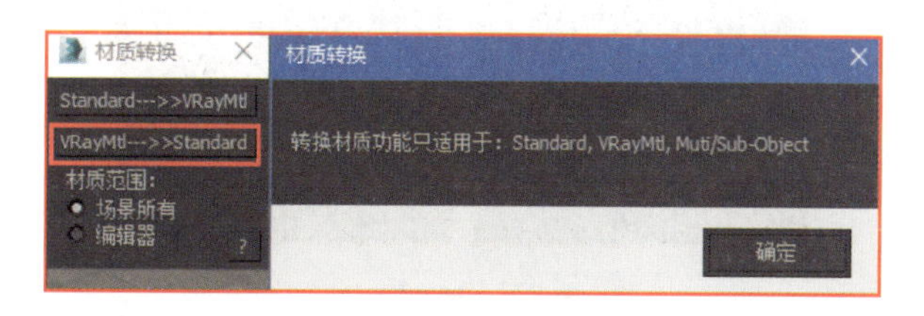

图 4-4 材质转换脚本

（4）在 3ds Max 内使用快捷键 Ctrl+A，将所有模型选中，单击【组】菜单成组所有模型，并重命名，如图 4-5 所示。

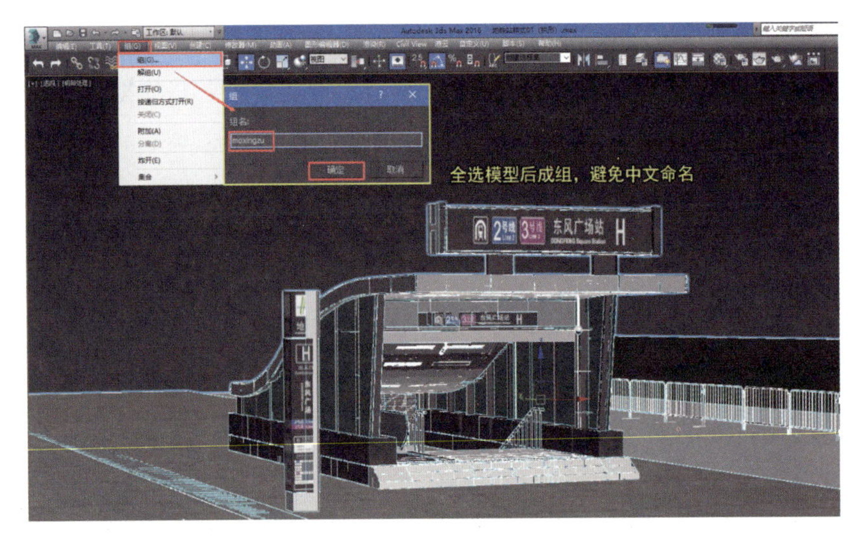

图 4-5 全选模型成组

如果在 3ds Max 中的模型文件不成组，直接导入 Lumion 后是打散的状态，不利于模型选择、调整方向位置等操作，会影响到制图的效率和准确度，因此模型成组很重要。

（5）在 3ds Max 内配合使用快捷键 Ctrl+A 将所有模型选中，在【实用程序】面板内单击【塌陷】按钮，在弹出的【塌陷】展卷栏的【塌陷选定对象】中，【输出类型】选择【网格】,【塌陷为】选择【多个对象】，然后单击【塌陷】按钮选定对象，如图 4-6 所示。

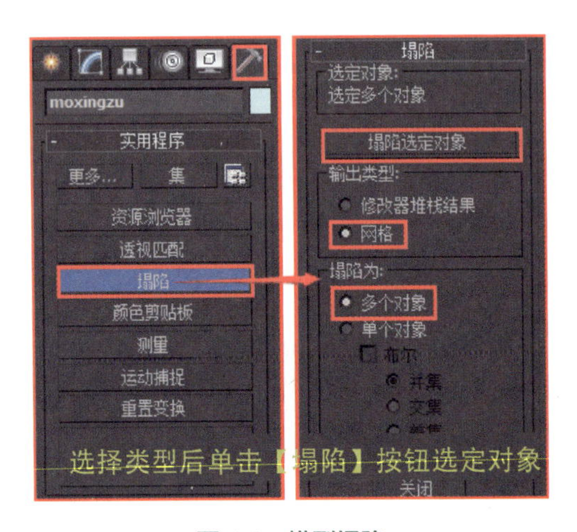

图 4-6 模型塌陷

3ds Max、SketchUp 的模型文件由于经常合并外部模型到场景，有的模型过于复杂，使用【塌陷】可以简化场景中的模型，有利于软件运行，加快制图速度。

2. 3ds Max 场景文件导出

3ds Max 存储的格式为 MAX 格式，它与其他软件不兼容，不能在其他软件里直接导入打开使用，所以要先按转换为其他软件能打开的格式，再进行导出转换。

（1）Lumion 支持 3ds Max 导出的 .FBX 格式。但是要注意，导出的 3ds Max 文件【重命名】和【导出路径】必须为英文路径，不能出现中文路径。如果在 Lumion 里弹出 Error 错误，说明文件名或路径有中文，如图 4-7 所示。

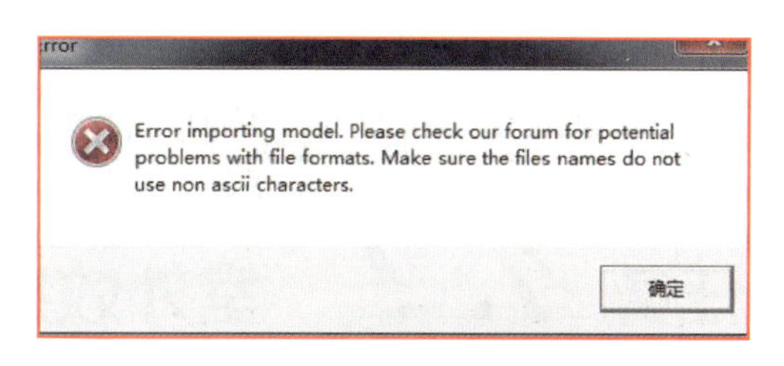

图 4-7　中文路径错误提示

（2）单击【文件】菜单，单击【导出】列表中的【导出】命令，在弹出的【选择要导出的文件】对话框中，将文件名用英文设置，选择【保存类型】为 FBX 格式，单击【保存】按钮，在弹出的【FBX 导出】对话框中单击【确定】按钮，如图 4-8 所示，完成模型的导出。

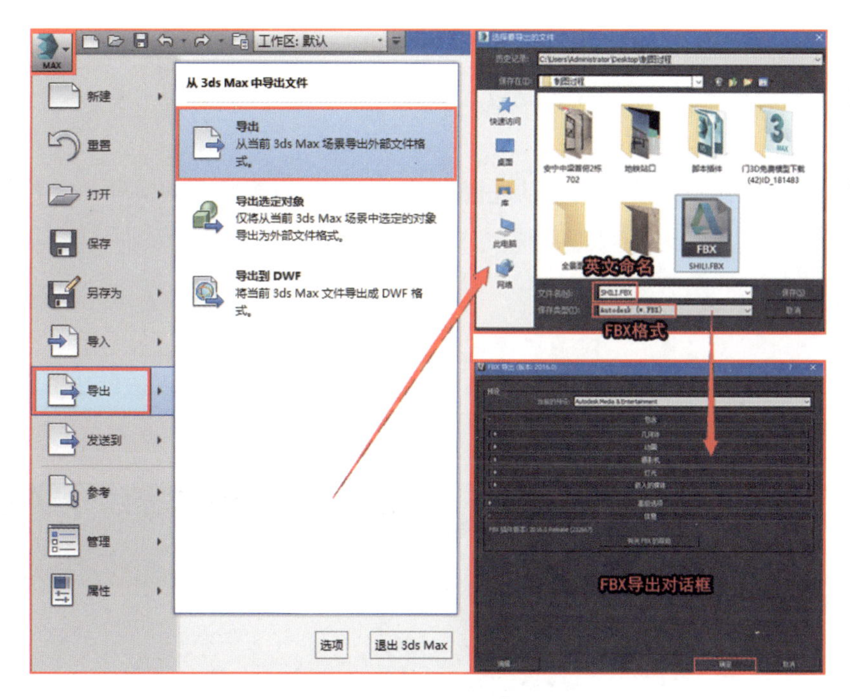

图 4-8　导出 FBX 格式文件

虽然配合 Lumion 使用减少了工作量，但为了避免麻烦，前期一定要做好准备工作，出错后记得返回检查。3ds Max 内除主体外，基本都为简体模型，不要再加入过多模型，避免复杂模型过多造成卡顿和兼容错误。

本任务主要介绍了室外效果图制作的前期工作，即 3dx Max 图形文件导出的方法，为下一步室外场景模型的效果图制作奠定了基础。

任务 4.2 室外效果图 Lumion 制作

【学习内容】

1. Lumion 简介。
2. 室外效果图场景要求。
3. 室外效果图制作的前期准备工作。

【学习方法】

建议读者根据教学内容认真观摩学习，重点是跟着教师的思路进行练习。

使用 Lumion 制作室外效果图可以进行实时渲染，拥有更完善的室外光源效果，并可以利用软件充分发挥其大气环境模拟系统。

4.2.1 模型导入及调整

Lumion 在打开时会自动对计算机配置测速，调整编辑品质，以适配个人计算机参数，这时注意不要切换到其他软件或窗口，否则软件会一直加载，如图 4-9 所示。

教学视频：Lumion 模型导入及调整

图 4-9 计算机配置测速

1. Lumion 外部文件导入

（1）测试完毕后进入 Lumion 初始界面，在初始界面内单击【开始】选项卡，从 6 个默认的场景模板中选择一个，单击进入到编辑场景。按照本案例的情况，选择【平原】场景，如图 4-10 所示。

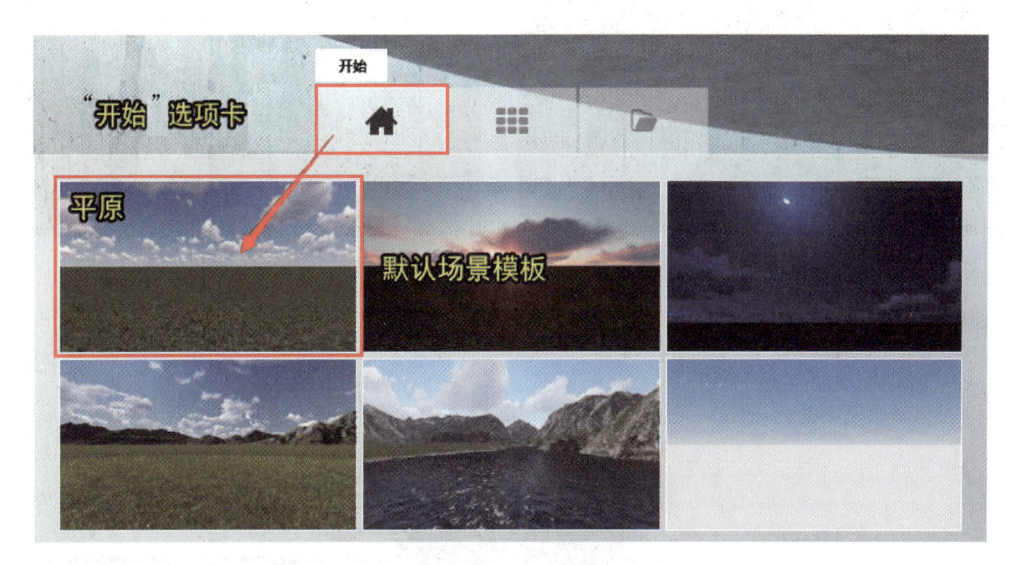

图 4-10 初始界面

（2）进入编辑场景后，在左侧工具栏【物体】操作界面内【放置模式】中单击【导入新模型】按钮，打开 3ds Max 导出的 FBX 格式场景，如图 4-11 所示。

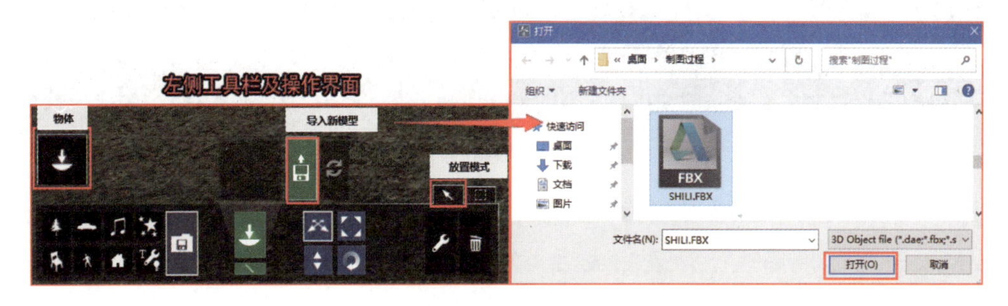

图 4-11 导入新模型

（3）弹出【导入新模型属性】对话框，确定后可以将该外部模型加入 Lumion 的模型库并在场景中进行放置，这一步是可以重命名的，但是重命名时不要使用中文，如图 4-12 所示。

（4）模型在自动进入模型库后就可以在场景内直接放置。注意尽量让光标放置点靠近轴坐标位置，方便后期还需要加入模型时离轴坐标点不远以方便查找，如图 4-13 所示。

放置模型后要注意检查模型的效果，可以按住快捷键 Shift 进行移动加速，配合使用 W、S、A、D 键进行前、后、左、右移动，配合鼠标右键进行视图的旋转，按 Q 键可以提高视角，按 E 键可以降低视角，灵活配合使用，全方位、多角度观察放置的模型，检查导入的模型是否有贴图丢失、模型错误等问题，如图 4-14 所示。

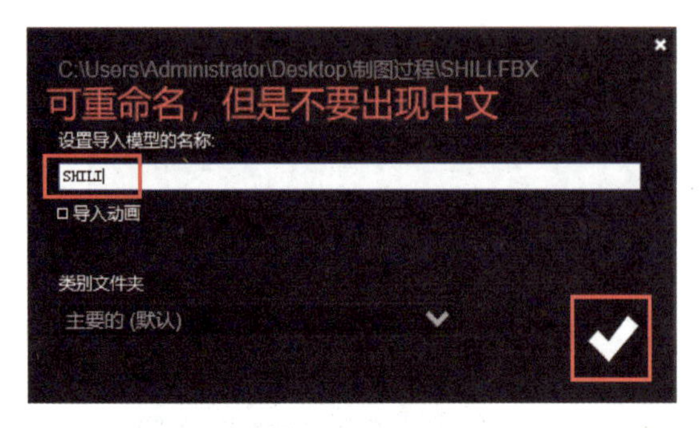

图 4-12 外部模型加入模型库

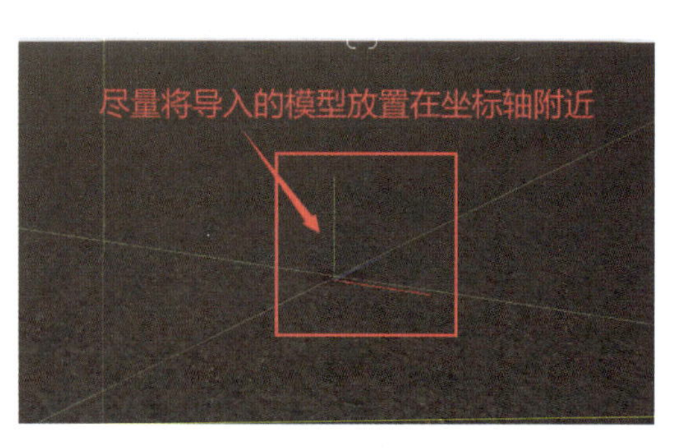

图 4-13 放置模型

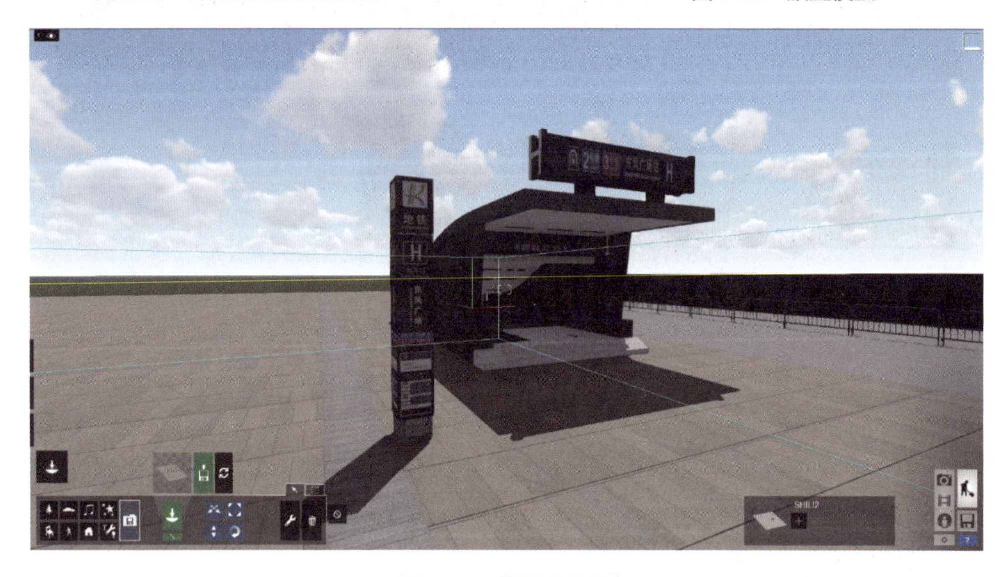

图 4-14 放置后效果

（5）检查完毕后，如果发现模型内存在问题或需要加入新的主体模型，应及时返回 3ds Max 进行建模修改，修改完成后再覆盖原 FBX 文件后导出。在 Lumion 中直接在【物体】工具栏界面单击【重新导入模型】，此步操作等同于覆盖更新模型库，如果新的 FBX 文件名称或者文件路径发生了变化，则在重新导入时要同时按住快捷键 Alt，如图 4-15 所示。

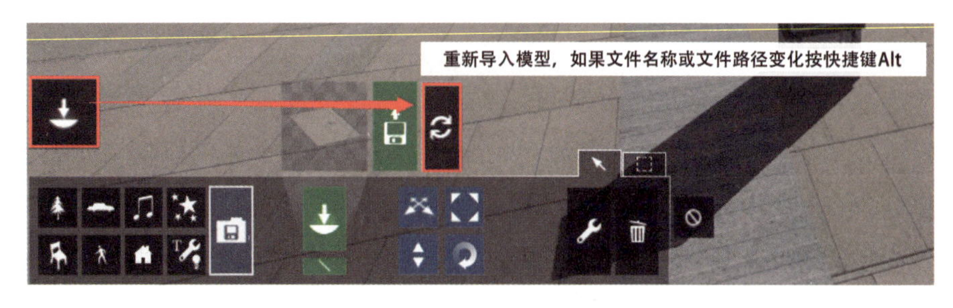

图 4-15 重新导入模型

建议第一次导入后不要马上关闭 3ds Max 场景，可先在 Lumion 内检查场景模型是否还存在问题，如果有问题，应及时修改并重新导出覆盖掉错误的文件。Lumion 的重新导入模型功能很方便，可将修改好的模型直接替换错误模型，前提是导出的 FBX 文件必须是同一个文件名称和同一个文件路径位置。如果检查后没有问题，那就可以保存后关闭 3ds Max。

2. Lumion 文件存储

检查完毕没有问题后，使用右侧系统指令面板内的【文件】存储场景，这时可以使用中文名称命名存储文件，存储后使用快捷键 Esc 或单击【编辑模式】返回场景，如图 4-16 所示。

图 4-16 文件存储

在场景中操作时可以按快捷键 F5 快速覆盖当前文件存储。

Lumion 的视图移动观察有些像游戏里的控制，多加练习即可熟练掌握。在进行操作控制时建议关闭中文输入法，避免移动视角时输入法会出现文字输入提示，影响观察和操作。

4.2.2 Lumion 场景编辑

做完准备工作后就要分析场景的细化思路，首先以整体着手进行拍摄角度、材质的优化，接着布置其他次要内容，和 3ds Max 制图思路相似。

1. 场景拍摄角度定位

在场景中经常需要移动、旋转不同的视角去观察场景并调整模型，这时视角发生变化，在调整完成后记得返回定位角度观察，查看整体上是否存在影响最后出图效果的问题。和 3ds Max 摄影机架设后整体角度观察方式相似。

（1）在右侧系统面板内单击【拍照模式】按钮，进入【拍照模式】后，在预览视窗内使用光标拖动焦距为【20 ～ 21mm】相机镜头，通过鼠标右键旋转视角，配合 W、A、S、D 键调整拍摄的远近距离，使用 Q、E 键调整镜头高度。在按住鼠标右键调整视角旋转时，预览视图会出现【九宫格】构图线。注意观察模型与构图线垂直的地方，使其尽量互相垂直，不要造成视角变形，如图 4-17 所示。

教学视频：Lumion 场景编辑－拍摄定位及材质编辑

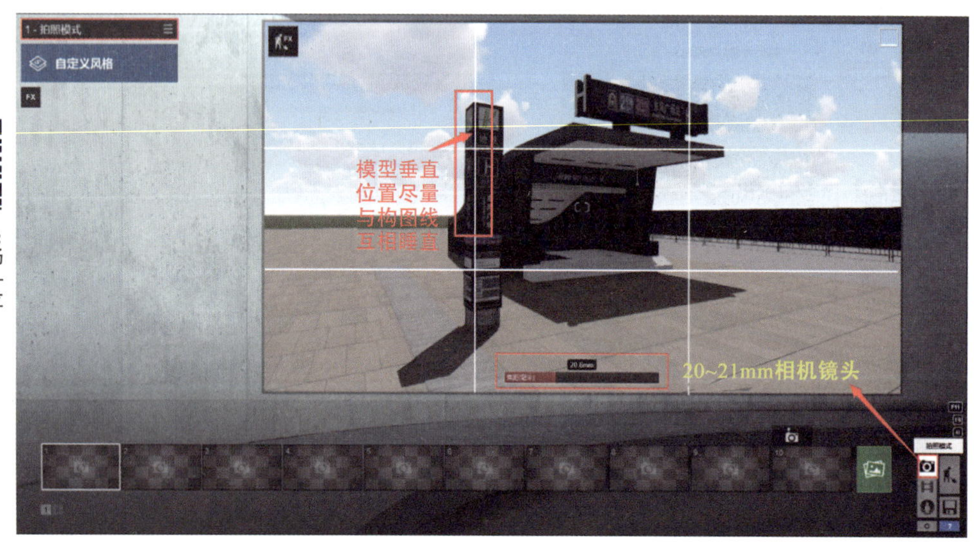

图 4-17 拍照模式

（2）调整相机角度完毕后，在下方选择一个空白视口单击【保存相机视口】或按快捷键 Ctrl+1 保存。

当移动过视角后，可以单击该相机镜头，恢复预览图或者使用快捷键 Shift+1 恢复预览。如果需要拍摄多个角度，可以按照此方法操作保存，快捷键会依次按照空白视口所给提示变化，如图 4-18 所示。

操作完毕单击【编辑模式】返回场景，在场景中操作时，也可以使用快捷键 Ctrl+1 重新定义相机视角，变动过视角后，同样使用快捷键 Shift+1 还原到拍摄下来的相机视角，如图 4-19 所示。

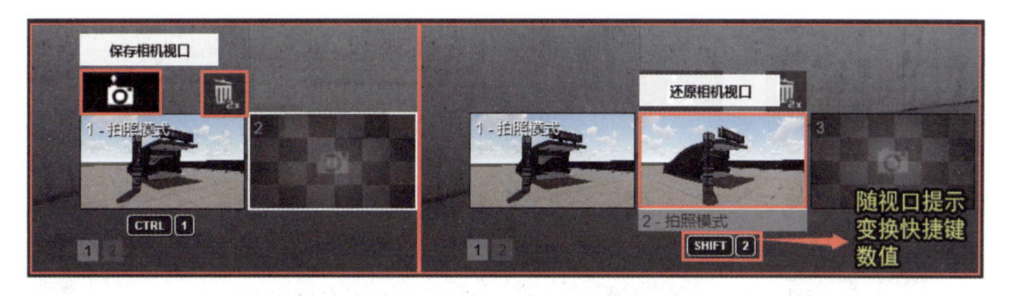

图 4-18 保存相机视口

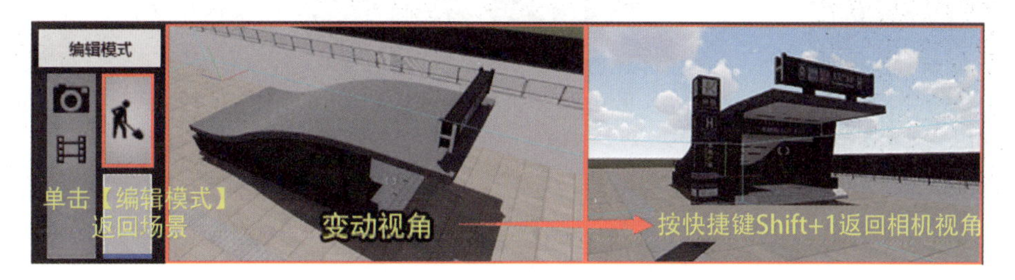

图 4-19 编辑场景内还原视角

建议在拍摄模式内使用快捷键 Ctrl+1、Ctrl+2 将同一个相机拍摄视角多保存几个，因为在操作过程中经常需要用快捷键恢复相机拍摄角度，偶尔会按错快捷键 Ctrl 和 Shift，这样会破坏原拍摄角度，从而需要再次调整。Lumion 的撤销只有一次机会，一般按右侧的取消按钮进行撤销操作。

2. 模型材质编辑

由于 3ds Max 和 Lumion 的兼容性问题，在 3ds Max 内使用了标准材质，模型进入 Lumion 场景后是没有材质的，只有贴图显示，在 3ds Max 内设置的材质在 Lumion 内都是没有效果的，或者效果不好，这时就需要使用 Lumion 的内置材质。

（1）单击左侧工具栏【材质编辑器】，进入材质编辑模式，如图 4-20 所示。

图 4-20 【材质编辑器】

（2）视图移动到需要编辑材质的模型附近，光标放置到需要编辑的模型上，单击选中该模型，这里选择玻璃模型，选中模型的同时会弹出【材质库】对话框，如图 4-21 所示。

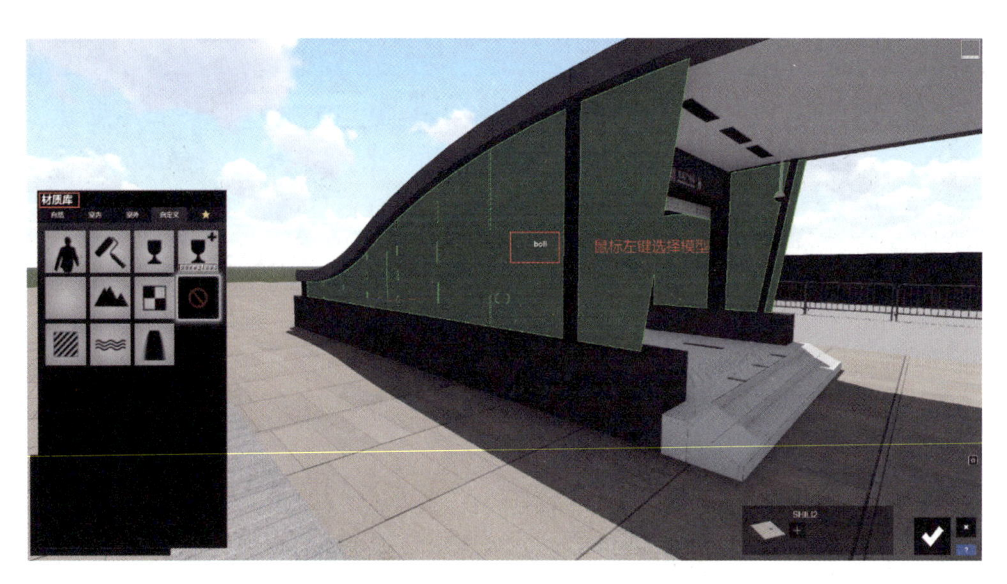

图 4-21 模型选择

（3）在【材质库】内单击【室外】选项卡中的【玻璃】材质类型，在该类型内选择一个【材质球】样式并双击确定，如图 4-22 所示。

（4）双击【材质球】，确定后进入 Lumion 的材质编辑（可视化操作），弹出【材质】属性编辑面板，在该面板内可直接拖动颜色、透明度、折射、反射等参数并实时查看材质在模型上的效果，确认效果无误后，单击【保存】效果，退出该材质编辑，如图 4-23 所示。

（5）在材质编辑过程中，如果对选中的模型材质挑选、编辑错误，可以使用快捷键 Esc 或单击右侧的【取消最后一次被选中的对象】退出当前材质编辑；如果是已经在【材质】编辑状态，单击【返回】图标也可以返回上一级材质库，如图 4-24 所示。

（6）在材质编辑过程中，为选中的模型挑选材质，自带材质不满意或材质库内没有近似效果的话，可以使用【自定义】材质进行编辑。

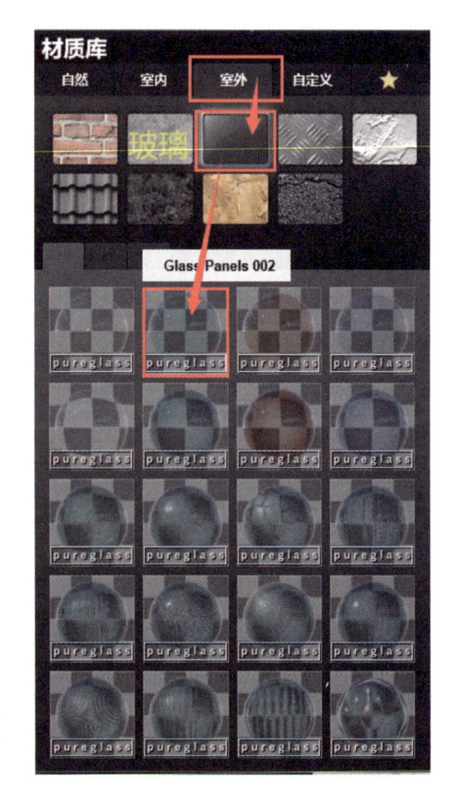

图 4-22 材质选择

这里选中出入口的顶面模型部分作分析，该模型为灰色铝塑板材料，颜色为灰色，带有微弱的反射，表面平滑。

选中出入口灰色铝塑板模型，然后单击它，在【材质库】内单击【自定义】材质，双击选择【标准】，在弹出的【材质】参数调整面板内，调整颜色、降低光泽和反射，单击【√】按钮保存材质，完成该材质编辑，如图 4-25 所示。

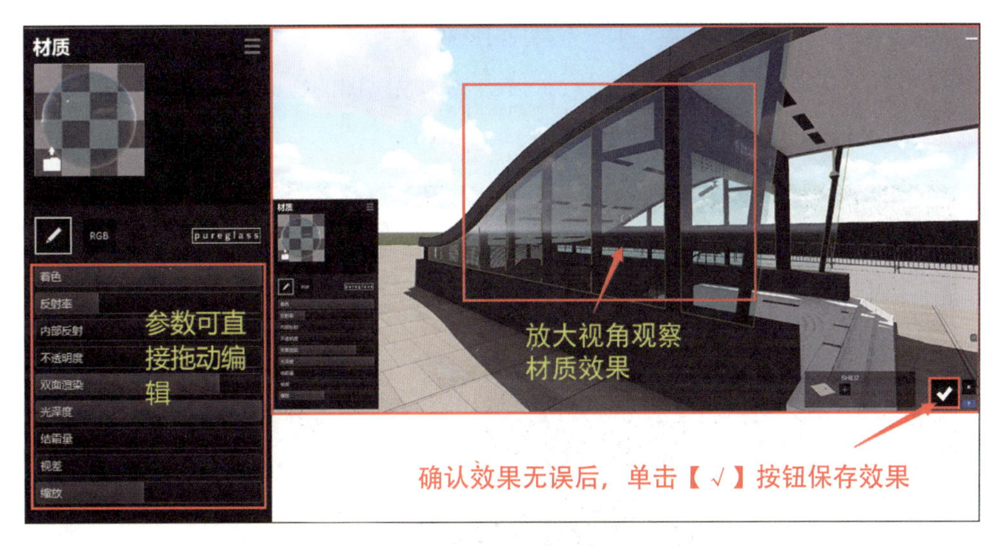

图 4-23　可视化材质参数编辑

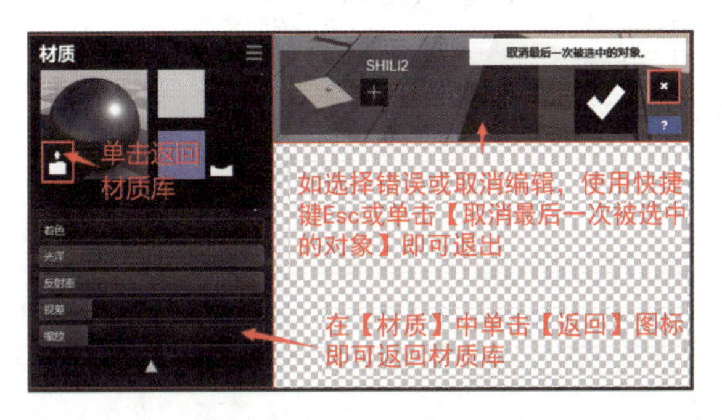

图 4-24　取消当前材质编辑

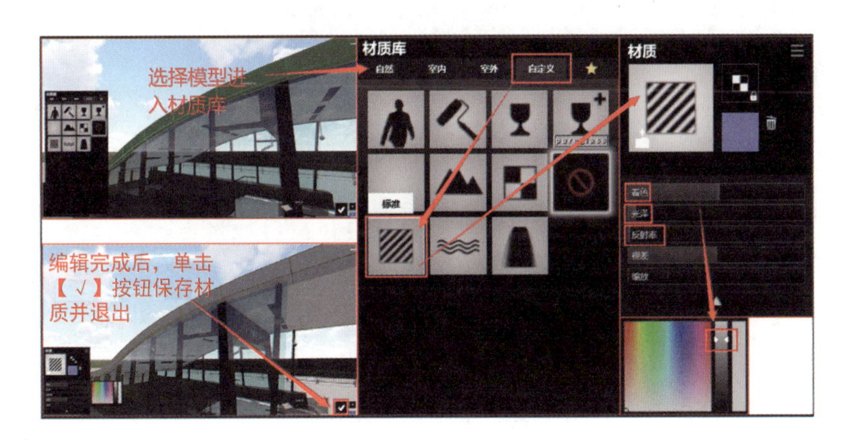

图 4-25　自定义材质编辑

（7）在材质编辑的过程中，如对 3ds Max 内设置的材质贴图不满意，可以选择材质重新替换贴图，但是必须先选择一个 Lumion 材质才可替换贴图，原模型贴图不可直接作调整。

这里选择地面盲道砖模型作分析，盲道模型为室外砖，贴图需要使用盲道样式。

选中盲道模型，然后单击它，在【材质库】内单击【室外】材质，选择【砖】，在【砖类型】

面板内双击选择【材质球】样式，进入【材质】参数调整面板，单击选择颜色贴图，选择一张贴图图像，下方基本参数可以调整缩放，扩展参数调整贴图的方向位置等，完成后单击【√】按钮保存贴图设置并退出，如图 4-26 所示。

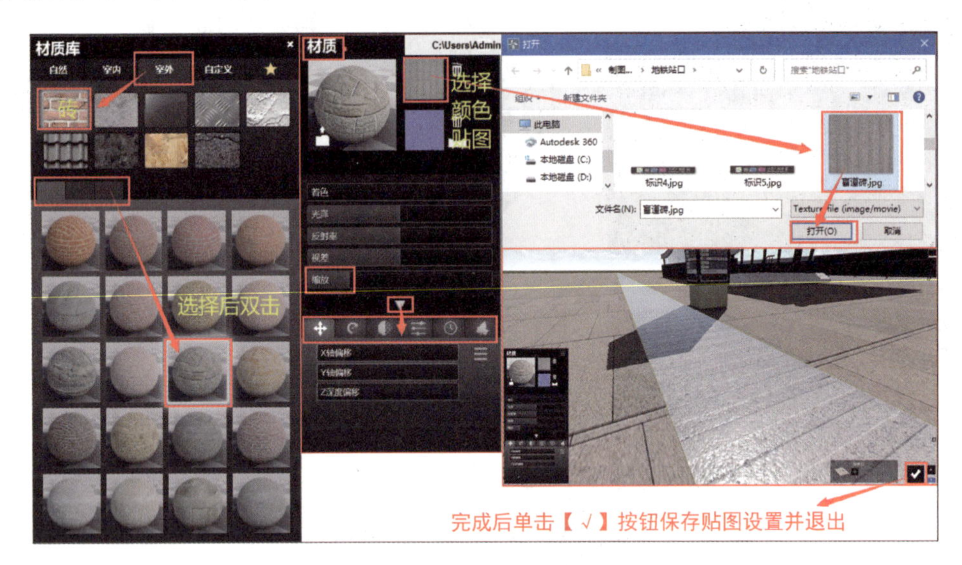

图 4-26 替换贴图

建议在 3ds Max 内设置贴图。使用 Lumion 加入材质后再替换贴图的方式虽然更真实，但是贴图坐标大小没有 3ds Max 的 UVW 贴图坐标设置得准确和方便，还是根据个人习惯选择一种方式即可。

（8）在材质编辑过程中，如果遇到自发光材质，同样可以使用【自定义】材质的扩展设置进行制作。

这里选择出入口顶面面灯模型作分析，材质效果为照明白色灯光。

选中顶面面灯模型，然后单击它，在【材质库】内单击【自定义】材质，双击选择【标准】，在弹出的【材质】参数调整面板中，调整颜色、拖动关闭着色和关闭反射率，在扩展设置里拖动自发光到适合效果，单击【保存】按钮完成该材质编辑，如图 4-27 所示。

（9）在材质编辑过程中，利用【材质】编辑器里的扩展功能可以得到更多的扩展效果。

这里选择场景中的绿植装饰墙分析，效果为绿植墙面，有打底的材料面、面层上有扩展叶片植物覆盖。

选中绿植装饰墙模型，然后单击它，在【材质库】内单击【自然】材质，选择【草丛】，双击选择【材质球】样式，进入【材质】参数调整面板，在下面的扩展设置里调整【叶子】的扩散、【叶子大小】【叶类型】【扩展图案偏移】等操作，单击【√】按钮完成该材质编辑，如图 4-28 所示。

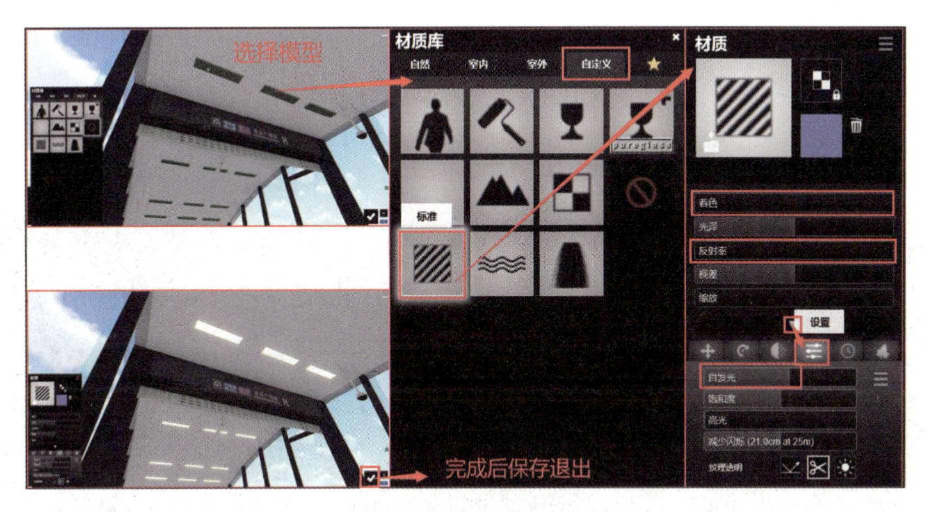

图 4-27　自发光材质

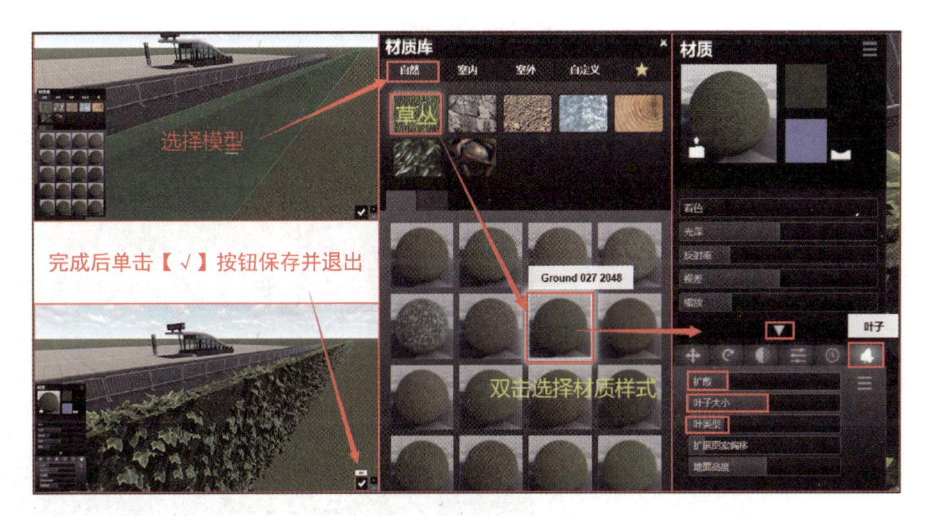

图 4-28　扩展材质

使用 Lumion 材质不要只是单纯使用基本参数，还可以配合使用扩展设置功能，以加强效果细节，记得按快捷键 F5 随时保存。

（10）按照以上所介绍的方法，重复相同的操作步骤，将沥青地面、金属护栏、门头发光字、石材台阶等都给予材质，如图 4-29 所示。

3. 配景模型设置

主体模型场景设置完毕后，按快捷键 Shift+1 回到相机拍摄视角进行检查分析，没有问题的情况下就接着进行周边配景模型的设置，配景包括小品、植物、车辆、建筑、配套设备等内容。

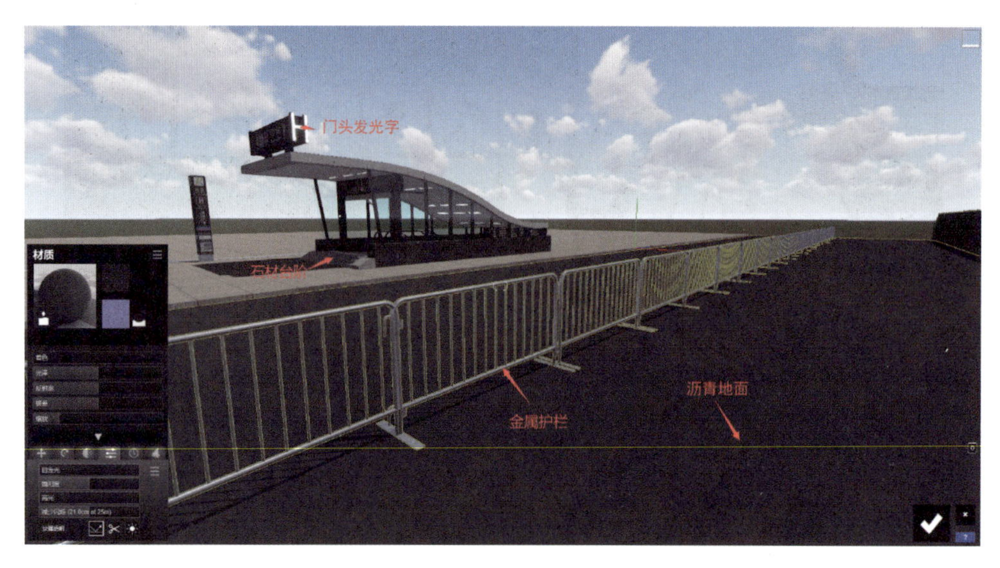

图 4-29　其他材质

1）配景模型调用

配景模型调用有两种方式：一种为直接调用 Lumion 内置模型；另一种为 3ds Max、SketchUp 建立的外部模型调用。

（1）直接调用 Lumion 内置模型。

内置模型调用方式，单击左侧工具栏内【物体】，在【物体】面板内有 8 个物体类型可供选择，如图 4-30 所示。内置模型库里的配景模型均可在该面板内查找选用。

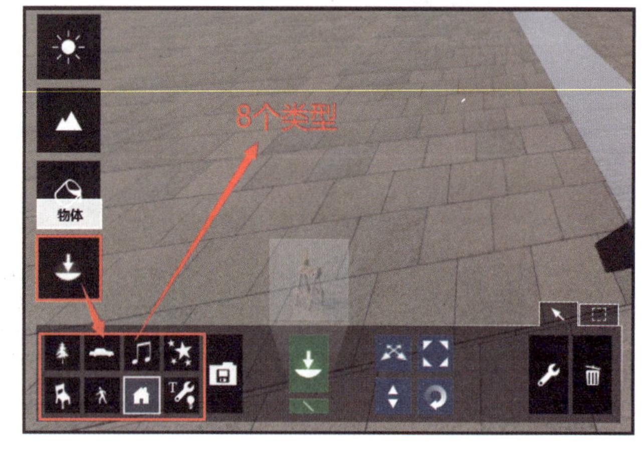

图 4-30 【物体】面板

在这里需要调用内置的室外配景模型，在【物体】面板内单击【室外】物体类型，再单击【选择物体】，即可进入室外素材库，如图 4-31 所示。

教学视频：Lumion 场景编辑 – 配景模型设置

图 4-31　选择物体类型

进入室外素材库内有 11 个素材模型供选择，如图 4-32 所示。根据实际配景要求选择相应种类，按提示在场景内进行放置即可。

图 4-32　模型素材库

如果选择模型后又不想在场景中放置，那就在场景中使用快捷键 Esc 即可取消模型调用。

（2）模型外部调用。

如对 Lumion 内置模型库不满意或查找不到需要的模型，可以使用 3ds Max 制作或打开新模型，修改后再导入 Lumion 作外部调用。

例如，案例中路边的树木是放置在花池内的，而素材库里没有花池模型，那就需要用 3ds Max 制作一个花池模型。单击【文件】菜单，选择【导出】→【导出选定对象】，将其设置为 FBX 格式，再在 Lumion 的【物体】面板中，单击【导入新模型】，如图 4-33 所示。

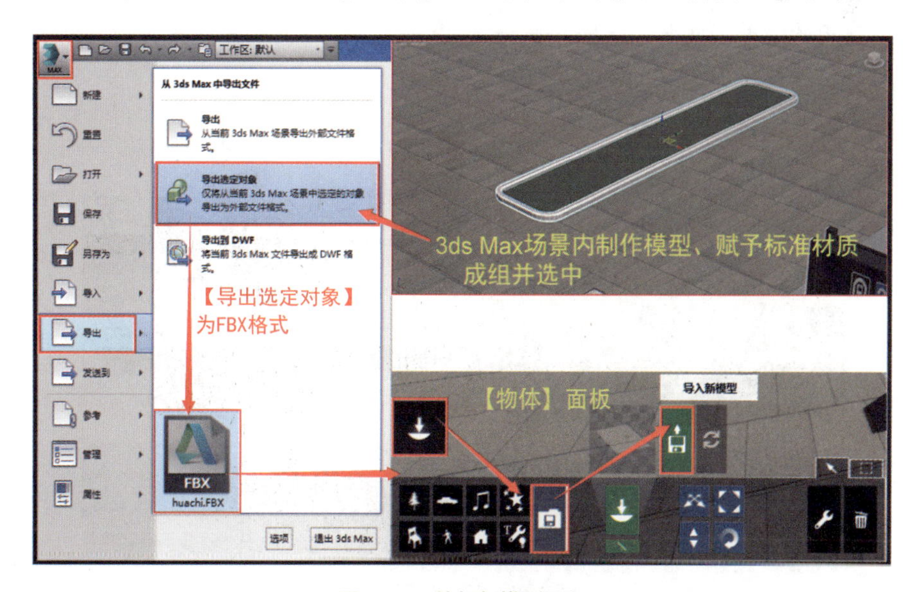

图 4-33　外部新模型导入

新模型导入后使用【物体】面板内的【移动】工具调整位置，也不要忘记为它加上材质，这里的花池添加了土壤材质配扩展出叶片的效果，如图 4-34 所示。

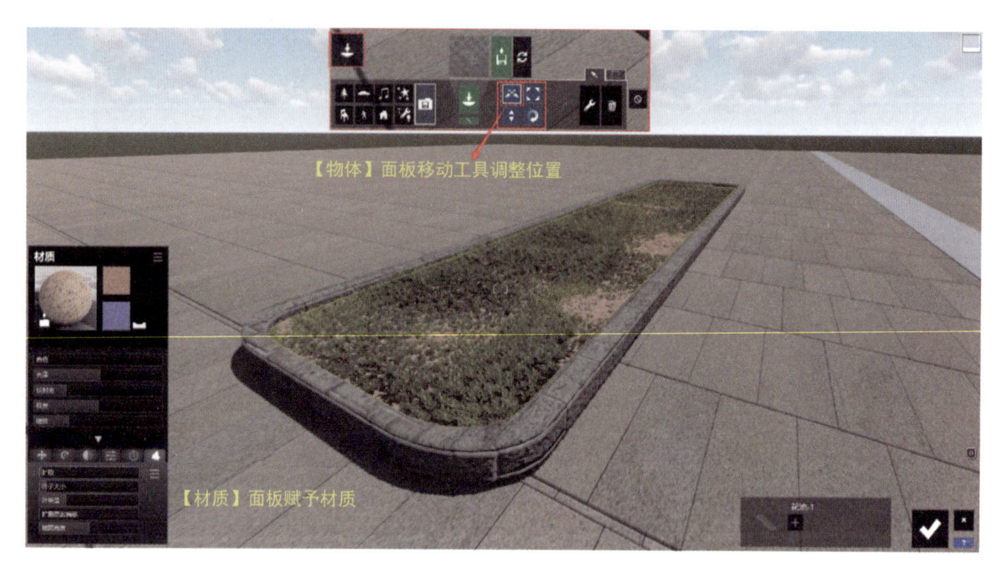

图 4-34 新导入模型调整

2）配景模型设置

在理解两种在场景内调用模型的方式后，就可以按照远近虚实关系，先布置离相机镜头较近的配景模型，再到远处的配景。

（1）树木、绿植配置。

花池导入后，树木、花池内的植物离拍摄视角最近，可以先进行树木、低矮灌木的放置。

在【物体】面板内选择【自然】，单击【选择物体】，在弹出的【自然库】内选择模型在场景内放置。注意不要只选一种样式，穿插着不同样式放置，并且使用移动工具、旋转工具、缩放工具配合调整树木、低矮灌木的错落位置、大小、方向等，如果遇到有模型平面位置高低变化或碰撞情况，软件会自动调整，如图 4-35 所示。

图 4-35 模型调用放置

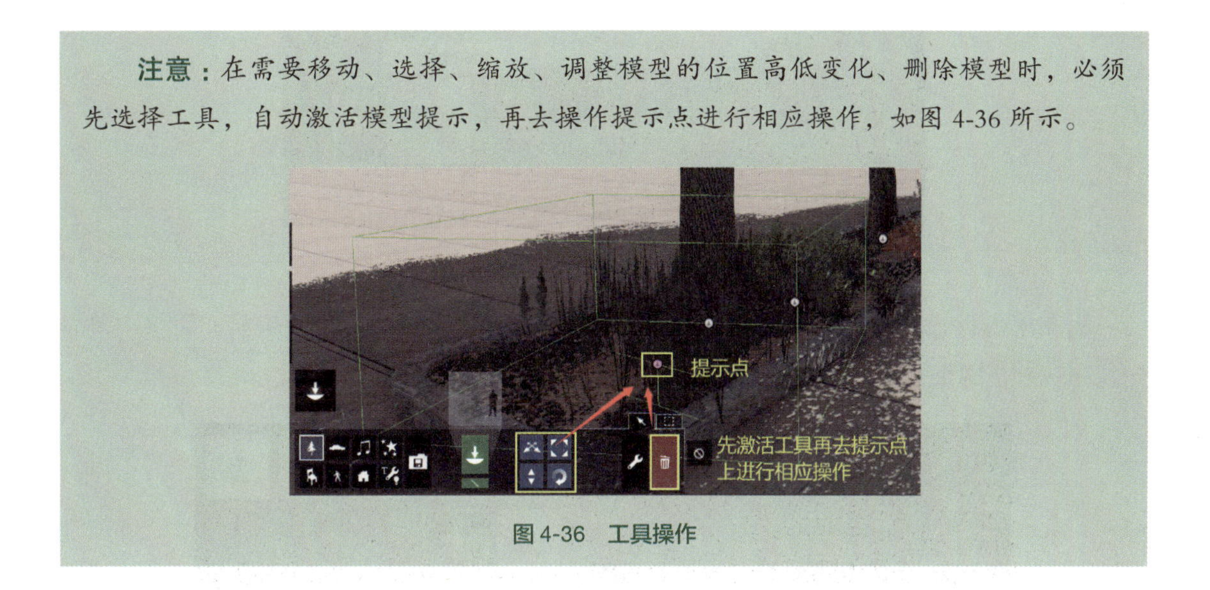

注意：在需要移动、选择、缩放、调整模型的位置高低变化、删除模型时，必须先选择工具，自动激活模型提示，再去操作提示点进行相应操作，如图 4-36 所示。

图 4-36　工具操作

（2）车辆配置。

接着需要布置车行道上的车辆。车流是一种有秩序、但是模型个体又有不同变化的形式类型，如果一个个的个体去进行放置制图效率较低，这时就可以使用【人群安置】放置法调用内置模型，进行统一关联操作。

先在需要操作的区域，调整到适合观察道路的视角，单击【物体】面板上的【交通工具】类型，再使用面板上的【人群安置】工具，在道路上沿着车流方向给出起点和终点，拖动一条安置线，如图 4-37 所示。

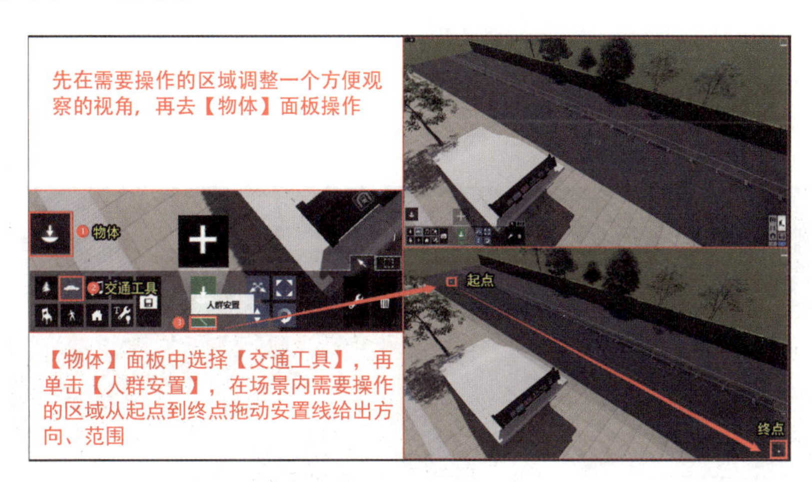

图 4-37　人群安置操作

接着在弹出的【人群安置】设置对话框中，选择【强制在地面上】命令，这是因为本案例中车行道比人行道地平面低，但是调用的模型又是按地平面高度放置的，所以需要强制将调用的模型放置在当前所在地面区域位置，如图 4-38 所示。

图 4-38 【人群安置】设置对话框

重复单击设置对话框内的【+】，添加【交通工具库】内的多个品种模型，建议不要单一使用一种，但也要符合常规分类要求，如图 4-39 所示。

图 4-39 添加多个安置模型种类

拖动【调整设置】对话框内的【项目数】【随机偏移】等参数滑块作出变化效果，调整视角并观察效果，检查没有问题后，单击右侧【√】按钮完成编辑，如图 4-40 所示。

使用上述方式放置其他车行道上的模型。

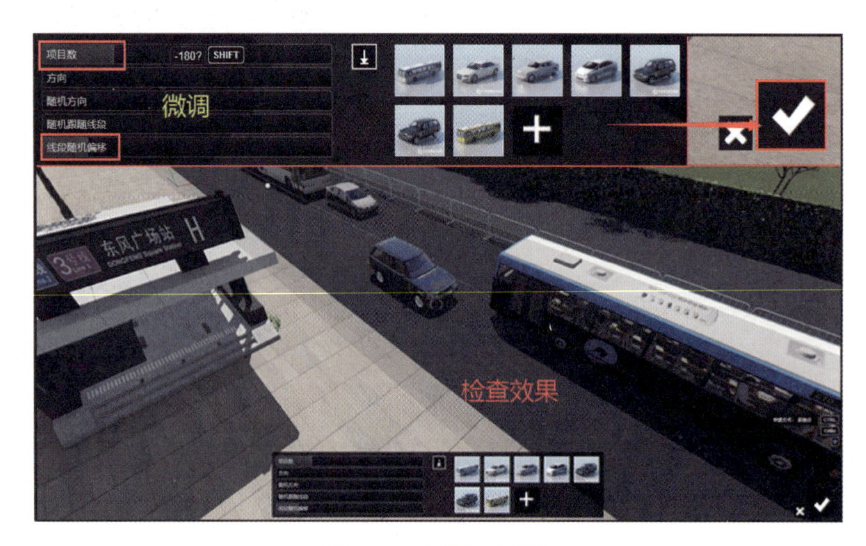

图 4-40 安置参数调整

如果是一般单独个体、无序分布的模型就使用放置模式单独放置；如果是多个有序分布且只是随机变化的模型就使用【人群安置】功能。

（3）关联模型。

放置完交通工具、植物等后，效果图中的发现模型慢慢多起来了，如果要将模型同时移动、旋转，或调整位置、方向就会有些不方便，如图 4-41 所示。

图 4-41　观察场景

这就需要使用【关联】功能来对模型进行同类别全选操作。

关联操作前需要明确，在场景内所有植物都属于自然分类，所有车辆都属于交通工具分类。

以交通工具为例，单击【物体】面板内的【交通工具】类别，再单击【关联菜单】按钮，发现所有车辆的提示点都已激活，单击其中一辆车的提示点，如图 4-42 所示。

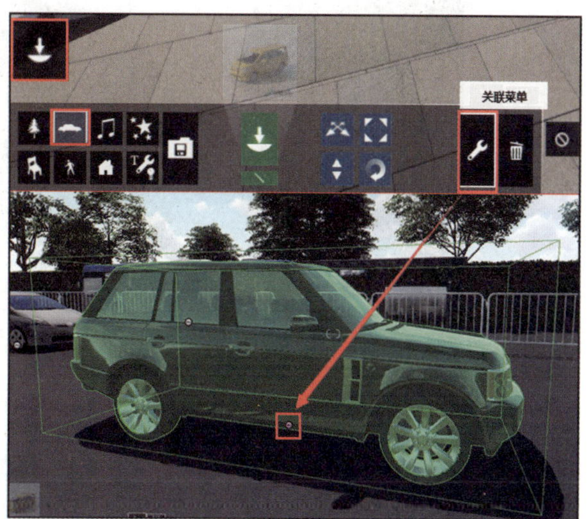

图 4-42　关联选择

单击提示点后弹出【关联】菜单，单击【选择】按钮，在弹出的菜单里单击【选择类别中的所有对象】选项，这时发现所有交通工具类别的模型都被选中，如图 4-43 所示。

关联操作方便对所有同类别模型同时进行移动、删除等操作。

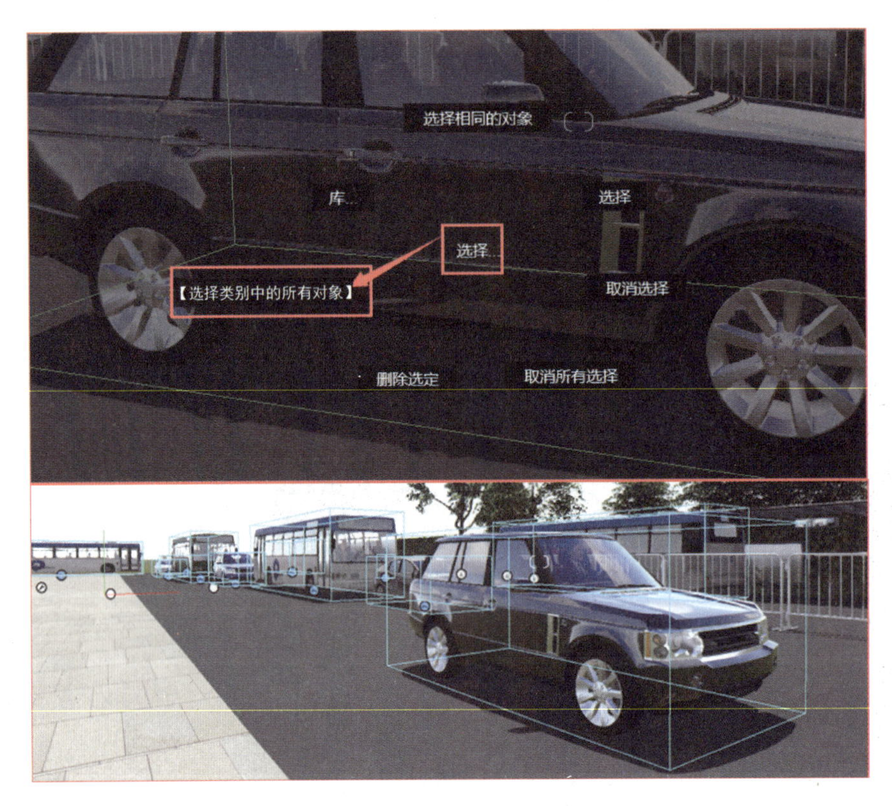

图 4-43 关联同类别全选

（4）建筑配置。

接着需要到【物体】面板的【室外】类别中调用远处的建筑模型，建筑模型的作用是将远处的地平线和未制作空缺部分做遮挡，否则显得空间不完整，如图 4-44 所示。

图 4-44 添加建筑

在地平线上如果已有物体进行遮挡，附加建筑尽量少做，否则不易突出表现主体效果。

（5）细节配置。

进一步加强场景布置细节。例如，落叶、角落的杂草、广告标牌、垃圾桶、电话亭、座椅、公共设施等细节，如图 4-45 所示。

图 4-45 添加细节

如果需要复制相同模型时，单击【移动】图标，按住 Alt 键不放，拖动该模型即可复制。例如，相同的座椅、路灯等。在添加的过程中记得经常按快捷键 Shift+1 弹出的相机视角查看效果。

尽量通过增加细节布置的方式将看着比较空旷的区域遮挡住，但还是点到即可，不要喧宾夺主。

（6）特效设置。

如果远处地平线还有空隙，但是又无法用建筑等模型进行遮挡的情况下，可以使用【物体】面板内的【特效】，在【特效库】里选择一个雾气类型进行遮挡。千万不要再放置实体模型去拼凑，这样做易造成视图的凌乱。

【特效】并非所有时候都用得到，一定是根据需要进行选择。当需要使用【特效】效果时，可单击【物体】面板中的【特效】按钮，然后选择需要做出特效的物体进行特效操作，例如，【浓度】【区域】【动画速度】等，如图 4-46 所示。

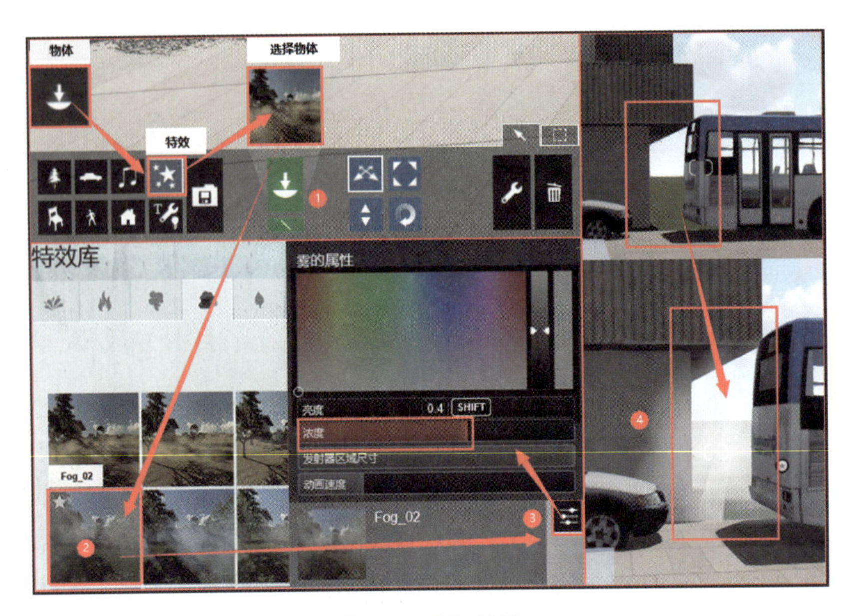

图 4-46　添加特效

有趣的细节可以增加效果图的观赏性，但是不建议添加人物，人物真实性的细节太多，把握不好就会使人感觉不真实。

4. 添加光源

（1）在制作观察过程中我们发现，出入口位置做了自发光材质，表现了灯具打开的效果，而门头下的地面和侧面没有光照效果，如图 4-47 所示。

图 4-47　光照效果分析

（2）将相机镜头调整到适合操作视角位置，在【物体】面板内选择【灯光与实用工具】，单击【选择物体】按钮,在弹出的【光源和工具库】对话框中选择【区域光源】→【线性灯光】,放置在场景内灯光模型位置，如图 4-48 所示。

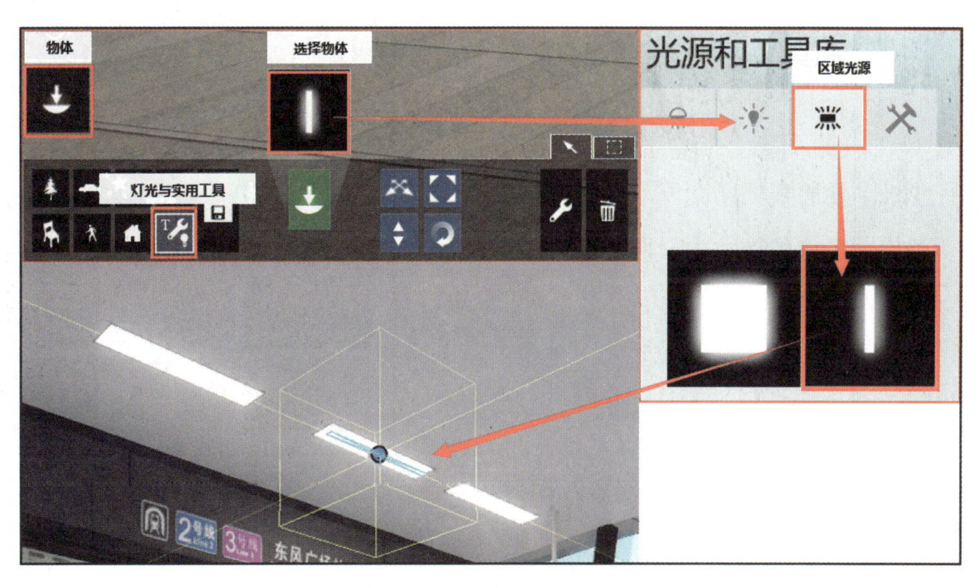

图 4-48　灯光调用

（3）灯光放置后,在右侧弹出的【光源属性】面板内拖动滑块调整【长度】【宽度】【减弱】参数。

注意： 这个位置虽然有 3 盏面灯模型，但是只需要制作一个光源，并且长、宽在居中位置有照明效果即可，因为 3 盏灯离得很近，门头侧面两边预留一点无光区域相对更真实，如图 4-49 所示。

图 4-49　灯光

完成后单击左侧面板上的【取消选择】图标 ⊘ 退出编辑。

经验

白天的日光效果可以不必做光源，但是加强细节效果会更好。

4.2.3 Lumion 渲染出图

1. 定义风格

图 4-50 选择风格

整体场景设置完毕后使用快捷键 F5 覆盖存储，接下来进行风格定义和渲染出图。

（1）单击右侧系统【指令】面板内的【拍照模式】，进入【拍照模式】后单击【自定义风格】按钮，在弹出的【选择风格】界面中双击选择【真实】风格，如图 4-50 所示。

Lumion 预设了 9 种风格供选择，【真实】风格对室外光线、材质表现相对适合，并且已自带了一些效果，如图 4-51 所示。

通过观察发现，在【真实】风格内没有控制太阳效果的选项，这对室外阳光光照效果来说不太适合，需要进行调整。

教学视频：Lumion 渲染出图

图 4-51 【真实】风格

单击【FX】图标添加效果工具按钮，在弹出的【选择照片效果】界面中单击【光与影】选项卡，在选项卡内选择【太阳】，双击添加，如图 4-52 所示。

图 4-52 添加效果

添加完成后，在【太阳】效果中拖动调整参数，注意有灯光光源的区域最好是在阴影内，不要有阳光照射到，从而保证效果的真实。完成后单击【返回到效果】按钮完成设置，如图 4-53 所示。

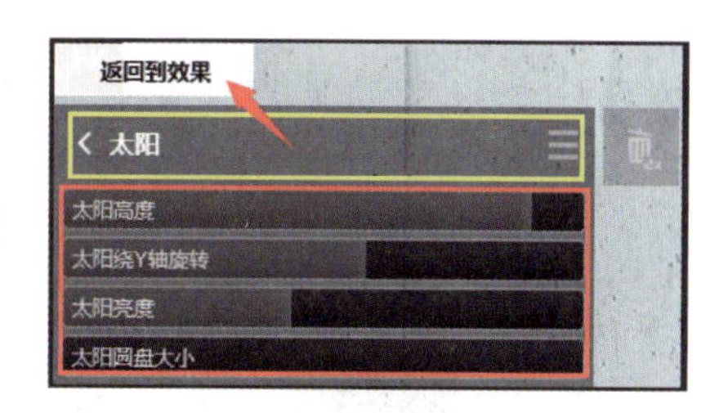

图 4-53 调整效果参数

（2）如果拍摄镜头没有进行校正，或难以校正的情况下，可在【拍照模式】内添加一个两点透视进行校正，这跟 3ds Max 的摄影机校正作用相同。

在【拍照模式】内，单击【FX】图标添加效果，弹出【选择照片效果】界面，选择【相机】选项卡，使用【2 点透视】效果，将该效果添加到风格中，如图 4-54 所示。

图 4-54 添加 2 点透视效果

添加后，检查效果，调整后按快捷键 Esc 返回，如不需要改效果，双击【删除效果】图标即可。

2. 渲染输出

在拍照模式观察预览图，检查效果、拍摄角度，如果效果满意，存储后不再做调整就可以渲染出图。

（1）单击右侧【渲染照片】图标进入【渲染照片】界面，如图 4-55 所示。

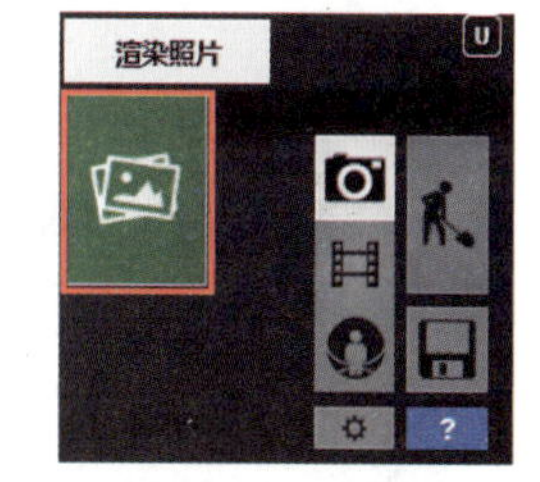

图 4-55 渲染照片

（2）进入【渲染照片】界面，在【当前拍摄】选项卡内，单击附加输出里的 M，即【保存材质 ID 图】（通道图），然后单击选择【海报】，弹出【另存为】对话框，输入文件名，此处可以使用中文命名，选择文件保存类型为 TGA 格式，如图 4-56 所示。

Lumion 的渲染速度很快，所以选择海报最大尺寸出图，不用担心渲染快慢的问题。在观察渲染进度时发现，Lumion 会在渲染效果的同时渲染一张通道图，本案例渲染时间为 4min26s，非常快，渲染完成后单击【OK】按钮关闭【渲染】界面，如图 4-57 所示。

（3）渲染完毕后进行存储，完成后关闭 Lumion 退出软件，该室外场景制作完成。

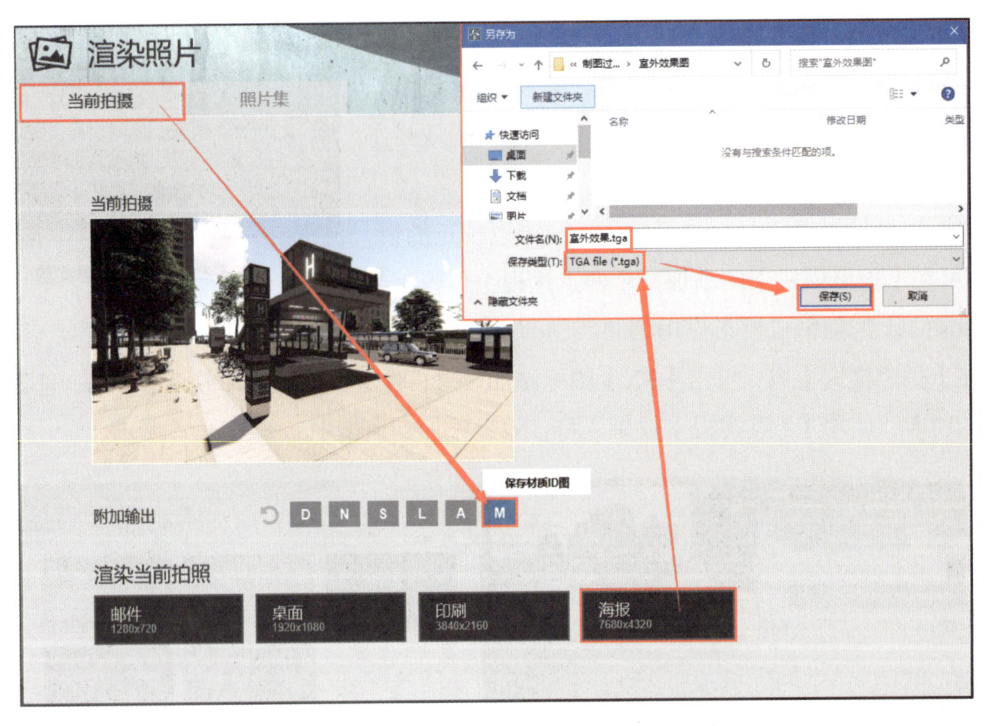

图 4-56　出图设置

图 4-57　效果渲染

Lumion、3ds Max 都可以制作室外效果，但是 Lumion 除模型不可编辑外，在材质、渲染、室外光源模拟、效率等方面均占优势，可根据个人习惯进行软件的选择运用。

本任务主要介绍了室外效果图制作的前期工作，介绍了 3dx Max 图形文件导出的方法，为下一步室外场景模型的效果图制作奠定了基础。同时，重点介绍使用 Lumion 进行室外效果图制作的整个过程，特别对在操作时注意的要点作出了说明，下一步将对完成的室外场景模型的效果进行后期处理。

任务 4.3　室外效果图后期处理

【学习内容】

1. 室外效果图后期处理。

2. 室外效果图出图。

【学习方法】

建议读者根据教学内容认真观摩学习，重点是跟着教师的思路进行练习。

室外效果图与室内效果图相比，在后期处理上要更便捷，因为基本上都是远景表现，不像室内中会有一些特写镜头表现，所以主要是处理好光照关系即可。

4.3.1　室外效果图后期处理

教学视频：室外效果图后期处理

（1）使用快捷键 Ctrl+L，打开【色阶】对话框，在该对话框中拖动黑色滑块向右移动，在去灰的同时加强暗部效果，如图 4-58 所示。

（2）使用快捷键 Ctrl+M，打开【曲线】对话框，拖动将图像的整体明亮度稍微调高，如图 4-59 所示。

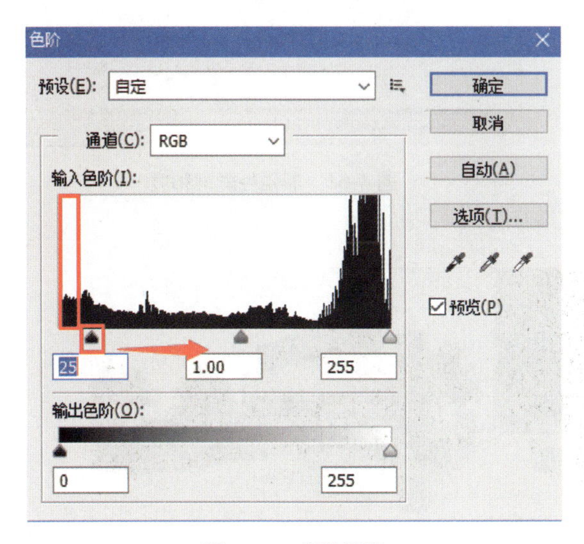

图 4-58　色阶调整

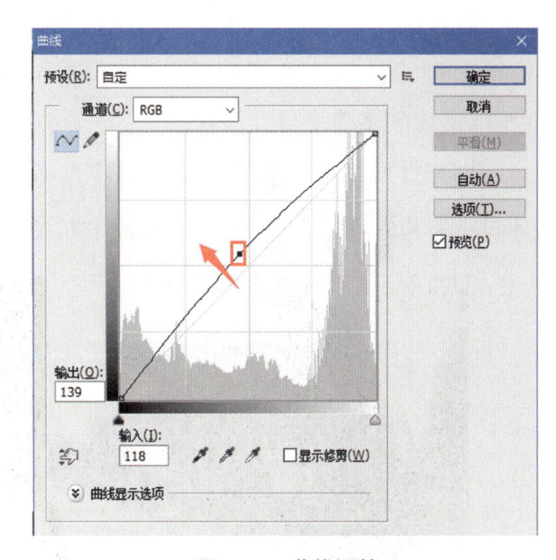

图 4-59　曲线调整

（3）因为制作的是室外效果，没有墙体遮挡，所以阳光光照效果很全面，室外需要刻意做成稍微曝光的效果，这样明暗对比度会更强，更接近真实效果，如图 4-60 所示。

图 4-60 加强明暗对比

（4）按快捷键 Ctrl+U 打开【色相 / 饱和度】对话框，向右拖动【饱和度】，加强图像颜色的纯度，现实室外场景在光线特别强烈的照射下，色彩反馈也会更强烈，如图 4-61 所示。

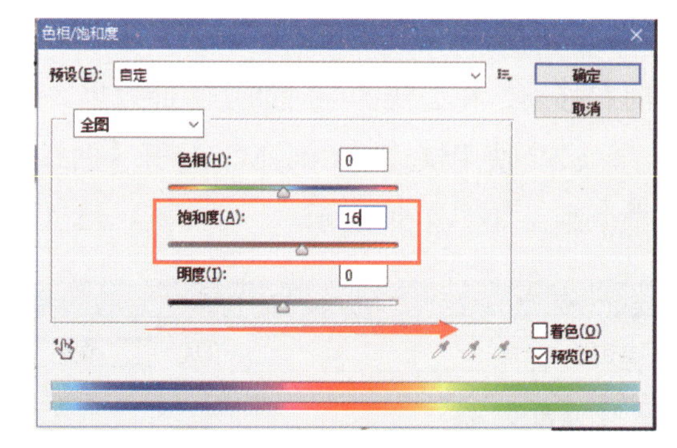

图 4-61 加强色彩饱和度

4.3.2 效果图出图

后期处理完后，如果不再做其他调整，按快捷键 Ctrl+S 将处理完成的效果图另存为 JPEG 格式的图像文件。

打开效果图和现场照片做对比检查是否还有问题需要处理，如图 4-62 所示，至此室外效果图制作结束。

图 4-62 效果对比

本任务主要介绍使用 Photoshop 对室外效果图进行后期处理的整个过程，对在操作时特别要注意的要点作出了说明。只有勤学苦练，才可以熟能生巧。

模块5 计算机效果图表现知识拓展

模块导读

效果图表现不仅是设计师设计创意和客户要求完美融合的作品，也可以有不同的方式对作品进行展现，让表现效果不只有单纯的一种方式。

本模块在效果图制作的基础上，介绍了市场、行业中其他的一些效果图表现形式，使效果图多元化表现。部分技巧和方法通过单一的文字和图片不能全面、透彻地诠释，建议使用配套的视频微课，多次练习才能熟练应用。

任务5.1 全景效果图表现

【学习内容】

1. 了解全景效果图。
2. 学习全景效果图的制作。
3. 了解全景效果图编辑软件。

【学习方法】

本任务作为效果图设计制作的拓展内容，需要在掌握前期基础知识和技能的前提下进行，多做练习，形成自己的风格。

3ds Max 效果图表现过程中，基本都是使用传统的单镜头拍摄图像，虽然便捷，但是有时同一场景中不能更好地表达拍摄不到的场景空间范围，必须再增加其他角度的摄影机进行拍摄。而全景效果图可以更直观、全面地表达空间的多个面，如图 5-1 所示。

图 5-1 全景图像

5.1.1 全景图场景准备

1. 3ds Max 全景图场景基础要求

全景效果图是指直观、完整地展现场景空间所有景象效果的计算机设计图。

制作全景效果图必须要完成所需表现的所有空间的场景，因此在使用 3ds Max 建模时，一定要把需要表现的空间的 4 个方向的场景模型、材质、灯光等内容都建立完整。

打开本书配套素材【客厅厨房餐厅（全景）.max】模型文件或建立场景，如图 5-2 所示。

教学视频：全景效果图场景制作

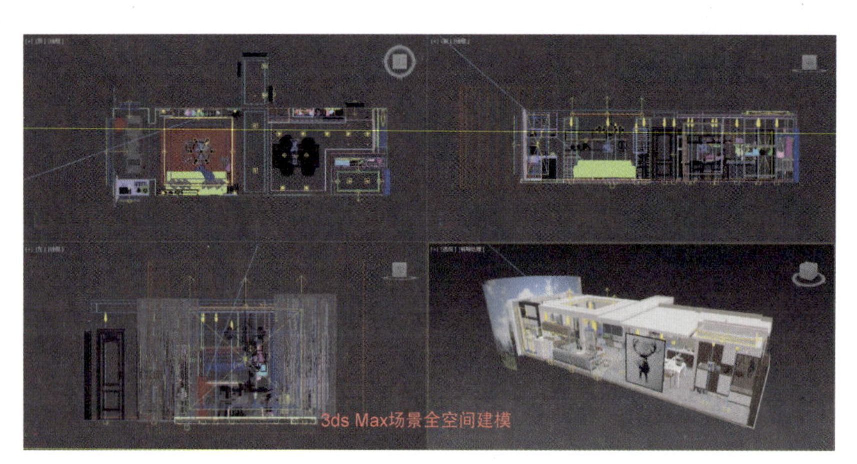

图 5-2 3ds Max 场景全空间模型

在建立完成场景后，要使用【测试渲染】检查各个方向是否存在问题，如图 5-3 所示。

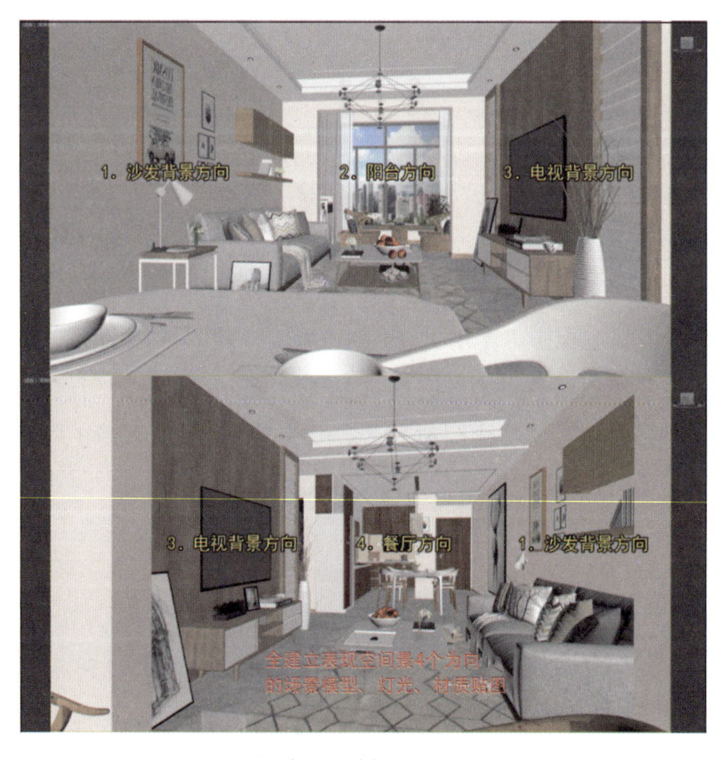

图 5-3 全空间建模测试渲染检查

（1）确定模型场景建立、材质贴图、灯光制作完成后，执行【创建】面板中的【摄影机】,【标准】摄影机使用【自由】摄影机类型，在【前视图】中创建一个【自由】摄影机，并移动到空间居中高度，注意摄影机不要放置到有模型遮挡的位置，如图 5-4 所示。

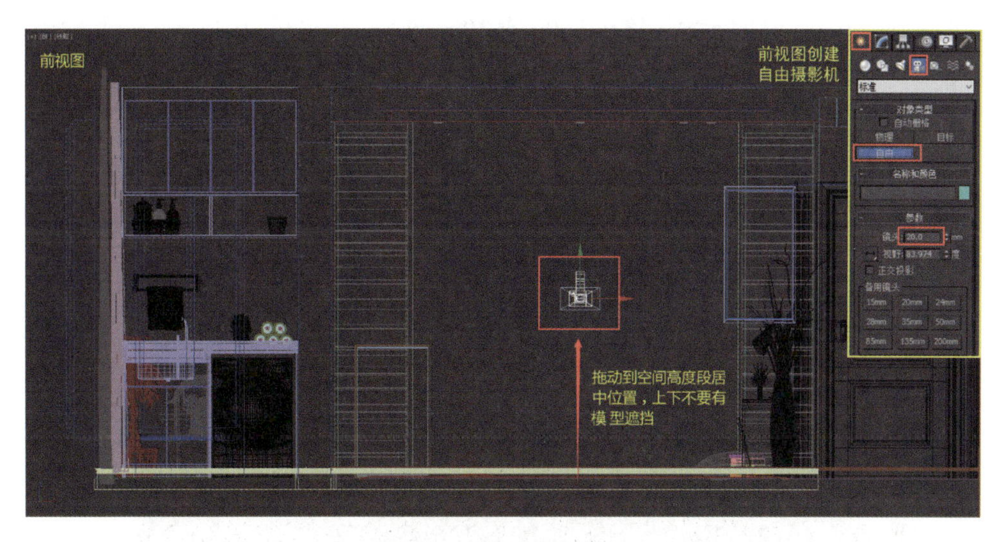

图 5-4　创建自由摄影机

（2）切换到【平面视图】，选中【自由摄影机】，将其移动到空间的居中位置，在【修改】面板内调整【镜头参数】数值为 20 ～ 21mm，移动复制一个到另外一个空间，注意摄影机不要放置到有模型遮挡的位置，如图 5-5 所示。

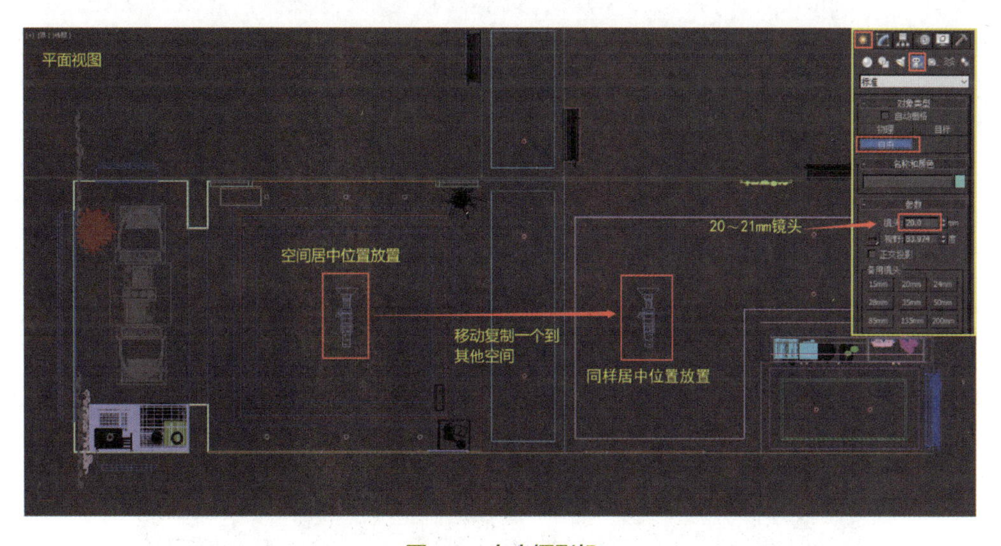

图 5-5　自由摄影机

（3）由于该场景为全建模场景，需要渲染高像素图像才能看得比较清晰，而全景图渲染又要以 2∶1 的比例调整【输出大小】中宽度和高度的参数。例如，【宽 6000】【高 3000】像素，【宽 4000】【高 2000】像素。

以本任务为例，将【输出大小】的宽度参数设置在 6000 像素，高度参数设置在 3000

像素较为适合，这样可以保证渲染全景图像的清晰度。

按快捷键 F10 打开【渲染设置】对话框，调用 V-Ray 渲染器，在【公用】参数展卷栏下以【2：1】的比例调整【输出大小】中宽度和高度的参数，将【输出大小】的宽度参数设置在 4000 或 6000，高度参数设置在 2000 或 3000；【渲染输出】中单击【文件】按钮，重命名为【全景效果图】，确认存储路径，存储格式为 TIF 图像文件格式，如图 5-6 所示。

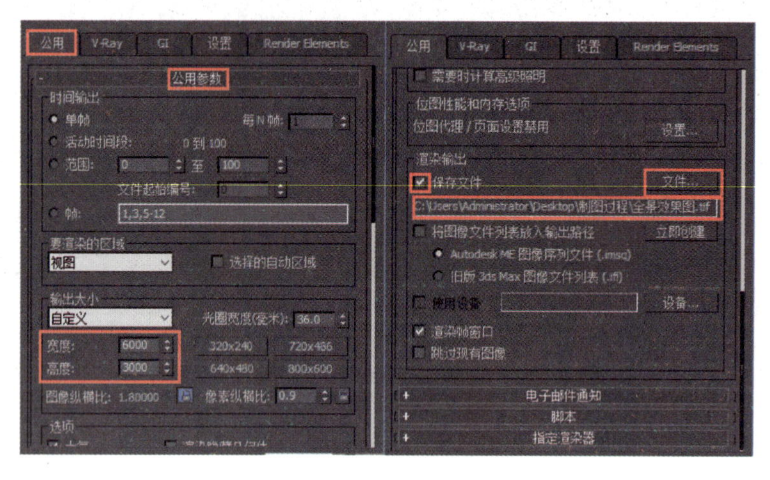

图 5-6 公用参数设置

如果全景图出图尺寸太小，全局旋转观察画面时会不够清晰，但是尺寸过大渲染速度又会较慢，因此出图大小需要根据客户需求及个人计算机配置条件进行调整。测试渲染图像尺寸大小建议使用【宽 1000】【高 500】像素比例。

（4）在 V-Ray 的内置【帧缓冲区】展卷栏中，不勾选【启用内置帧缓冲区】选项；在【全局开关 [无名汉化]】展卷栏下不勾选【概率灯光】选项，其他参数保持默认不变，如图 5-7 所示。

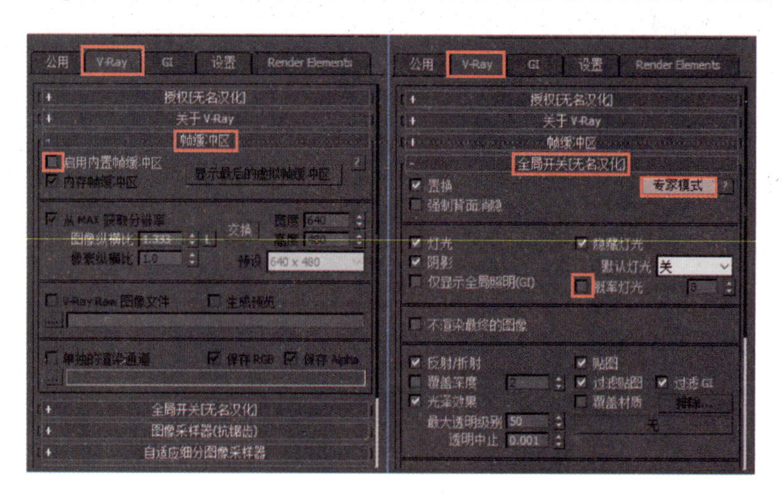

图 5-7 【帧缓冲区】【全局开关】设置

（5）在【图像采样器（抗锯齿）】展卷栏下，【类型】设置为【自适应细分】，勾选【图像过滤器】选项，【过滤器】类型选择 VRayLanczosFilter；在【自适应细分图像采样器】展卷栏中设置【最小速率】为 -1，【最大速率】为 2，【颜色阈值】为 0.1；在【全局确定性蒙特卡洛】展卷栏中设置【噪波阈值】为 0.01，【最小采样】为 16，如图 5-8 所示。

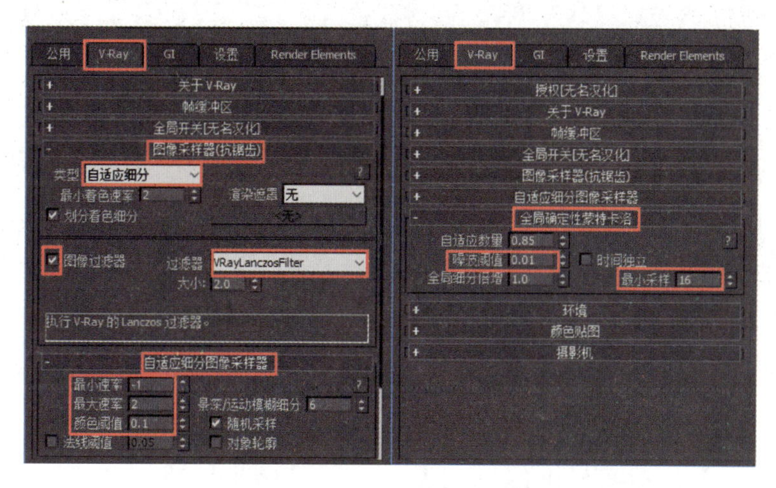

图 5-8 【图像采样器】【全局确定性蒙特卡洛】设置

（6）在【颜色贴图】展卷栏下，【类型】选择【指数】，勾选【子像素贴图】和【钳制输出】选项，【模式】下拉列表中选择【颜色贴图和伽玛】；在【摄影机】展卷栏下，【类型】选择【球形】，勾选【覆盖视野】选项，输入【360.0】，如图 5-9 所示。

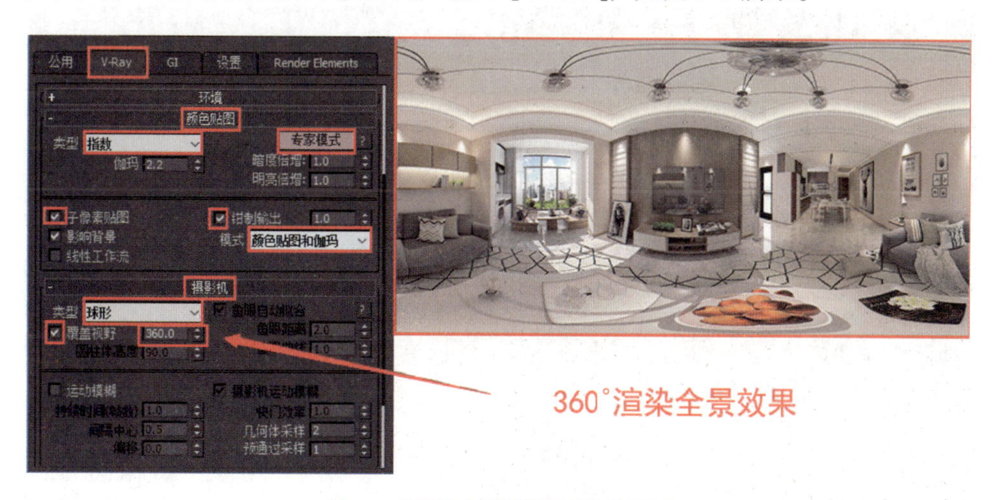

图 5-9 【颜色贴图】【摄影机】设置

（7）在【GI】选项卡中，【全局照明［无名汉化］】展卷栏下，勾选【启用全局光照明（GI）】选项，【首次引擎】下拉列表中选择【发光图】，【二次引擎】下拉列表中选择【灯光缓存】，勾选【环境阻光（AO）】选项，使用默认参数值；在【发光图】展卷栏下，【当前预设】设置为【中】，【细分】设置为 50，【插值采样】设置为 20；在【灯光缓存】展卷栏下，将【细分】设置为 1000，其他参数可以保持默认，如图 5-10 所示。

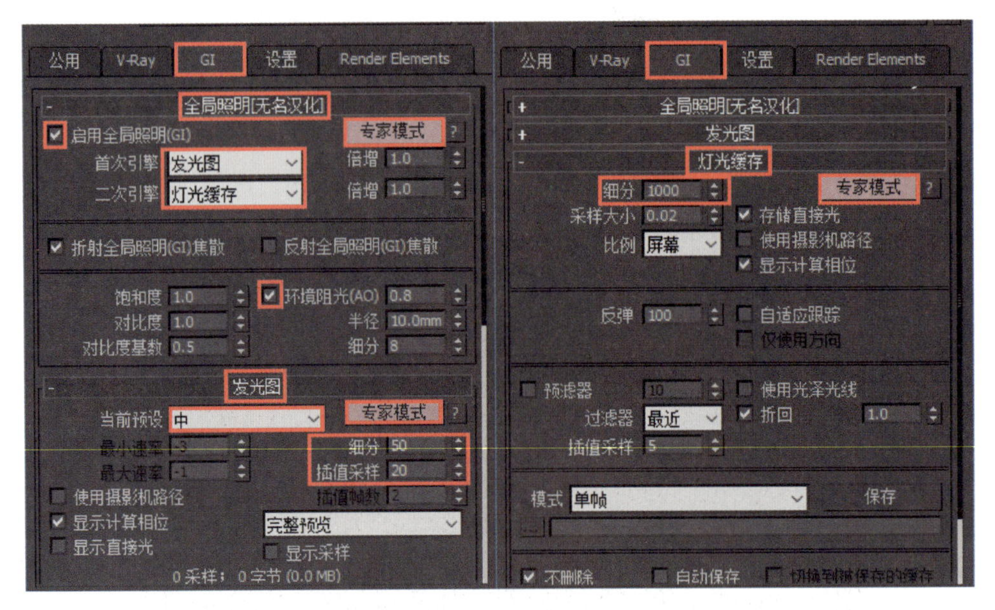

图 5-10 【全局照明】【发光图】【灯光缓存】设置

（8）在【设置】面板中，展开【系统】展卷栏，在【序列】下拉列表中选择【三角剖分】，不勾选【显示消息日志窗口】选项，其他参数保持默认。

将调整好的【全景图像渲染设置】参数在【渲染设置】面板内进行预设保存，重命名为【全景图渲染】，以便直接调用，如图 5-11 所示。

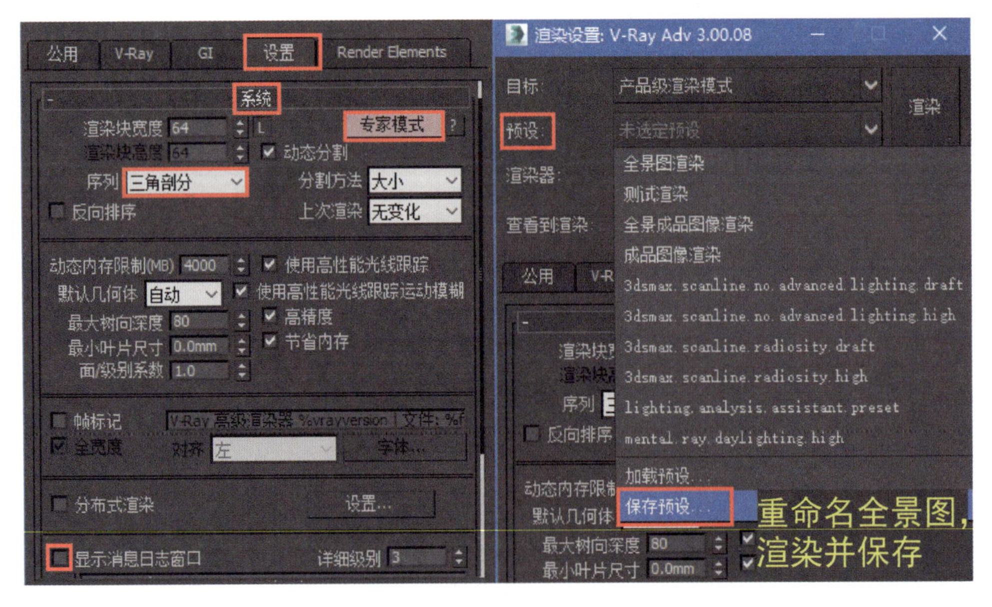

图 5-11 系统设置、预设存储

（9）由于场景内有多个摄影机，要记得依次进行渲染出图，并将渲染的最终图像、通道图像存储到同一个文件夹中，如图 5-12 所示。

图 5-12　摄影机依次渲染出图

渲染全景效果图时由于输出图像尺寸过大、渲染内容细节较多、需要渲染多个摄影机镜头等因素，建议减小渲染效果参数，或使用多台机器同时渲染，或上传渲染农场渲染以节约时间。

另外，还可以使用光子图方式渲染，如果用个人计算机直接渲染，这么大的图像在渲染构建灯光缓存时，每个像素都要计算光子量，出图像素尺寸越大，计算量越大，会影响出图效率。具体方法可参考本模块内【室内夜景表现】任务下的光子图渲染部分。

2. 全景图后期处理

（1）使用 Photoshop 软件，对渲染出的效果图进行后期处理。在 Photoshop 中使用快捷键 Ctrl+L 色阶去灰度、快捷键 Ctrl+U 色相 / 饱和度校色、快捷键 Ctrl+M 曲线调整明暗等操作，如图 5-13 所示。

因为制作的全景效果图是 360° 图像，不再是两点透视，所以在处理后期图像时尽量不要刻意添加修改变形后的内容，否则很难校正，适当微调就好。再配合通道图，将需要调整的局部内容修整即可。

（2）在处理完图像后保存，【文件名】改为【全景效果图】，选择 JPEG 文件格式，在弹出的【JPEG 选项】对话框中选择【最佳】效果、【大文件】存储，如图 5-14 所示。

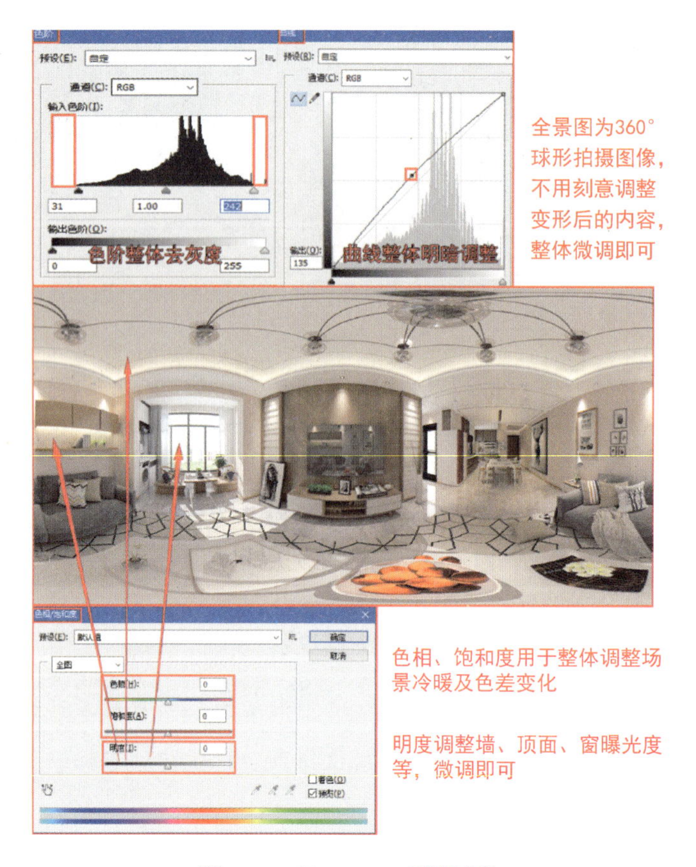

图 5-13 Photoshop 后期处理

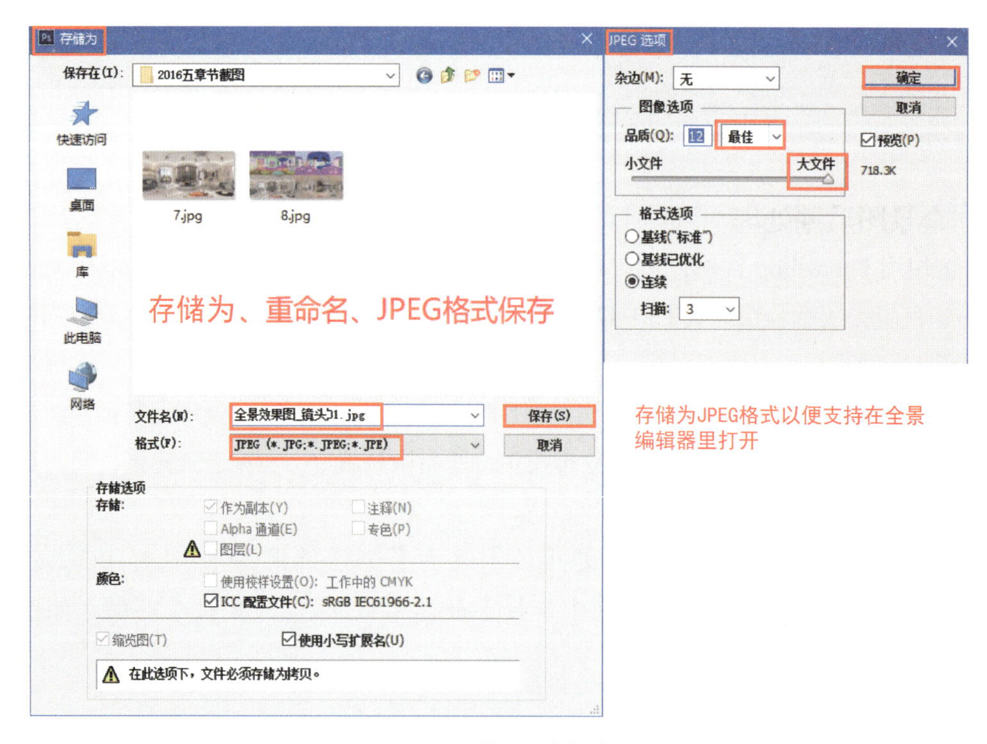

图 5-14 处理图像存储

全景图像是不能在 3ds Max 内直接生成 360° 可旋转画面观看效果的，只能生成全景 2：1 基础图像，所以需要使用其他全景编辑软件来生成 360° 可旋转观察模式。全景图像编辑软件很多，一般使用“720 云”或 Pano2VR，把渲染的全景图像编辑后生成 360° 旋转画面。对于新手来说，“720 云”的操作相对要直观一些，但是这些编辑生成软件一般只支持 JPEG 格式的图像。

5.1.2　全景效果图的编辑生成

常用的全景图像编辑软件有“720 云”和 Pano2VR，如图 5-15 所示。相对来说，Pano2VR 的编辑方式更多，但是分享不太方便，不太适合初学者操作。“720 云”操作直观简捷，分享便捷，但是商业限制较多，可以根据个人情况进行选择，这里以“720 云”编辑软件进行介绍。

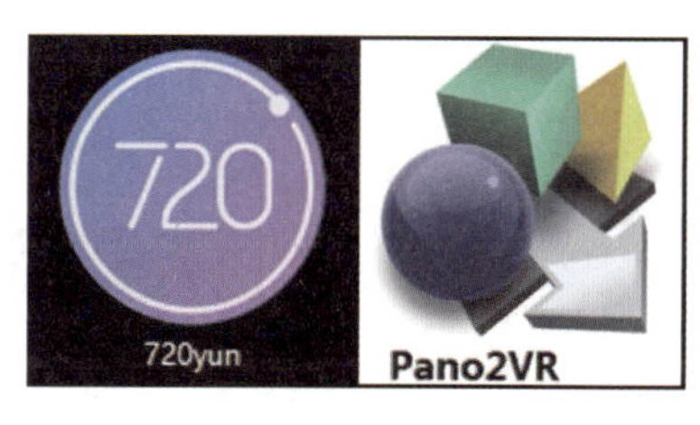

图 5-15　全景图像编辑软件

（1）打开本书配套素材【全景效果图 .jpg】文件或个人渲染的全景图像，保存到个人手机。

使用手机下载安装“720 云”App 客户端，打开注册登录 App，并单击 + 图标添加已经存储到手机的本地全景图像，如图 5-16 所示。

教学视频：全景效果图编辑生成

图 5-16　720 云手机 App 客户端

现在“720 云”已停用 PC 客户端，只能在手机端或网页端上传操作，网页端不可编辑，手机端可简单编辑，对于初学者而言更易上手。

（2）上传完成，等待【2：1 转六面体】模式生成全景，添加全景效果图的名称，单击【发布】按钮。发布完成后会提示【上传成功】,此时单击【我的】图标进入作品,如图 5-17 所示。

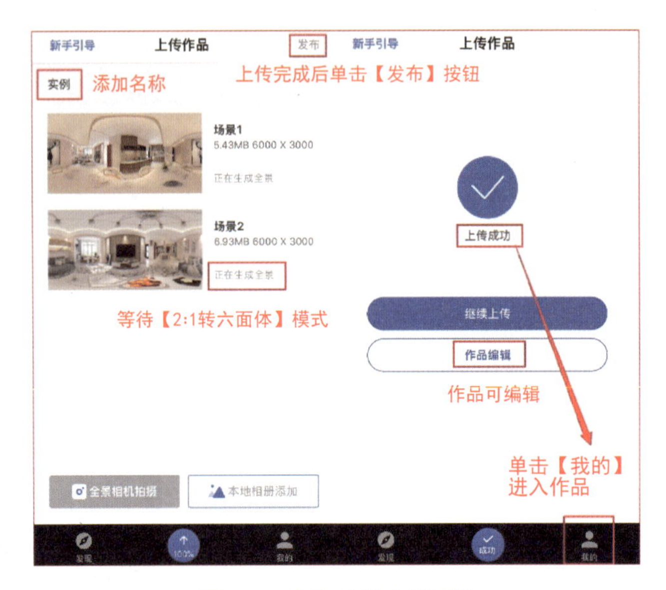

图 5-17　添加本地全景图像

作品完成后，如果需要简单编辑可以单击【作品编辑】按钮继续进行操作。

（3）进入【我的】作品后,单击【管理作品】按钮可添加可视化效果编辑,如图 5-18 所示。

（4）进入【管理作品】后，单击【编辑】按钮进入添加效果编辑，如图 5-19 所示。

图 5-18　管理作品

图 5-19　编辑作品

（5）进入编辑界面后,在场景 1 内单击下方【热点】→【新增热点】按钮选择一个场景，添加一个转场热点，下一步挑选一个热点图标【确认添加】，在场景内旋转到另外一个空间观察面放置，最后单击右上角【保存】按钮完成，如图 5-20 所示，另外一个场景用相同方法设置热点。

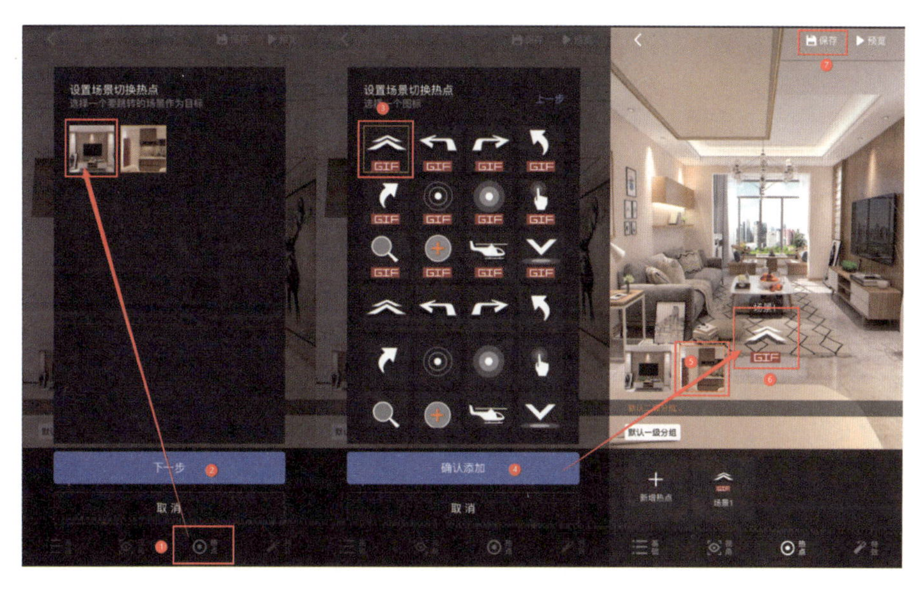

图 5-20 热点效果编辑

（6）进入【我的】作品后单击预览图预览作品效果，右上角单击分享即可复制链接发送或直接分享到其他 App，如图 5-21 所示。

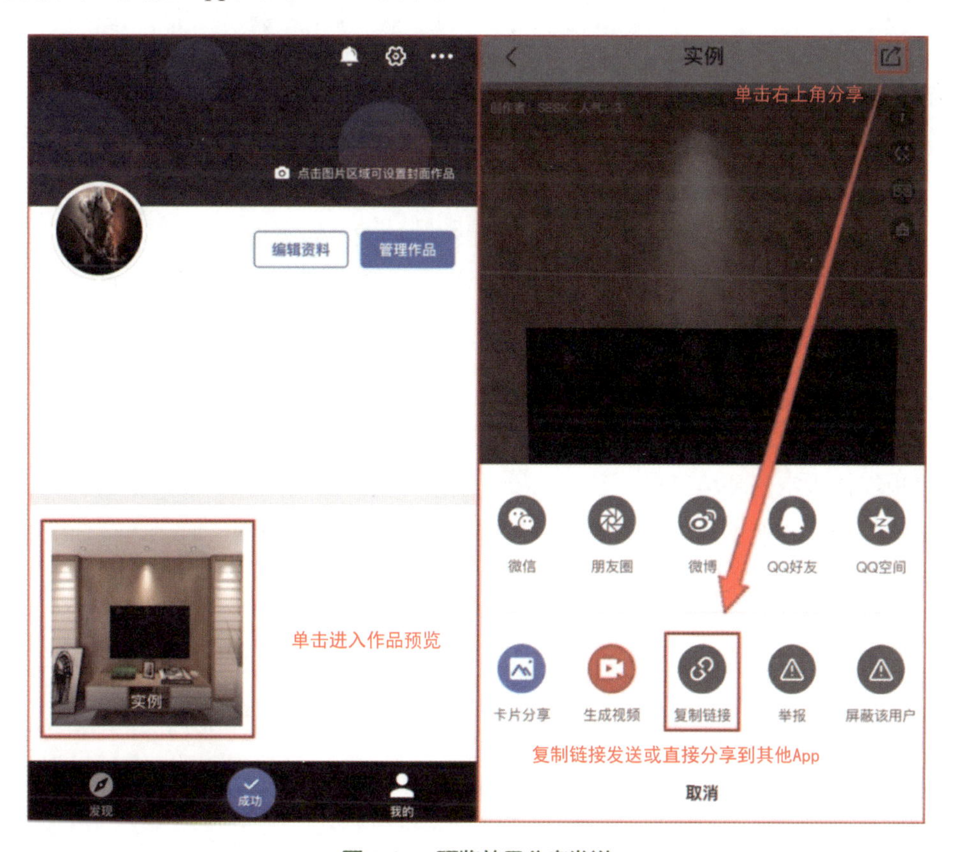

图 5-21 预览效果分享发送

经验

全景图像主要是为了通过观察更多的面并对空间进一步理解，生成选用简洁方式制作即可，如需追求更好的商业效果，需要在720云全景软件里开通更多商业功能，开通添加更多软件自带的商业效果编辑。

本任务介绍了全景效果图的概念，以及制作全景效果图的方法。下一步可以自己学习和创作制作一份全景效果图，体会计算机效果图表现的乐趣。

任务 5.2 其他效果表现

【学习内容】

1. 学习室内夜景效果。
2. 了解光子图渲染。
3. 学习室外夜景效果。

【学习方法】

本任务作为效果图设计制作的拓展内容，需要在掌握前期基础知识和技能的前提下进行，多做练习，形成自己的风格。

室内外效果图在表现过程中，为更好地表达场景内光源氛围、材质的效果、空间的特效等，要学会观察实际场景的效果，灵活运用所学方法对空间场景进行不同时段、冷暖色调的表现。

首先，常用对比表现手法是白天和夜晚的对比效果，白天效果更能体现材料的质感，夜景效果更能体现空间环境氛围。其次，要看空间环境，封闭空间一般为夜景表现、开放式或半开放式空间，一般不局限表现效果。最后，对主体有灯光照明、时段表现要求需要使用适合时段的天气环境效果。

5.2.1 室内夜景效果表现

室内空间经常遇到半封闭或封闭空间。例如，卫生间、酒吧、KTV等，这类空间采光有局限性，这种情况下必须按照夜景环境来考虑。3ds Max制作不同环境效果时要注意灯光、模型等细化技巧。

1. 小型半封闭空间场景准备

选择用一个最具代表性的小型半封闭空间（卫生间）介绍，如图 5-22 所示。

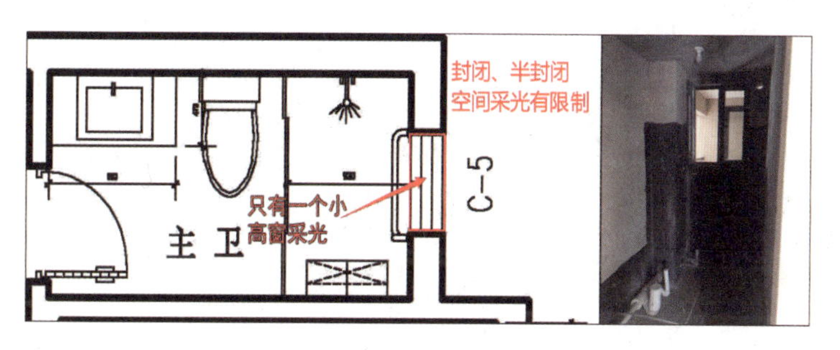

教学视频：室内夜景效果－场景分析制作

图 5-22 半封闭空间

由图 5-22 分析得出，该空间只有一个小型高窗进行采光，白天对自然光线的使用率也是有限制的，也要开灯使用，所以这类空间几乎全天候使用人工光源，在效果图中直接按夜景效果来做表现。

（1）由于该空间还是有窗、门洞，并不是全封闭状态，门采用半透磨砂玻璃门，小高窗玻璃夜晚也会反射出室内的影像，考虑到这些问题，在建模上就需要给出窗户玻璃模型，灯光光源通常只制作室内、室外夜晚环境光和人工光源效果。

在 3ds Max 里按室内表现部分建立整体空间，或打开本书配套素材【小型卫生间 .max】场景模型。

将窗框和玻璃模型选中，使用快捷键 Alt+Q 将窗户孤立出来做检查，如图 5-23 所示。

图 5-23 孤立窗户

（2）按 M 键打开【材质】编辑器，选择一个空白材质球，转换为 VRayMtl 材质类型，重命名为【窗玻璃】，【漫反射】颜色设置里调一个玻璃颜色，【反射】颜色设置里拖动反射强度三角滑块，解锁反射后面的【L】图标，高光光泽度设置 0.85，不勾选【菲涅尔反射】，【折射】颜色设置里拖动三角到纯白（全透明），选择窗玻璃模型赋予材质，退出孤立，如图 5-24 所示。

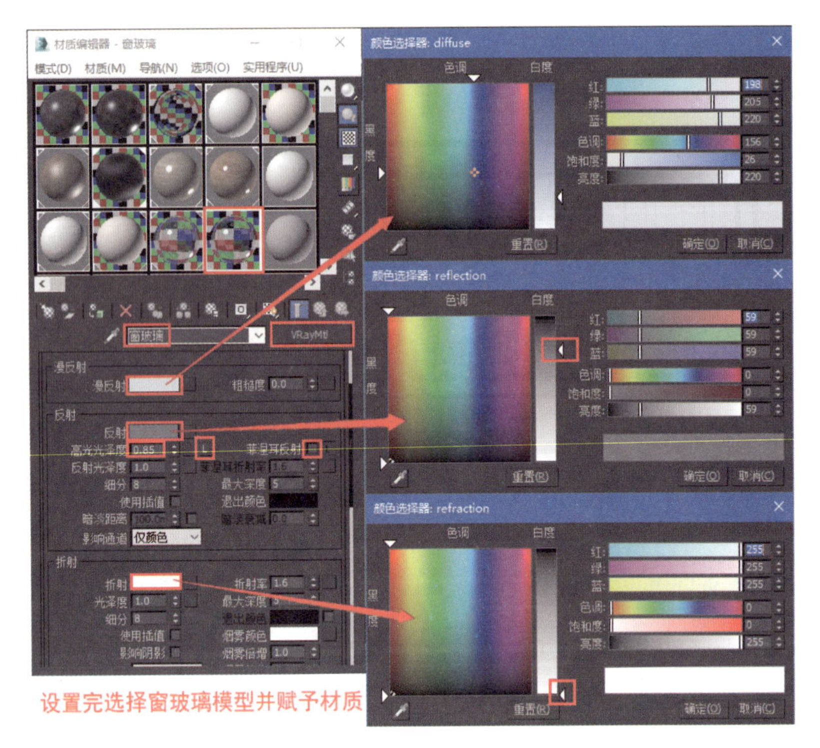

图 5-24 孤立窗户

图 5-25 构建门模型

（3）由于该空间反射影像效果的材质过多，还是需要将门建立出来，这样反射影像上有门的反射才真实，但是门不需要玻璃，因为按摄影机镜头方向看不到门上的玻璃效果，从而减少渲染负担，如图 5-25 所示。

（4）按快捷键数字 8 打开【环境和效果】面板，调整背景颜色为【黑色】，如图 5-26 所示。

（5）在门、窗外部位置，按门、窗洞大小创建【VR- 灯光】，如图 5-27 所示。

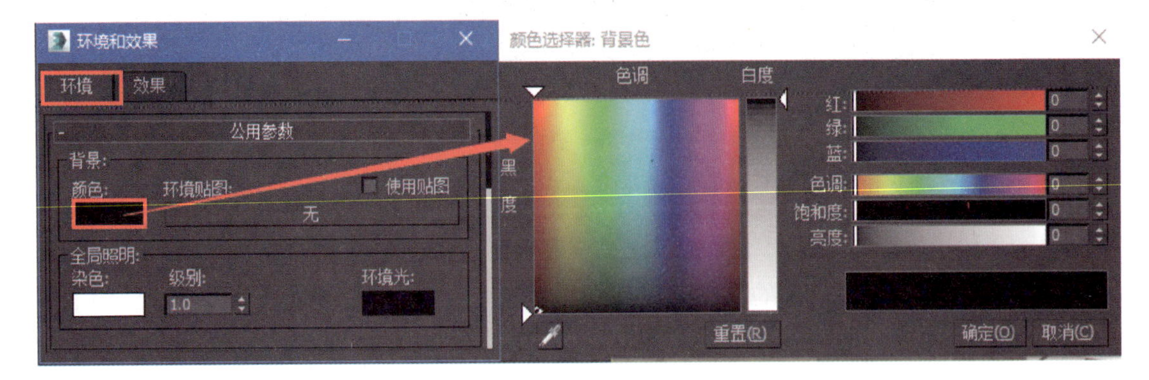

图 5-26 调整背景颜色

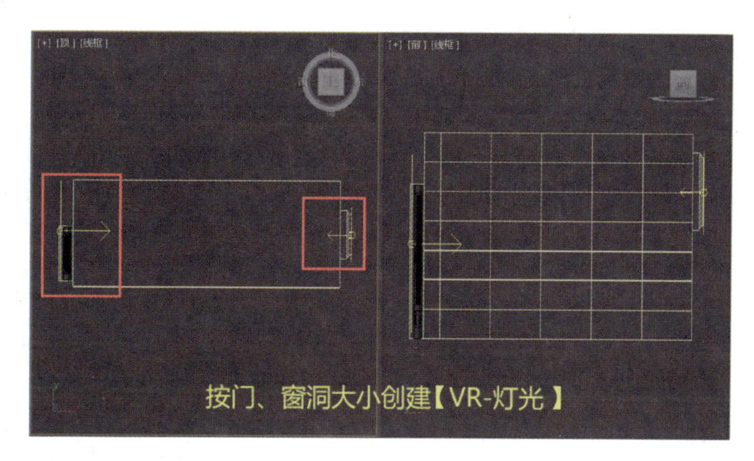

图 5-27 创建【VR-灯光】

在夜景效果中，虽然自然光线不需要表现太多，但是在实际场景中还是会受到环境光的影响，会有很微弱的室外光线进入室内，所以需要在窗、门位置建立灯光来做环境光模拟。

场景中门、窗洞位置【VR-灯光】参数设置如图 5-28 所示。

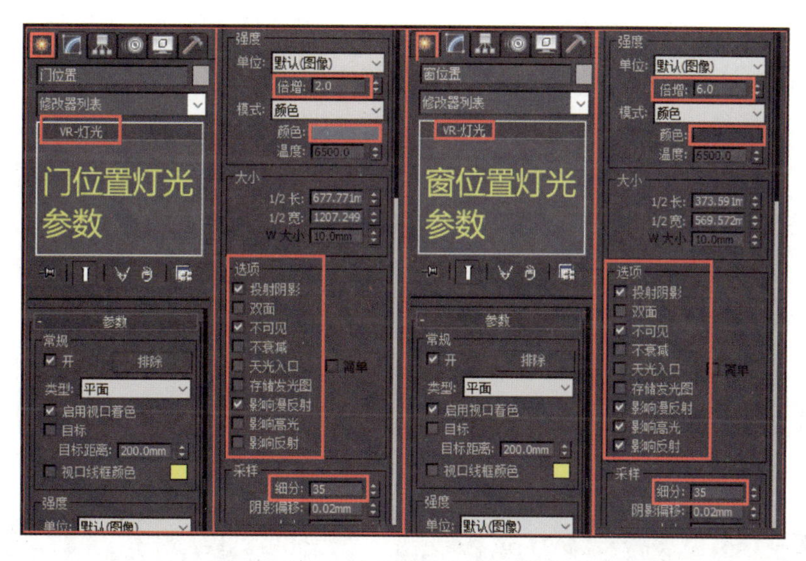

图 5-28 门、窗位置【VR-灯光】参数

门位置由于摄影机拍摄不到，不需要在场景内表现，而且该处灯光为室内环境光效果，所以亮度可以相对低点，可以不勾选【影响高光】和【影响反射】，调一个较暗色调即可。

窗位置是拍摄到的，又需要在场景内表现，该处灯光在墙体反射要带有环境光效果，所以亮度稍微提高，需要勾选【影响高光】和【影响反射】，调一个稍暗天光蓝即可。

其他灯光按照本书室内灯光方式创建即可。因为该场景中反射材质效果较多，场景背景颜色、门、窗位置模拟室外的环境光效果会反射在墙体上，这才是夜景效果的重要表现点，如图 5-29 所示。

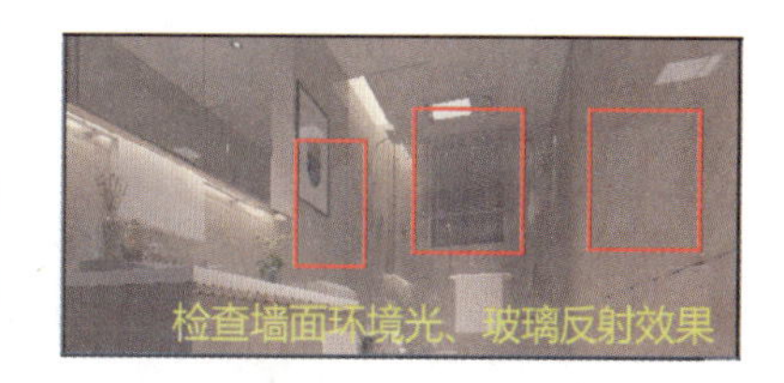

图 5-29 环境光表现

（6）该场景空间尺寸比较狭小，为了让空间拍摄构图比例适当，摄影机架设后构图纵横比例需要调整。在场景内架设摄影机，调整角度并校正后，按快捷键 F10 打开【渲染设置】面板，在【公用】选项卡中设置【输出大小】,【宽度】为 500，【高度】为 480，并锁定【图像纵横比】，如图 5-30 所示。

图 5-30 调整【图像纵横比】

（7）测试渲染检查是否还有需要调整的地方，如果没有保存后准备渲染成品出图。

2. 光子图渲染

由于该场景反射细节较多，如果不用渲染代理机构（云渲染服务器）代为渲染出图，而直接渲染，大图在渲染构建灯光缓存时，每个像素都要计算光子量，出图像素尺寸越大，计算量越大，从而影响出图效率。

而渲染一张小图的光子计算量也是一样的，可以利用这个特点，先渲染小图的光子量，再给大尺寸图用，这样渲染大图就不再构建灯光缓存，不再计算大图每个像素的渲染光子量，可直接渲染最终图像，从而节省时间。

渲染光子图最终出图的尺寸只能是光子图的 3 ～ 4 倍尺寸。例如，该场景现在宽、高纵横比为 500 像素 ×480 像素，那么最终出图最大输出尺寸只能是光子图的 4 倍，即 2000 像素 ×1920 像素，再大会造成发光量不足，以此类推。

（1）按快捷键 F10 打开【渲染设置】面板，在【公用】选项卡的【公用】参数展卷栏中，设置【输出大小】中的【宽度】为 500,【高度】为 480，并锁定【图像纵横比】,如图 5-31 所示。

（2）在【V-Ray】选项卡的【帧缓冲区】展卷栏中，不勾选【启用内置帧缓冲区】选项，如图 5-32 所示。

教学视频：室内夜景效果－光子渲染及后期

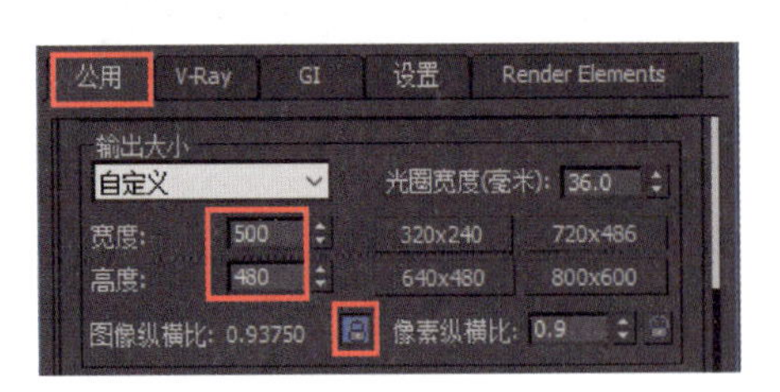

图 5-31 光子图纵横比

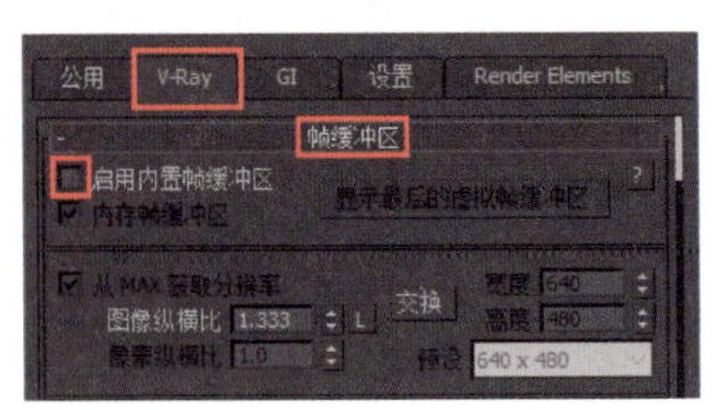

图 5-32 【帧缓冲区】设置

（3）在【V-Ray】选项卡的【全局开关 [无名汉化]】展卷栏中，打开【专家模式】，不勾选【概率灯光】选项，勾选【不渲染最终的图像】选项，如图 5-33 所示。

（4）在【V-Ray】选项卡的【图像采样器（抗锯齿）】展卷栏中，【类型】设置为【固定】，不勾选【图像过滤器】选项，如图 5-34 所示。

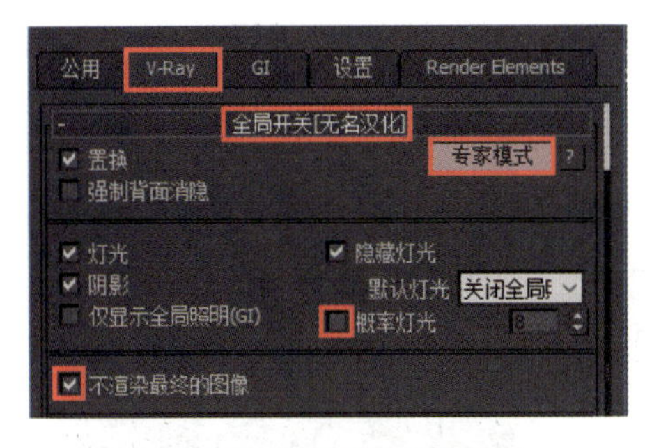

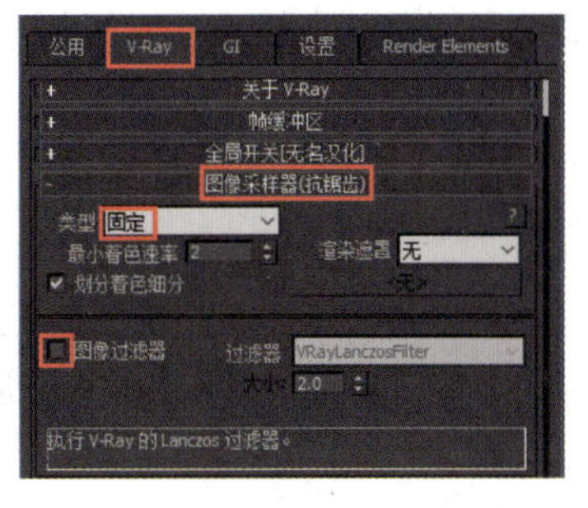

图 5-33 【全局开关】设置　　图 5-34 【图像采样器（抗锯齿）】设置

因为现在先渲染光子图，还不渲染最终图像，只需构建灯光缓存，渲染计算场景内的光子发光量，所以【图像抗锯齿】还不需要使用，最低设置即可。

（5）在【V-Ray】选项卡的【全局确定性蒙特卡洛】展卷栏中,【噪波阈值】设置为0.01,【最小采样】设置为 16。在【颜色贴图】展卷栏中,【类型】选择【指数】，勾选【了像素贴图】和【钳制输出】选项,【模式】选择【颜色贴图和伽玛】，如图 5-35 所示。

（6）在【GI】选项卡的【全局照明】展卷栏中，勾选【启用全局照明】选项,【首次引擎】选择【发光图】,【二次引擎】选择【灯光缓存】，打开【专家模式】，勾选【环境阻光】选项，如图 5-36 所示。

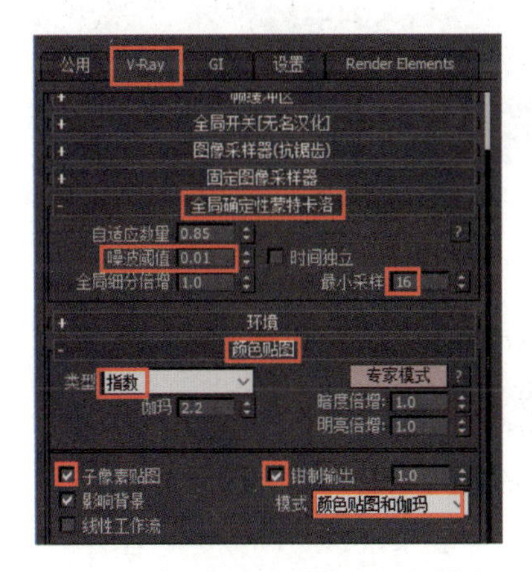

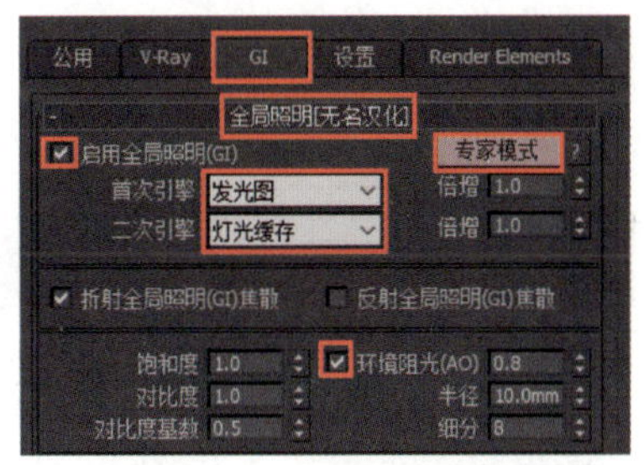

图 5-35 【全局确定性蒙特卡洛】【颜色贴图】设置　　图 5-36 【全局照明】设置

（7）在【GI】选项卡的【发光图】展卷栏中,【当前预设】选择【高】,【细分】为【60】,【插值采样】为【25】，打开【专家模式】,【模式】选择【单帧】，单击【保存】按钮，命名为【光子 1】，保存发光图文件，勾选【不删除】【自动保存】【切换到保存的贴图】选项，单击【路径浏览】按钮 ... 设置自动保存路径，并选择【光子 1】文件覆盖保存，如图 5-37 所示。

（8）在【GI】选项卡的【灯光缓存】展卷栏中,【细分】为 1500 ～ 2000，打开【专家模式】,【模式】为【单帧】，单击【保存】按钮，命名为【光子 2】保存灯光缓存文件，勾选【不删除】【自动保存】【切换到被保存的缓存】选项，单击【路径浏览】按钮 ... 设置自动保存路径，并选择【光子 2】文件覆盖保存，如图 5-38 所示。

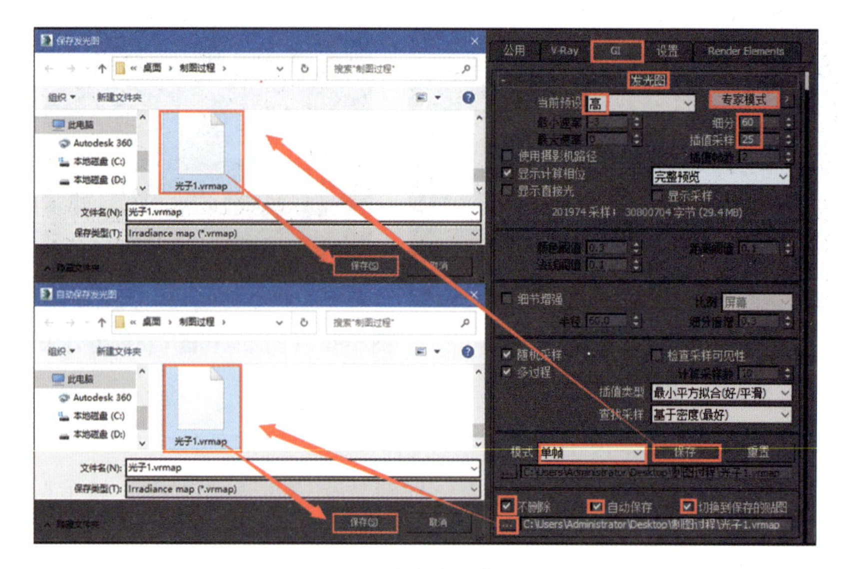

图 5-37 【发光图】设置

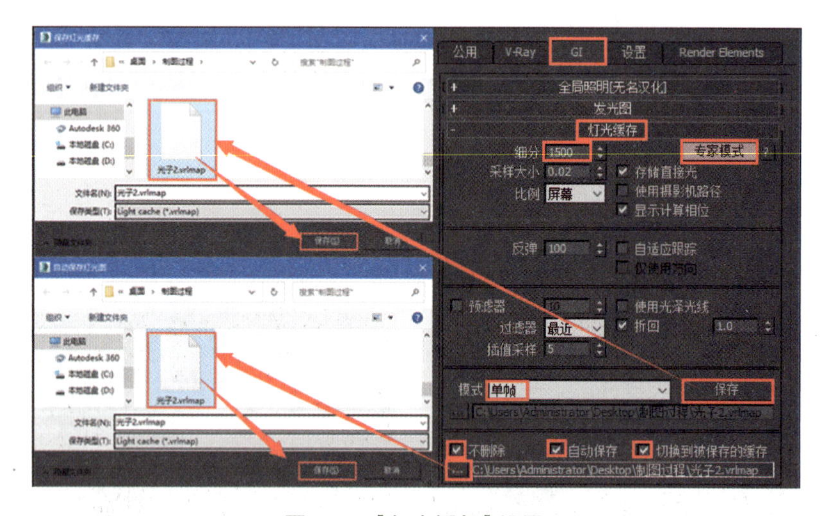

图 5-38 【灯光缓存】设置

（9）按快捷键 Shift+Q 渲染光子图，这时因为不渲染最终图像，只构建灯光缓存渲染光子图，小图渲染光子量像素减少，渲染非常快，如图 5-39 所示。

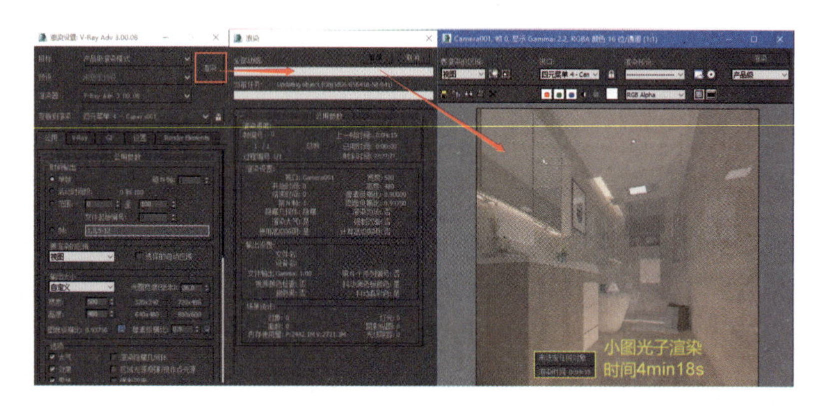

图 5-39 光子图渲染

（10）光子图渲染完成后，如不再更改光源、模型就要准备出最终图像了。

按快捷键 F10 打开【渲染设置】面板，在【公用】选项卡的【公用参数】展卷栏内，以光子图 4 倍最大出图比例设置【输出大小】的【宽度】为 2000，【高度】为 1920 像素，如图 5-40 所示。

渲染输出，单击【文件】按钮设置存储路径，输出图像为 TIF 格式，勾选【保存文件】选项，如图 5-41 所示。

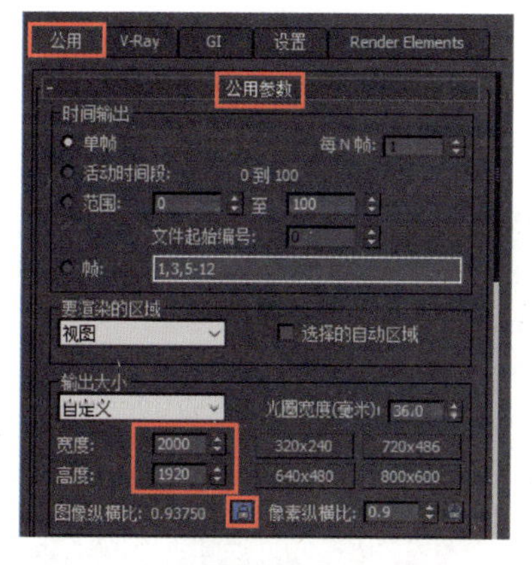

图 5-40　最终图像输出大小设置

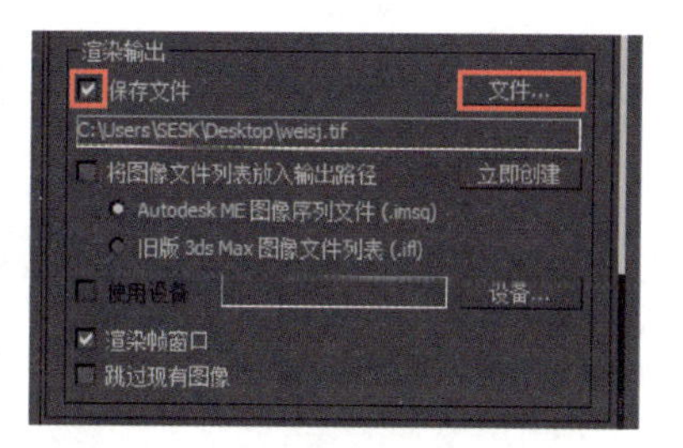

图 5-41　自动保存文件设置

（11）在【V-Ray】选项卡的【全局开关 [无名汉化]】展卷栏中，打开【专家模式】，不勾选【概率灯光】和【不渲染最终的图像】选项，如图 5-42 所示。

（12）在【V-Ray】选项卡的【图像采样器】展卷栏中，【类型】选择【自适应细分】，勾选【图像过滤器】选项，【过滤器】类型选择 VRayLanczosFilter，如图 5-43 所示。

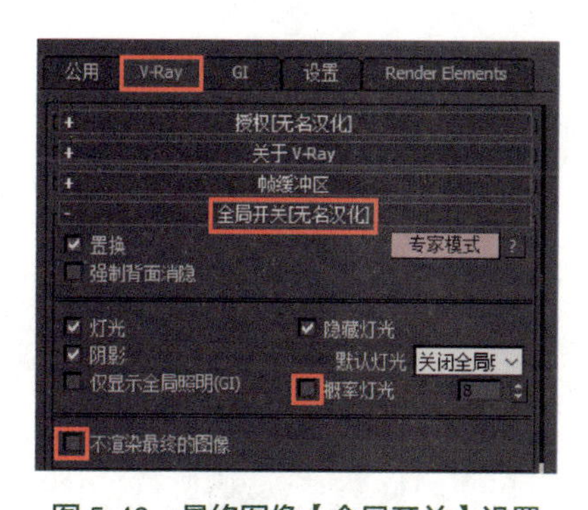

图 5-42　最终图像【全局开关】设置

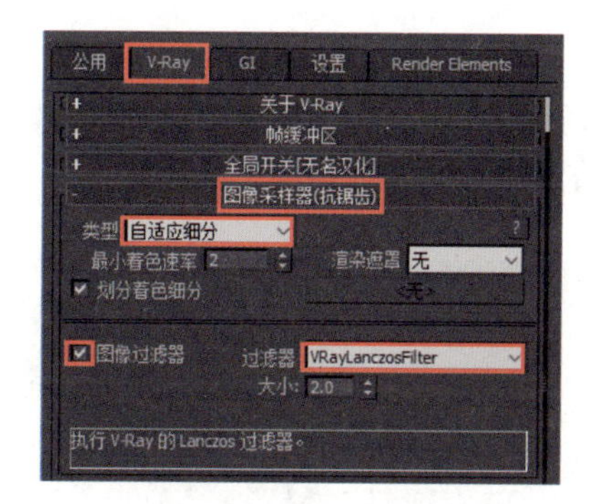

图 5-43　最终【图像采样器（抗锯齿）】设置

（13）按快捷键 Shift+Q 渲染图像，不计算光子量，直接渲染最终图像，如图 5-44 所示。

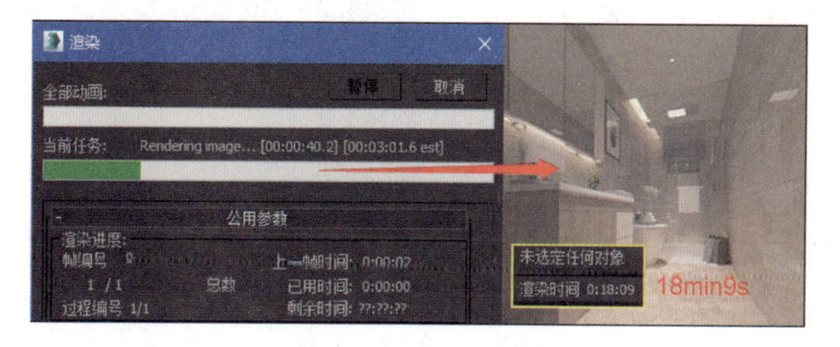

图 5-44　渲染最终图像

光子图渲染后，如需改动修改模型位置、灯光、材质贴图，需要将【发光图】【灯光缓存】展卷栏中的【从文件】改为【单帧】重新渲染光子图，再渲染最终图像。

3. 后期处理

该场景由于有玻璃隔断，玻璃虽然是透明材质，但是通道图渲染时也算一个模型区域，需要将其删除后再渲染，否则就挡住了玻璃后面的物体，如图 5-45 所示。

图 5-45 通道图渲染

在 Photoshop 软件内打开渲染的图像和通道图，使用快捷键 Ctrl+L 将色阶去灰度，让明暗部分对比更强烈；使用快捷键 Ctrl+M 将亮度调高一些，造成室内光线曝光效果；使用快捷键 Ctrl+U 调整色相 / 饱和度，将顶面、地面、家具的颜色。完成后效果如图 5-46 所示。

图 5-46 后期处理

5.2.2　室外夜景效果表现

室外空间一般为开放式环境。在制作夜景效果时多是表现天气时段、灯光、特定主体的加强表现等内容，相对室内空间来说要方便很多。

1. 室外场景调整

这里还是使用 Lumion 做介绍。沿用室外表现的 Lumion 场景文件直接修改编辑即可，用 Lumion 打开本书配套素材【实例 - 室外 .ls】文件，如图 5-47 所示。

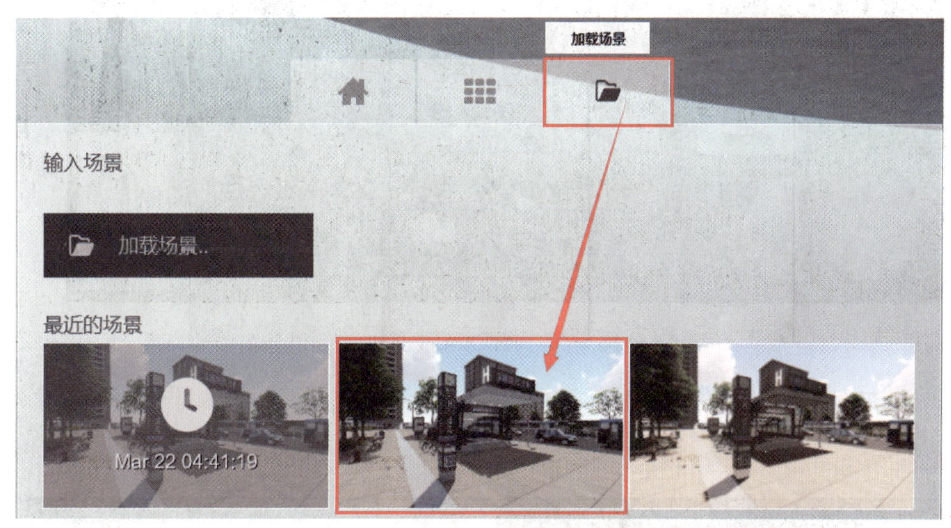

教学视频：室外夜景效果 – 场景分析

图 5-47　加载场景文件

（1）编辑模式下，在左侧工具栏内，使用【天气】工具，激活【天气】面板，如图 5-48 所示。

图 5-48　天气工具

在【天气】面板内，拖动调整【太阳高度】到一个傍晚效果，不要调得太低，太低会看不清楚其他配景，如图 5-49 所示。

图 5-49 调整太阳高度

（2）单击右侧【拍照模式】，在拍照模式内单击【自定义风格】按钮，添加【夜晚】效果，如图 5-50 所示。

图 5-50 调整太阳

在【拍照模式】内，可以选择 2 号新窗口，使用快捷键 Ctrl+2 新建一个拍照模式。

这一步直接添加夜晚效果，是因为在场景内有的模型上带有自发光材质，如主体模型上的顶面灯、门头上的发光字，在日光效果场景中也已经添加过的灯光等内容。

而夜晚效果添加后有助于分析需要做的工作。如果没有先设置模式的情况下直接添加光源，那么后期可能会产生灯光、自发光材质曝光过度的情况。

在夜晚效果添加后，拍照模式内分析效果预览，发现自发光材质、光源灯光的发光量过大，有些曝光过度，还有其他植物、建筑、配景模型因为光线太暗，几乎看不清楚。车辆等模型也没有照明灯光，这是不合理的，如图 5-51 所示。

图 5-51　夜晚效果预览

（3）单击右侧【编辑模式】返回场景，左侧使用【材质】工具选择模型上的自发光材质，如图 5-52 所示。

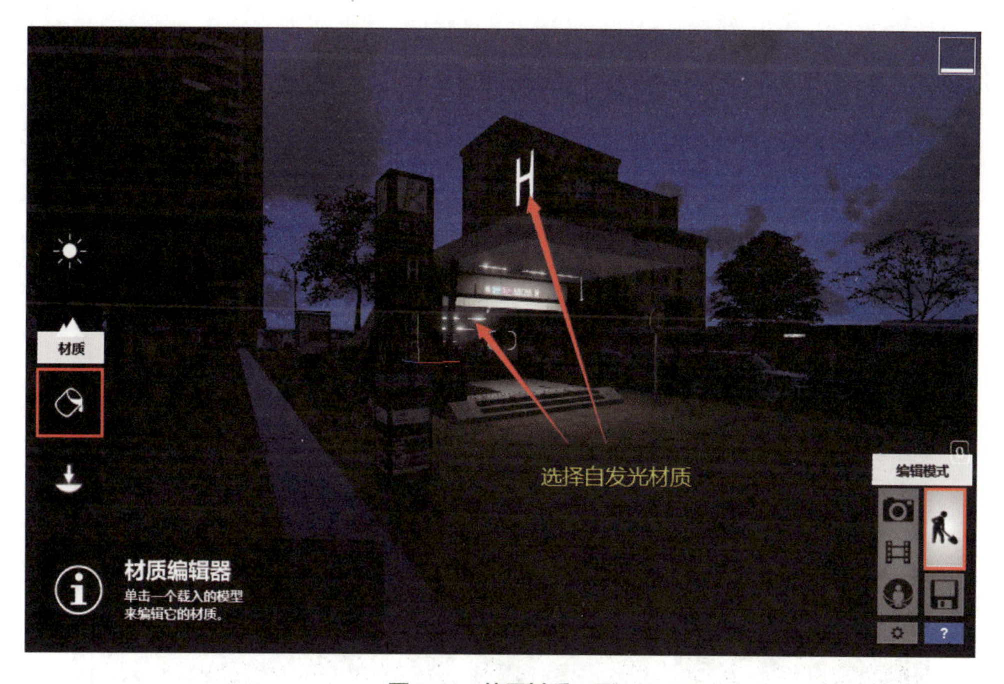

图 5-52　使用材质工具

选择后弹出【材质】参数面板，在【设置】中将【自发光】量拖动降低，单击【保存】按钮完成，如图 5-53 所示。

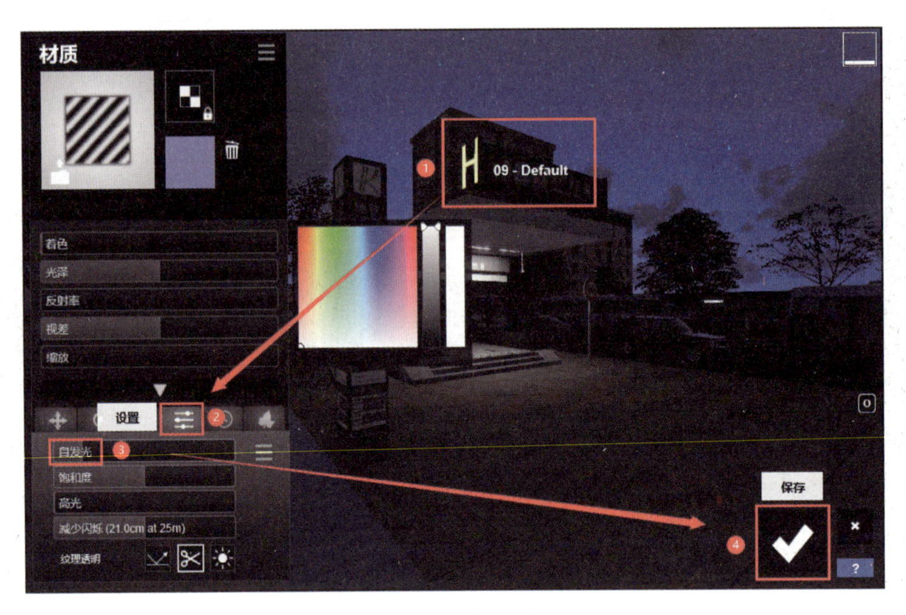

图 5-53　降低材质自发光量

所有自发光材质降低发光量后，使用左侧【物体】工具，在工具面板内选择【灯光实用工具】再按 W、A、S、D、Q、E 键配合鼠标右键，调整到光源所在位置视角后，单击选择场景内的光源，在弹出的【光源属性】面板内拖动降低光源【亮度】，完成后单击【取消所有选择】按钮完成，如图 5-54 所示。

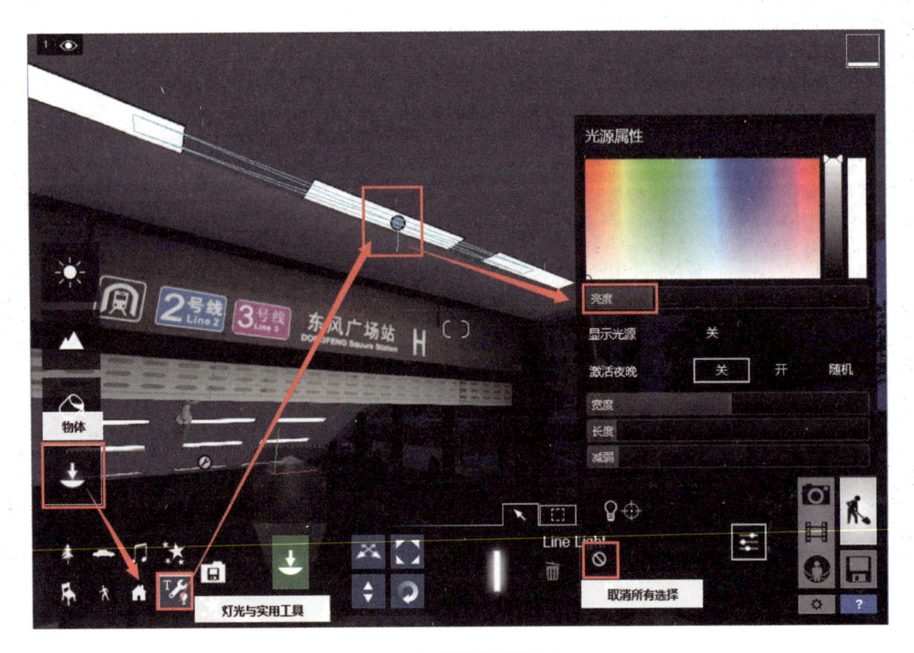

图 5-54　降低光源亮度

经验

要经常在编辑模式和拍照模式间切换进行预览，查看调整设置后的参数效果是否适合。

（4）调整视角到需要添加光源的模型位置，【物体】面板内，选择【灯光实用工具】，单击【选择物体】按钮，弹出【光源和工具库】面板，在【聚光灯】选项卡内选择一个灯光效果，放置到需要光源的模型位置，如图 5-55 所示。

教学视频：室外夜景效果－灯光及出图

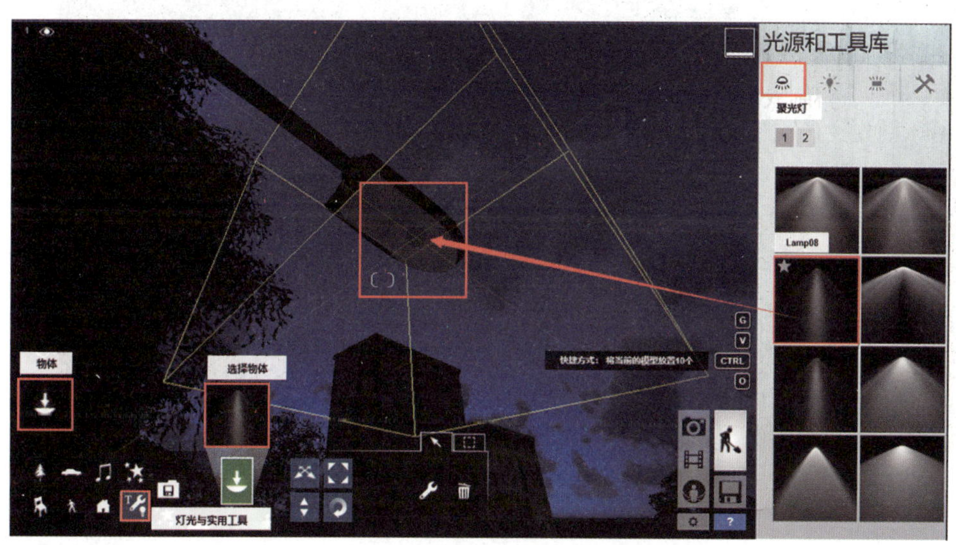

图 5-55　添加光源

以此方法将同类光源添加到场景中所有需要模拟照明效果的同类模型位置，添加完成后按快捷键 Esc 取消添加，如图 5-56 所示。这里所添加光源的模型均为路灯模型。

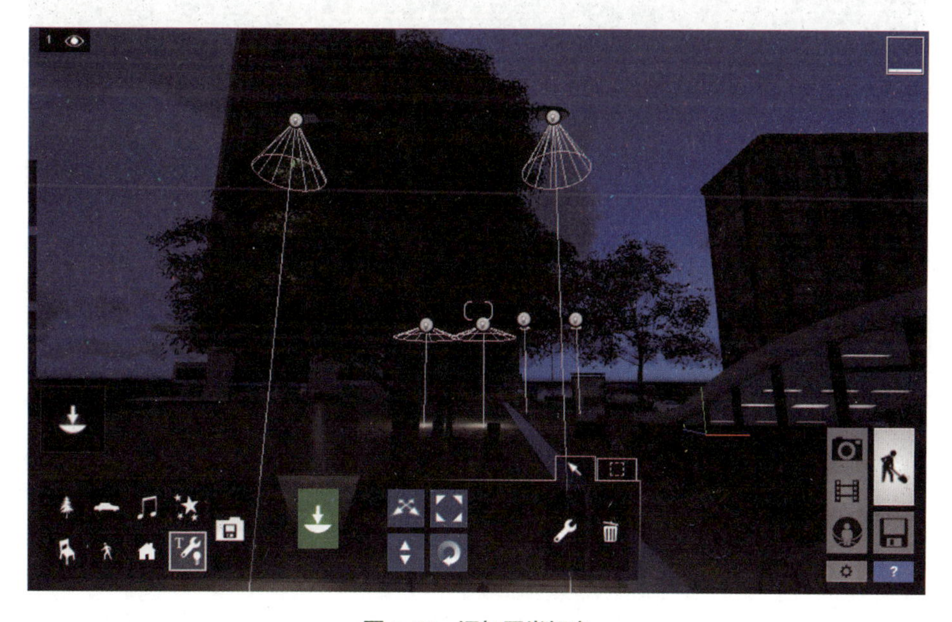

图 5-56　添加同类灯光

在【物体】工具面板内，使用【关联菜单】功能，单击相同光源中的一盏，如图 5-57 所示。因为所有的路灯光源应该都是同一种照明效果和亮度，所以需要关联选择所有相同光源同时调整。

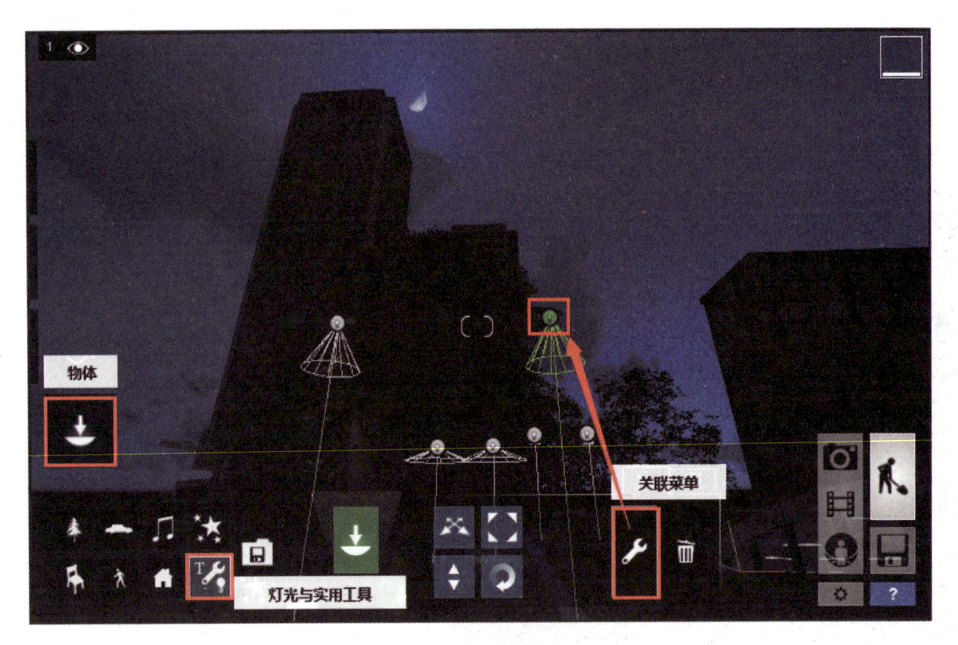

图 5-57　关联选择

在弹出的菜单里，单击【选择】→【选择相同的对象】按钮，将所有的路灯光源同时选中，如图 5-58 所示。

图 5-58　关联选择相同对象

选中所有相同光源后，弹出【光源属性】面板，拖动调整【亮度】和【锥角】，设置所有路灯光源效果，完成后单击【取消所有选择】按钮，如图 5-59 所示。

图 5-59 同时调整相同光源效果

进入拍照模式检查效果，检查后没有问题，单击【文件】按钮保存，如图 5-60 所示。

图 5-60 检查并存储

（5）通过以上效果分析得出，带有光源效果的还有车辆、车行道、站台、灯箱广告牌、建筑、植物等物体，这些物体需要配上相应的氛围光源以加强表现效果。

Lumion 内有的模型是自带灯光效果的。例如，车辆模型就是自带灯光效果的，所以先调整这类自带灯光效果的模型，才能更好地查缺补漏去添加其他氛围光源。

【物体】工具面板内，选择【交通工具】类型，使用【关联菜单】，以关联方式选择其中一个车辆模型，按【选择类别中的所有对象】(因为车辆样式不相同，只是属于统一类别)选中所有交通工具，如图 5-61 所示。

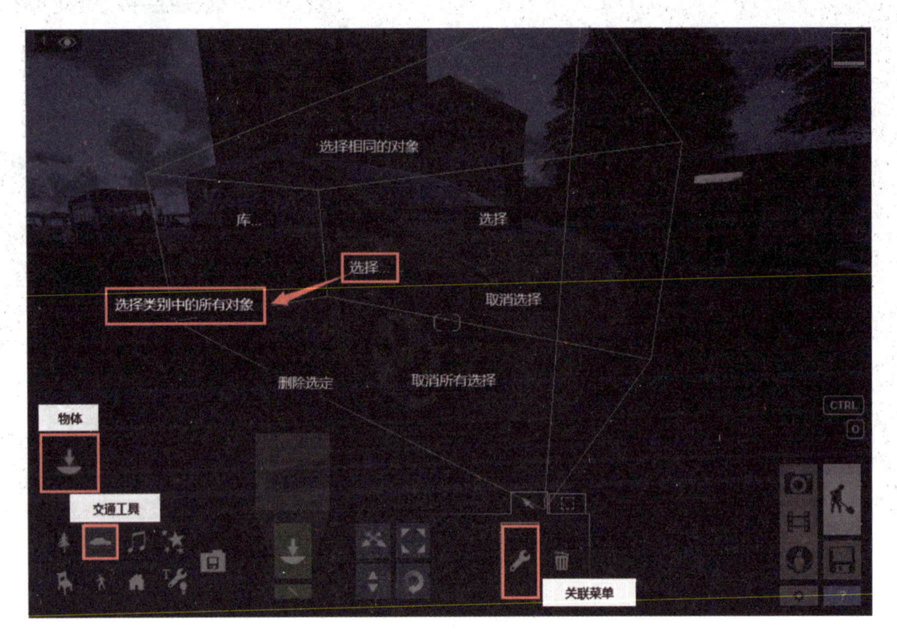

图 5-61　关联选择同类别对象

选中后弹出【模型属性】面板，在该面板内拖动【灯光】，将所有交通工具的灯光效果打开，单击【取消所有选择】按钮完成，如图 5-62 所示。注意车辆的灯光亮度不要拖得太高，要结合【拍照模式】切换着边调边查看效果。

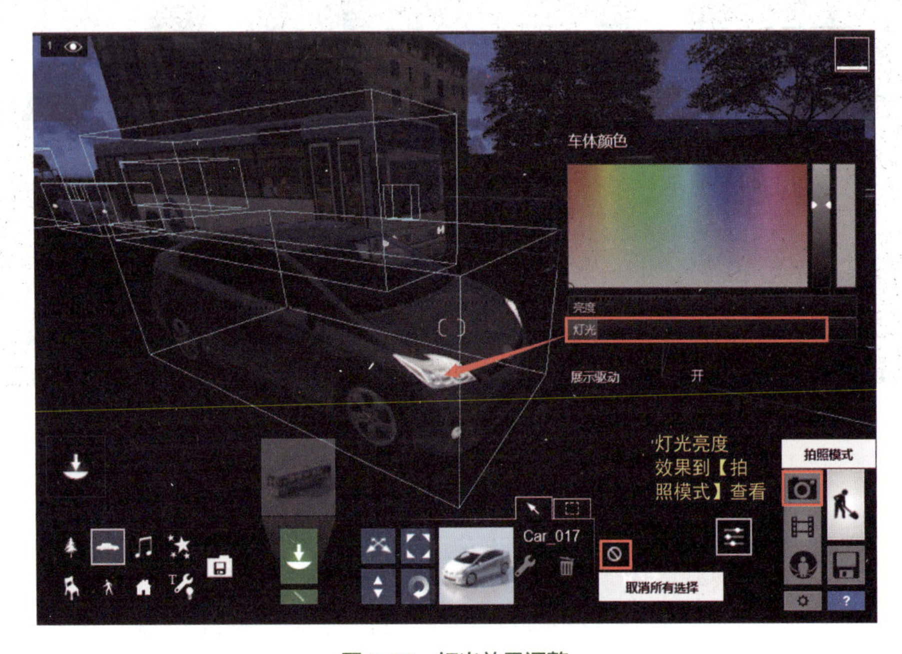

图 5-62　灯光效果调整

Lumion 自带模型的灯光效果相当于发光贴图的作用，只有展示效果，没有实际的环境照明作用，所以车灯点亮后还需要模拟车灯照射在车行道上的效果。

在【物体】面板内的【灯光与实用工具】类型中，单击【选择物体】按钮，在【光源和工具库】的【区域光源】选项卡内选择一个面灯放置在车头区域，如图 5-63 所示。

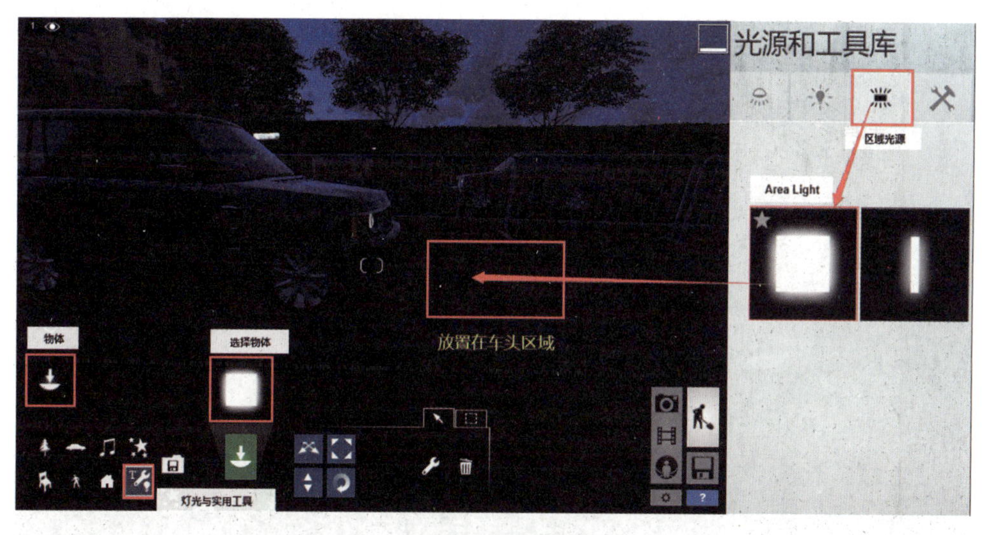

图 5-63 调用面灯

使用位置、高度调整工具，按住 Shift 键配合操作，将面灯调整到车头灯高度位置。调整【光源属性】面板内的【亮度】【宽度】【长度】【减弱】等设置车灯的模拟效果，完成后取消选择，如图 5-64 所示。效果在【拍摄模式】查看，注意光源不要高于车灯位置。

图 5-64 调整面灯位置及参数

使用相同方式对其他车辆的车头灯进行相同操作，或选择灯光后使用移动工具，按住Alt键复制到其他车辆的车头灯位置。光源只模拟拍摄视角内能看到车头灯的车辆，不用所有车辆都制作光源，如图5-65所示。如果不喜欢面灯效果，也可以使用射灯进行模拟，灯光样式可根据个人喜好选择。

图5-65 模拟氛围光源效果

（6）其他站台、灯箱广告牌、建筑、植物等物体，也需要使用同样的光源制作方式依次模拟。在使用移动、旋转、高度调整时一定要按住Shift键沿轴方向调整，不要用光标直接拖动，否则操作对象会难以控制。

公交站台区域使用射灯或面灯光源进行模拟，如图5-66所示。

图5-66 站台区域灯光效果

站台出入口门头指示牌区域使用线性光源进行模拟，注意长、宽、亮度设置，如图5-67所示。

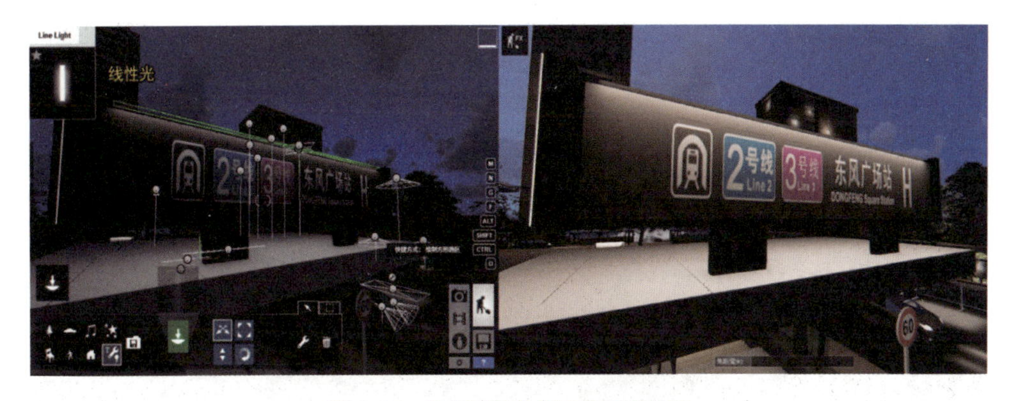

图 5-67　出入口门头指示牌灯光效果

站台立柱指示牌区域使用面灯加射灯光源进行模拟，注意面灯长宽尺寸大于或等于立柱指示牌，射灯只模拟看得到的两个侧面，如图 5-68 所示。

图 5-68　立柱指示牌灯光效果

花池、树木区域使用点光源（泛光灯）进行模拟，注意调整高度，如图 5-69 所示。

图 5-69　花池、树木灯光效果

灯箱广告牌使用线光源进行模拟，如图 5-70 所示。

图 5-70 灯箱广告牌灯光效果

建筑窗户使用点光源无序进行模拟，如图 5-71 所示。

图 5-71 建筑窗户灯光效果

至此将所有灯光光源制作完毕，在拍照模式内整体检查是否存在问题，如图 5-72 所示。

图 5-72 灯光整体效果

在熟练掌握后可以多尝试各种光源的模拟效果，光源根据需要设置，并没有特定要求，读者可根据实际模拟效果来调整使用。

2. 渲染出图

由于之前已在拍照模式内添加了夜晚风格，基本上夜景所需要的效果 Lumion 都已经直接给出，所以现在不需要再次添加，如需添加其他，在拍照模式内自行添加并观察效果。

（1）可在拍照模式内添加一个两点透视进行校正，摄影机校正一定要做，夜景效果受到光线影响，有时候难以发觉场景内拍摄的镜头有没有进行校正。

在拍照模式内，单击 FX 图标添加效果，弹出【选择照片效果】面板，选择【相机】选项卡，使用【2 点透视】效果，将该效果添加到风格中，如图 5-73 所示。

图 5-73　添加效果

添加后，检查效果，调整后按快捷键 Esc 返回。如不需要该效果，双击【删除效果】图标即可，如图 5-74 所示。

图 5-74　效果检查调整

（2）在拍照模式内，单击【渲染照片】图标，弹出【当前拍摄】面板，选择 M 保存材质 ID 图（通道图），选择【海报】，以 TGA 格式渲染出图，如图 5-75 所示。

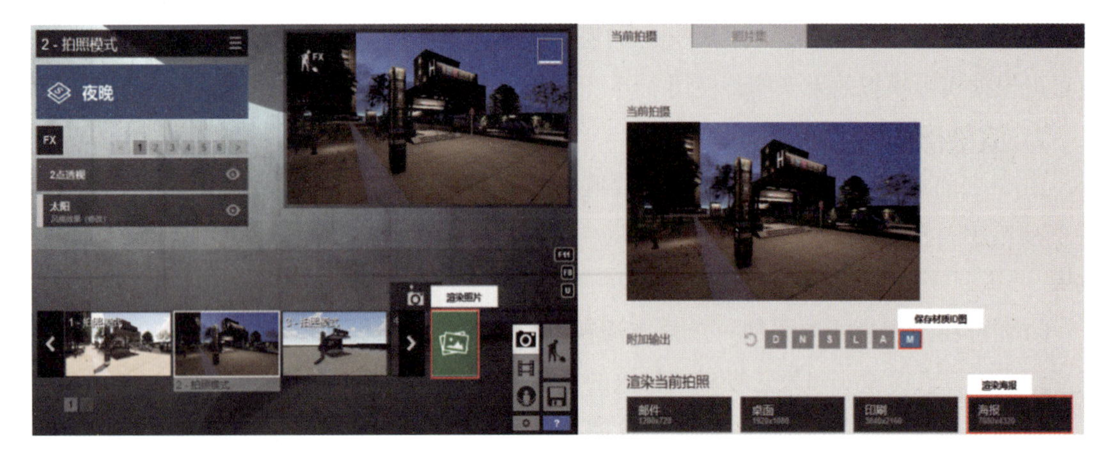

图 5-75 渲染出图

（3）渲染后使用 Photoshop 软件打开图像，看图分析，Lumion 夜晚风格自带效果模拟的还是比较到位的，所以只需要按快捷键 Ctrl+L，在弹出的【色阶】对话框中微调灰度即可，如图 5-76 所示。

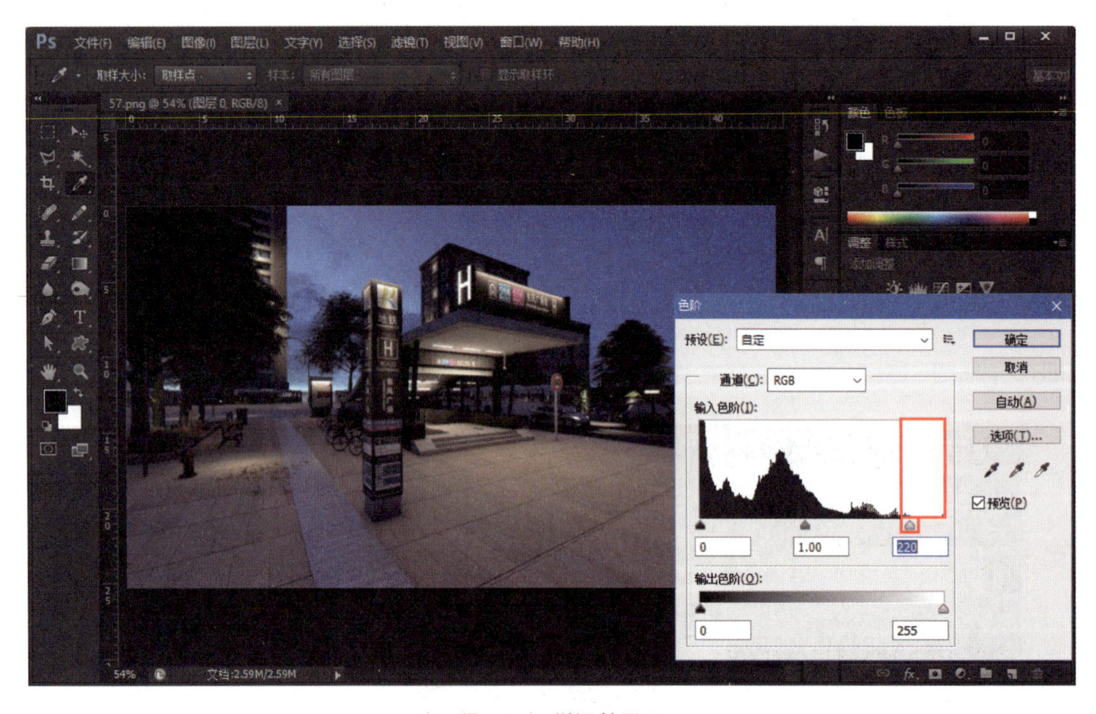

图 5-76 微调效果

调整后另存为 JPEG 格式保存图像，至此最终效果制作完成，如图 5-77 所示。

图 5-77 最终效果

Lumion 用 3ds Max 的室内场景也可以进行渲染、模拟效果，但是室内场景导入前需要检查墙体等模型的面，这些面必须为双面模型，不能有破面、漏光问题，因此容易出错。室内渲染不是 Lumion 的强项，可以练习尝试，如果作为商业图纸表现，建议还是在 3ds Max 内完成。

本任务介绍了效果图夜景的表现，包括室内效果图夜景表现和室外效果图夜景表现。下一步读者可以自己学习和创作一份效果图，体会计算机效果图表现的乐趣。本书内容都是从初级设计师向资深设计师进阶的必经之路，希望大家认真学习、仔细练习，尽快蜕变。

参考文献

[1] 刘淑婷 . 计算机装饰效果图设计与制作 [M]. 上海：上海交通大学出版社，2015.

[2] 顾涛，王曼，殷晓博 . 3ds Max/Vray 建筑动画技法 [M]. 北京：科学出版社，2010.

[3] 李谷伟 .3ds Max/Vray 室内效果图制作教程 [M]. 北京：清华大学出版社，2019.